뇌과학 여행자

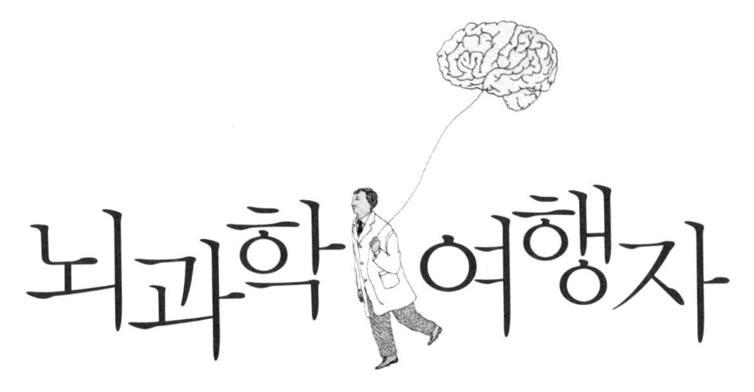

신경과 의사, 예술의 도시에서 뇌를 보다

김종성

서문

널브러진 침대보를 정리하고 옷가지를 정돈한다. 여권과 비행기표를 확인하고 세면도구를 챙긴다. 그러고 나서 노란 조명등이 무심하게 비추는 빈 방을 마지막으로 둘러본다. 아직 호텔 방에 남아 있는 온기가 며칠간의 나의 존재를 증명해 주는 것 같다. 이제 나는 이 방, 그리고 정들었던 도시와 작별해야 한다. 섭섭하다, 마치 애인과 헤어지는 것처럼. 선뜻 방문을 닫지 못하겠다.

나는 신경과 교수다. 내 여행의 목적은 대부분 학회나 연구 회의 참석이지만 틈틈이 짬을 내어 이곳에 살던 위대한 예술가들의 흔적을 찾곤 한다. 그들이 살던 집을 바라보고, 그들이 산책했음직한 길을 걸으며 그들의 예술 세계를 반추해 본다. 학회 참석은 언제나 풍성한 학문적인 뿌듯함을 주지만, 내가 이 도시를 진정 사랑하게 된 이유는 오히려 이런 샛길 여행 때문인 것 같다. 그 일탈의 여정을 나는 이제부터 여러분께 들려드리려 한다.

나는 의사치고는 비교적 세계의 여러 곳을 돌아다닌 편이다. 하지만 전문 기행 작가도 아니고, 여행 자체를 목적으로 지구촌 구석구석을 누빈 사람도 아니다. 남들이 보기에 감히 여행기를 쓰겠다는 내 모습은 마치 말라빠진 조랑말 위에 올라타 기사 흉내를 내는 돈키호테 같을 수도 있을 것이다. 하지만 모든 사람은 각자 자신의 시각으로 사물을 바라보는 법이며, 나 역시 신경과 의사의 독특한 취향으로 세상을 바라보았다. 여행 중에도 나의 눈을 오래 붙잡은 대상은 역시 뇌질환과 관련된 것들이었으니 말이다.

위인들, 특히 예술가들이 뇌질환에 시달린 경우는 생각보다 많다. 예컨대 뇌졸중, 파킨슨병, 치매, 간질 같은 것인데 이런 질병들은 이들의 생활과 예술에 다양한 영향을 미쳤다. 재클린 뒤 프레나 모리스 라벨의 경우처럼, 그 질병은 더 높은 경지의 예술을 추구하려는 예술가의 소망을 야속하게 꺾기도 했다. 반면 베토벤이나 슈만처럼 오히려 이런 질병이 그들로 하여금 작곡에 몰두하도록 한 경우도 있다. 혹은 도스토예프스키의 경우처럼 자신의 질병을 소설의 소재로 적절히 사용한 예술가도 있다.

옛 예술가들이 살던 집과 거리를 더듬는 사람이 어디 한둘이겠냐만, 신경과 의사인 나는 그들의 질병을 함께 곰곰이 생각하며 이런 뇌질환들이 그들의 삶과 예술에 미친 영향에 대해 일반인과는 좀 다른 시각으로 바라볼 수 있었다. 내 일탈의 여정의 폭이 어느 정도 쌓인 지금, 나는 여기에 그 이야기보따리를 풀어 놓고 싶은 것이다.

그런데 글을 풀고 보니 몇 가지 문제가 눈 아프게 들어온다. 첫째, 이 책이 도대체 뇌의학 서적인지 여행기인지 혹은 문화 예술 비평서인지 애매해진 느낌이 든다. 아마도 이 모든 이야기들을 독자들과 나누고 싶었던 내 욕심 때문일 터, 이 점 독자 여러분의 양해를 바란다. 하지만 다양한 분야에 관심을 갖는 독자라면 오히려 시시때때로 넘나드는 주제를 흥미롭게 받아들일 것이다.

둘째, 의학 학회는 대개 선진국 대도시에서 개최되므로 여행 장소가 제한된다는 점이다. 내가 소개한 여행지의 대부분이 유럽인 이유도 바로 이 때문이며, 상대적으로 제3세계 예술가들에 대해 많이 다루지 못한 점이 아쉬움으로 남는다.

셋째, 많은 경우 오래전 위인들이 앓았던 질병에 대한 진단은 정확치 못하다. 그저 그들의 일기나 주변 동료들의 기록을 바탕으로 추론을 해보는 정도이므로 독자 여러분도 이를 감안하여 읽어 주었으면 한다. 하지만 이 점이 오히려 추리의 재미를 더해 주는 면도 있다고 생각하며, 더 깊은 관심을 갖는 독자들을 위해 책 말미에 참고문헌을 달아 놓았다.

마지막으로 이 여행기에서 나는 예술가의 질병을 신경과 관련 질환에 국한했다. 다른 질병은 나의 전공이 아닐 뿐더러, 너무나 다양한 의학 이야기를 나열하는 것은 책의 초점을 흐릴 수 있기 때문이다. 그러다 보니 예컨대 쇼팽이나 예이츠에 관한 이야기처럼, 내가 하고 싶은 말을 채 반도 하지 못한 것 같다. 훗날 독자 여러분과 못 다 한 얘기를 나눌 기회가 있기를 바란다.

이런 아쉬움은 있으나, 나는 독자 여러분을 나의 '뇌과학' 여행에 정중히 초대하고자 한다. 이제부터 여러분은 아기자기한 유럽의 뒷골목, 아프리카의 드넓은 초원 그리고 베이징의 광장을 나와 함께 거닐며 이곳에 살았던 위인들의 뇌질환에 대해 안내 받을 수 있을 것이다. 그리고 이러한 질병의 고통 속에서도 뛰어난 예술을 창조해 낸 인간의 위대함에 대해 함께 공감할 수 있기를 바란다.

끝으로 『춤추는 뇌』에 이어 이 책의 출판을 허락해 준 (주)사이언스북스에 깊은 감사의 마음을 전한다.

2011년 따스한 봄

김종성

차 례

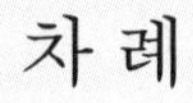

BASAL
GANGLIA

아폴리네르와 미라보 다리를 걷다

파리가 매력 있는 이유

캐롤 키드는「내가 꿈을 꿀 때(When I Dream)」에서 이렇게 노래했다.

> 나무보다 높은 집을 지을 수도 있고, 원하는 모든 선물을 가질 수도 있고, 파리로 날아갈 수 있고……

나는 이 매력적인 도시 파리를 몇 차례 방문할 수 있었다. 여러 해 동안 프랑스 회사가 개발한 T라는 약의 뇌졸중 예방 효과를 증명하는 다국적 연구에 참여하고 있었기 때문이다. 프랑스 제약 회사인 S사가 야심차게 추구하는 이 연구는 전 세계적으로 시행되는데 한국에서도 여러 병원이 참여한다. 나는 한국의 대표격으로 연구자 모임에 초청을 받았다.

솔직히 19세기의 샤코, 데제린, 20세기 초의 파스퇴르 같은 이들로 세계적으로 명성을 떨쳤던 프랑스 의학이지만 최근에는 미국은 고사하고 영국이나 독일에 비해서도 수준이 밀리는 것이 사실이다. 제약 회사의 신약 개발도 지지부진하고, 세계 학회에 초청되어 강의를 하는 프랑스 의사도 드물다. 2005년 신경과 의사가 가장 많이 읽는 학술지인《신경학》의 경우 프랑스 학자가 제출한 논문의 수는 미국, 이탈리아, 독일, 일본, 영국, 네덜란드 다음이다. (우리나라는 10위를 차지했다.) 물론 이런 결과는 어느 정도, 자기네 연구 논문은 자기네 나라 글로 써서 국내 학술지에 내는 경향이 있는 프랑스 특유의 고집 때문이기도 하다. 그럼에도 불구하고 작금의 현실은 언제까지나 프랑스가 최고일 것으로 생각해 오던 프랑스 인들에게 위기감을 불러일으키고 있는 것 같다. 따라서 프랑스 회사인 S사가 개발한 뇌졸중 예방 약물에 그들은 자부심과 함께 커다란 기대를 가지고 있는 것이다.

나는 여행기를 2006년 10월 첫 번째 연구자 회의로부터 시작하려 한다. 연구자 모임은 반나절이면 끝나므로 나는 틈틈이 짬을 내어 파리의 구석구석을 탐험할 수 있었다.

공항에 내리니 여배우처럼 예쁘고 호리호리한 남자가 마중을 나와 있었다. 간단히 인사를 나눈 후, 차를 타고 40분가량을 달려 레이몽 푸엥카레 가에 있는 르 파르크 소피텔 드무르라는 긴 이름의 호텔에 닿았다. 대개의 유럽 호텔이 그렇듯이 이 호텔도 건물이 다닥다닥 붙은 좁은 길의 건물 한 동을 그대로 사용하고 있다. 대문 옆에

개선문

프랑스 국기가 걸려 있지 않다면 지나쳐 버릴 것 같다. 하지만 프랑스 문화에 더 관심 있는 사람에게는 호텔 위치가 썩 마음에 든다. 남쪽으로 조금만 더 걸어가면 샤이오 궁이 나타나고 그 너머에 센 강, 그리고 건너편에 우람한 에펠탑이 눈에 들어온다.

짐을 풀고 나니 늦은 오후, 나른하게 피로가 몰려온다. 한국 시간으로 한밤중이니 당연하다. 이럴 때는 밖에 나가 찬바람을 쏘이면서 걷는 편이 좋다. 호텔에서 준 지도를 한 장 들고 푸엥카레 가를 따라 샤이오 궁의 반대쪽으로 걸어본다. 한가한 노인네들이 삼삼오오 앉아 있는 빅토르 위고 광장에서 오른쪽으로 10분 정도 걸으니 10월의 맑은 가을 하늘 아래 두둥실 뜬 개선문이 보인다.

개선문 주변을 에투아르 광장이라고도 부르는데 여기에는 세상 모든 인종이 다 모여 있다. 저마다 제 나라 말로 이야기하고 사진도 찍고는 한다. 엘리베이터를 타고 올라가 개선문 꼭대기에서 샹젤리제 거리를 내려다보는 재미가 쏠쏠하다고 하지만 기분 때문에 8유로를 내기가 아까웠다. 나는 차라리 아래쪽에서 개선문 위를 쳐다보며 그곳에서 바깥 구경하는 사람들을 바라보기로 했다. 이렇게 천정을 올려다보니 전쟁 기념비답지 않게, 마치 백제 시대 국화 무늬처럼 부드러운 무늬가 눈에 들어온다. 개선문의 벽에는 전쟁 영웅으로 칭송되는 600명의 군인들 이름이 적혀 있고, 앞 쪽에는 프랑스 군의 승전을 의미하는 조각상이 그리스의 신화 형태로 부조되어 있었다.

솔직히 말하자면, 나는 사실 개선문을 별로 좋아하지 않는다. 규모가 엄청난 것도 아니고 프랑스 특유의 예술적 특징을 보여 주는 면도 없다. 그저 그리스나 로마의 수많은 조각이나 탑을 흉내낸 것에 불과하다. 자긍심이 강한 프랑스 인들은 분명 개선문을, 그리고 개선문으로부터 우람하게 뻗어 나가는 샹젤리제 거리를 유럽을 대표하는 최고의 거리로 생각하고 있을 것이다. 하지만 프랑스의 자랑, 진정한 프랑스의 힘은 절대 이런 거대하고 독재적인 구조물에 있는 것이 아니다. 자유롭지만 단단한 긍지를 가지고 샹젤리제 거리를 활보하는 시민들의 모습에, 그리고 창조적으로 디자인된 상점 진열장의 작지만 개성적인 물건들에 숨어 있는 것이다.

개선문은 독재자인 나폴레옹이 자신의 승전을 기념하기 위해 만

푸케 레스토랑

든 기념비이지만 천하의 나폴레옹도 이 영광된 건축물을 계획할 때 자신이 결국은 러시아와의 전쟁에 패해 몰락할 줄은 꿈에도 몰랐다. 아이러니하게도 개선문은 나폴레옹이 세인트헬레나 섬에 귀양 갈 때쯤 완성된다. 섬에서 쓸쓸히 죽은 나폴레옹은 관에 묻힌 채 개선문을 통과할 수밖에 없었고 지금은 앵발리드에 묻혀 영원한 휴식을 취하고 있다.

나는 당당하고 번화한 샹젤리제 거리를 따라 100미터쯤 걷다 오른쪽 길가 빨간 차양의 푸케 레스토랑을 발견했다. 레스토랑 옆 화려한 루이비통 매장 건물 사이로 오른쪽을 향해 난 길이 조지 5가. 이 길을 따라 10분 정도 천천히 걸어가면 센 강의 오래된 다리 중 하나인 알레 다리와 마주친다. 저녁 햇살을 받은 센 강이 아름답게 넘실거린다. 나는 잠을 깨기 위해 여기까지 걸었지만, 사실 이곳까지 나를 인도한 것은 레마르크의 소설 『개선문』이었다.

"그 여자는 비스듬히 걸어오고 있었다."라고 시작하는 이 소설에서 프랑스로 망명한 독일인 의사 레바크가 조안 마두를 처음 만나는 곳이 바로 이 알레 다리이다. 제2차 세계 대전이 발발하기 직전, 동거하던 남자가 사망하고 공포와 외로움에 질린 혼혈 여성 조안은 황망한 상태로 여기까지 걸어온다. 아마 센 강에서 투신자살하려 했을 것이다. 극도로 흉흉한 사회에서 두 남녀의 이루어질 수 없는 사랑이 시작된 알레 다리 초입에는 지금 몇 개의 커다란 카페가 멋진 실내 장식을 갖추고 손님을 유혹하고 있다. 소설에서, 레바크와 조안이 이야기할 때 이들을 잠시 기다리던 택시가 어둠 속에 사라진 거리가 바로 이 조지 5가이다.

정착할 곳이 없는 소설의 주인공처럼, 레마르크 자신도 제1차 세계 대전을 경험한 후 출간한 『서부전선 이상 없다』가 히틀러의 금서 목록에 들면서 쫓기는 신세가 되자 미국으로 망명했다. 이런 점에서 레마르크는 레바크를 통해 자신의 모습을 투영했다고 볼 수 있다. 하지만 매일매일 알 수 없는 사건들과 마주치며 하루를 사는 우리도 모두 본질적으로는 레바크와 같은 떠돌이인 것이 아닐까? 이런 불안정한 인생이기에 오히려 사랑이라는 것이 축복처럼 우리 곁에 존재할 수 있는 것이 아닐까? 알레 다리에 기대서서 저녁 불빛 반짝이는 센 강을 바라보며, 레마르크가 그린 부조리한 삶의 의미를 되새겨 본다.

레바크와 조안이 즐겨 들러 점심을 했다는 푸케 레스토랑으로 돌아와 보니 컴컴한 저녁 하늘과 대비되어 실내 불빛이 더욱 밝다. 오늘 저녁은 손님이 가득 찬 것 같았지만 턱수염이 멋진 종업원이 마침 비어 있는 창가 자리로 나를 안내해 준다. 이곳에서 레바크가 즐겨 마셨다는 칼바도스를 시켜 보고 싶었으나 도수가 40도에 달하는 코냑을 혼자 마시기에는 너무 버겁다. 클럽샌드위치에 하이네켄 생맥주를 홀짝이는데 이게 의외로 무척 맛있다.

그러고 보면 개선문이나 샹젤리제 거리 일대가, 아니 파리라는 도시가 매력적인 이유는 규모나 아름다움 때문이 아니다. 그 속에 숨어 있는 역사, 그리고 이야기 때문이다. 허기진 배를 채운 후 나는 레스토랑 창을 통해 샹젤리제 거리를 걷는 사람들을 바라본다. 파리 사람들은 뭐라 한 마디로 표현할 수가 없다. 실은 그래서 파리가 좋다. 이곳 사람들의 키와 덩치는 너무 크지도, 그렇다고 작지도 않다. 얼굴이 흰 사람, 검은 사람, 누런 사람, 붉은 사람도 지나가는데, 가장 흔히 볼 수 있는 얼굴은 이런 색깔들이 적당히 섞인 얼굴이다. 다양한 인간들이 모두 제멋대로, 자유롭게, 그리고 자신만만하게 걸어다닌다. 오랜 역사 동안 힘써 지켜 온 평등 사상, 예술 그리고 자랑스러운 자신의 조국에 대한 애정과 자부심이 그들의 걸음걸이에, 표정에 깊숙이 배어 있다.

밤늦게 호텔로 돌아와 불을 켜니 방이 의외로 작다. 게다가 반원형 창문마저 어울리지 않게 작다. 갑자기 발자크가 칩거했다는 다락방이 생각났다. 공증인이 되기를 포기하고 부모로부터 도망친 발자크는 레디기에르 가의 고미다락에 칩거하며 글을 쓰기 시작했다. 창문은 작고 동그랗다고 되어 있었다. 비록 그곳에서 쓴 초기 작품 『크롬웰』은 별로 인정을 받지 못했지만 대문호로서 발자크의 여정은 그렇게 시작됐다. 물론 당시 극도로 가난했던 발자크의 방보다야 이 호텔 방이 몇 배 더 훌륭하겠지만 말이다.

역시 파리는 이야기가 있는 도시인가 보다. 수다를 떨다보니 내가 신경과 의사인 사실을 잠시 잊었다. 신경과 의사로서의 여행기는 내일부터 시작하기로 하자.

아폴리네르는 왜 마들렌을 잊었을까?

지하철을 타고 루브르 박물관 역에서 내리니 가볍고 따스한 아침 햇살이 고색창연한 박물관을 비추고 있었다. 이런 큰 박물관에서 모든 작품을 다 볼 수는 없다. 하지만 루벤스의 마리 드 메디시스 생애 연작들, 상상력이 충만한 역동적인 이 그림들을 놓칠 수는 없다. 그리스가 터키로부터 독립을 요구할 당시 터키 병사들에 의한 그리스인의 비참한 살육을 그린 「시오의 대학살」이나 「사르다나팔루스의 죽음」 등과 같은 들라크루아의 엄청난 작품들도 빼 놓을 수 없다. 그러나 이 미술관에서 가장 오랫동안 내 발목을 붙잡은 그림은 제리코의 「메두사 호의 뗏목」이다. 1819년 그려진 이 거대한 작품은 조난당해 오직 15명만 살아남았던 메두사 호의 실화를 기반으로 한 것이다. 여기서 제리코는 빼어난 솜씨로 역동적인 인간의 근육과 대비되는

메두사 호의 뗏목

표류자들의 비극적인 표정을 그렸다. 인간의 내부에 내재해 있는 모든 비극을 다 파헤쳐 낸 이 작품은 언제나 나의 혼을 빼앗는다.

2층과 3층 사이를 바삐 걷자니 유명한 니케의 여신상 조각 옆에 사람들이 모여 있다. 무심히 지나치려 하니 어디선가 이 장면을 본 듯하다. 그러고 보니 영화 「다빈치 코드」의 주인공 톰 행크스와 오드리 토투가 경찰에 쫓겨 달아나던 곳이다. 그래서 사람들이 더 많이 모여 있는 것일까? 정말 이 책과 영화 때문인지, 2층의 「모나리자」 앞에는 더욱 많은 관중이 몰려 있었다. 「모나리자」는 파손을 염려해서 아예 방탄 유리 덮개를 씌워 놓았다. 「모나리자」는 루브르의 자랑, 아니 인류의 자랑인 것으로 생각된다. 영화 「2012년」에도 지구의 대재앙을 앞두고 「모나리자」를 챙기는 모습을 볼 수 있었다.

1500년대 초에 그려진 것으로 알려진 이 초상화의 배경은 방안의 정경이나 정원이 아닌 머나먼 산악 풍경이다. 그리고 '바림기법'이라 일컫는 외곽선 흐리기의 기법을 사용하고 있다. 이런 점에서 「모나리자」는 단순히 한 여성을 그렸다기보다는 레오나르도 다빈치가 해석한, 자연과 대비되는 인간의 참 모습을 표현했다고 할 수 있다. '모나(mona)'는 이탈리아 어로 부인에 대한 경칭이며, '리자(lisa)'는 지오콘도의 아내 엘리자베타의 약칭이다. 모나리자가 유명한 이유 가운데 하나는 알 듯 말 듯한 그녀의 미소 때문인데 여기에 대해서는 수많은 설이 존재한다. 모나리자가 자식을 잃고 슬픔에 젖어 있는 상태이므로 화가가 악공과 광대를 불러 그녀를 웃기려 했는데, 그때 보인 억지 웃음이라는 설, 레오나르도 다빈치가 동성애자임을 생각하

모나리자

면서 모델이 웃음을 참지 못했다는 설 등이 있다. 하지만 내가 보기엔 그저 아주 잘 그린 하나의 초상화일 뿐이다.

사실 이 그림은 1911년에 일어난 도난 사건 이전에는 그리 유명한 작품이 아니었다. 이탈리아 화가의 걸작이 프랑스에 있는 것에 분개한 빈첸초 페루자라는 이탈리아 노동자가 루브르 박물관에서 이 그림을 훔쳐 고국 땅으로 가져간 것이었다. 이 어수룩한 범인은 2년 후 피렌체의 한 미술상에게 「모나리자」를 팔려다 경찰에게 덜미를 잡혔고, 이 작품은 다시 회수되어 프랑스로 돌아온다. 이 사건으로 당시까지만 해도 무명 작품이었던 「모나리자」가 유명해졌고 루브르 박물관도 덩달아 유명해진 것이다.

그런데 바로 이때 이 사건 때문에 곤혹을 치른 사람이 있다. "미라보 다리 아래 센 강은 흐르고, 우리 사랑도 흐르네."라고 시작하는 시 「미라보 다리」로 우리나라 사람들에게도 유명한 기욤 아폴리네르다. 미라보 다리를, 나는 여러 해 전 처음 파리에 왔을 때 잠시 본 적이 있다. 하지만 센 강의 맨 서쪽 끝에 있어 찾아가는 데 시간이 걸릴 뿐 아니라, 난간의 인체 조각이 나름대로 운치 있기는 하지만 센 강의 다리치고는 그리 아름다운 다리는 아니다. 그러나 사랑하는 마음을 가득 가슴에 담고 연인 로랑생을 만나러 걸어갔을 아폴리네르에게는 이 다리가 가장 아름다운 다리였을 테고, 다리 아래를 흐르는 센 강은 흘러가는 청춘의 시간처럼 느껴졌을 것이다.

1907년 시인이자 미술 비평가인 아폴리네르는 나중에 다시 소개할 피카소의 세탁선 모임에서 로랑생을 처음 만났고 둘은 곧 사랑에 빠진다. 화가 앙리 루소가 이들을 모델로 해 그린 「시인에게 영감을 주는 뮤즈」에는 로랑생이 통통하고 좀 못생긴 얼굴을 한 여자로 나온다. 「미라보 다리」의 낭만을 기억하는 사람이라면 로랑생의 모습을 보고 실망을 금치 못할 것이다. 하지만 상징주의 화가인 루소가 실물 그대로 정확히 그렸을 리는 없고 아마도 시인에게 풍성한 영감을 준다는 의미로 이런 통통한 여인을 그렸을 것이다.

그런데 아폴리네르는 단지 이탈리아 출신이라는 이유로 모나리자 도난 사건 용의자로 몰려 1주간 상테 감옥에 구금당하는 어이없는 일을 당했다. 아폴리네르와 로랑생의 관계는 서먹해지고 결국 헤어지고 만다. 구금에 의한 심한 정신적인 충격이 사랑하는 사람의 관계에도 영향을 미쳤을까? 아니면 그저 서로 싫증이 나 버린 것일까? 물론 아무도 알 수 없는 일이다. 자신도 화가인 로랑생은 아폴리네르와 헤어진 후 개인전을 여는 등 사회적으로 성공했다. 하지만 독일 출신의 남작과 결혼해서 에스파냐와 독일을 전전하다가 결국 이혼한 후 다시 파리에 왔다.

로랑생과 헤어진 아폴리네르는 피카소나 브라크 같은 큐비즘을 옹호하는 미술 평론가로서 맹활약을 했다. 한편 피카소는 아폴리네르가 「모나리자」를 훔친 범인이 아니라는 사실을 증언하고자 애쓴 적이 있다. 하지만 당시 자신도 불법 체류자 신세인지라 적극적으로 구명 운동을 벌이지는 못했다. 그러던 중 아폴리네르는 마들렌 페이지라는 여성과 사랑에 빠져 약혼했다. 사실 신경과 의사인 내가 더욱 흥미를 갖는 것은 그 다음 사건이다. 제1차 세계 대전이 터지고

미라보 다리

그는 자원해서 전쟁에 출정했다. 원래는 포병에 속했던 그는 전선에서 전쟁을 직접 경험하기 위해 보병으로 부대를 바꾸었다. 참호에서 잡지를 읽던 아폴리네르는 불행하게도 어디선가 날아온 탄환에 머리를 맞는다. 마치 『서부전선 이상 없다』 속 한 장면처럼.

철모를 쓰고 있던 아폴리네르는 목숨은 건졌지만 뇌손상으로 인해 왼쪽 팔다리에 마비 증세가 생겼다. 다행히 이 증세는 얼마 후 좋아졌다. 하지만 뇌손상이 발생한 이후 아폴리네르에게는 다른 종류의 분명한 변화가 생겼다. 평소 온화했던 그는 언제나 불안해하고 안절부절 못하면서 예측할 수 없게 화를 내고는 했다. 한 마디로 사람이 달라진 것이었다. 게다가 그는 마들렌에 대한 관심을 완전히 잃었다. 예컨대 그녀에게 매일처럼 쓰던 편지를 4개월 동안 쓰지 않았다. 그럼에도 불구하고 아폴리네르가 평론가로서는 왕성히 활동한 점으로 보아 그의 기억력이나 지능에는 별다른 문제가 없었던 것으로 생각된다. 그렇다면 아폴리네르의 이러한 감정적 변화, 그리고 마들렌에 대한 관심이 사그라든 현상을 어떻게 설명할 수 있을까?

아직까지 남아 있는 아폴리네르가 쓰던 철모의 탄환 구멍을 검토한 스위스의 신경과 의사 보고슬라브스키 교수는 총탄이 아폴리네르의 뇌를 관통했다면 분명 오른쪽 측두엽을 손상시켰을 것이라 주장한다. 그리고 잠시 왼쪽 손발이 마비되었다 돌아온 것으로 보아 아마도 경막하 출혈이 생겨 뇌를 압박했을 가능성이 높다고 한다. 그렇다면 오른쪽 측두엽 손상으로 아폴리네르의 성격 변화를 모두 설명할 수 있을까? 보고슬라브스키 교수는 그렇다고 본다. 오른쪽 측두엽은 감정 형성에 중요한 변연계를 포함하므로 그렇다는 것이다. 하지만 나는 이런 주장에 완전히 동의하지는 못하겠다. 뇌졸중 같은 병으로 오른쪽 측두엽이 손상된 환자들을 많이 보았지만 이런 증세를 보이는 경우는 드물기 때문이다.

나는 아폴리네르는 뇌출혈에 의해 전두엽이 손상된 상태였다고 본다. 인간의 기본적인 감정은 변연계에서 관장하지만 우리의 대뇌 특히 전두엽은 이를 우리의 상황에 맞게 변조시키고 확장시킨다. 전두엽은 애인이나 자식에 대한 사랑과 같은 본질적인 애정의 폭을 인간다운 사랑으로 넓혀 주며 남을 위한 배려, 국가나 민족에 대한 사랑과 같은 좀 더 고차원적인 사랑을 가능케 한다. 이런 점에서 측두

Parietal lobe
Reconnais
Cette
MADELEINE
love
frontal lobe
CEREBELLUM

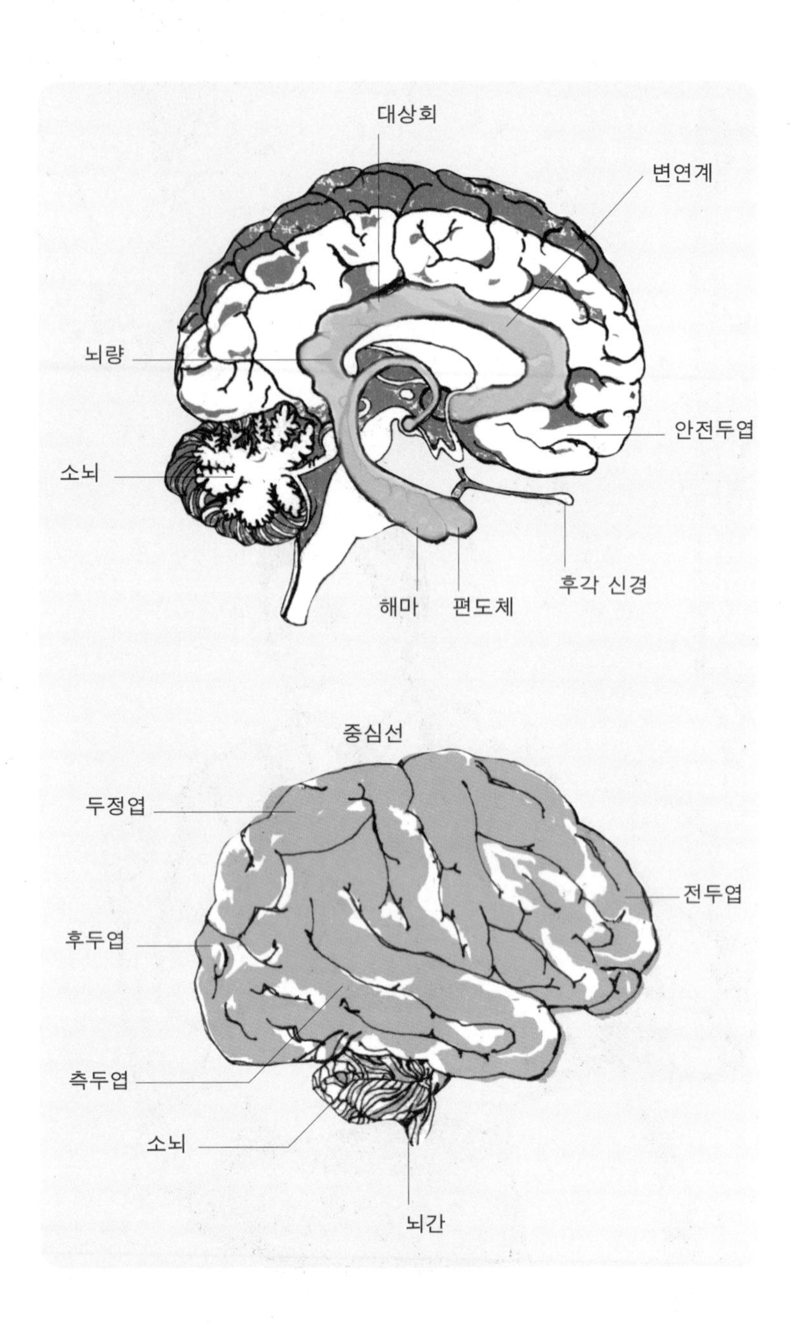
대상회
변연계
뇌량
안전두엽
소뇌
후각 신경
해마
편도체
중심선
두정엽
전두엽
후두엽
측두엽
소뇌
뇌간

엽이 본능적인 사랑과 관계 있다면 전두엽은 '사회적인 사랑'을 만들어 낸다. 전두엽이 손상된 환자는 유머가 없으며 감성이 없어지는데 이런 현상을 '무감동(apathy)'이라고 한다. 예컨대 앞쪽 뇌혈관이 막혀 전두엽이 손상된 환자는 평소 귀여워하던 손자가 와서 재롱을 떨어도 전혀 관심을 보이지 않는다.

물론 전두엽이 심하게 손상된 경우라면 매사에 흥미를 보이지 않고 조직적인 생각을 하지 못하니 일을 제대로 수행하지 못할 것이다. 이런 점에서 아폴리네르가 뇌출혈이 생긴 후에도 평론가로서의 일을 계속 수행했다는 점이 의아하게 느껴질 수 있다. 그러나 뇌손상이 심하지 않은 경우라면 평소 하던 일을 지속할 수는 있다. 다만 새로운 것을 배우거나 창조적인 행동을 하기는 쉽지 않다. 손상된 뇌의 부위가 측두엽이든 전두엽이든 아폴리네르로서는 그나마 오른쪽 뇌가 손상된 것이 다행이라고 할 수 있다. 대부분의(90퍼센트 이상) 사람에서 언어 기능을 담당하는 신경 세포는 왼쪽 뇌에 있다. 만일 아폴리네르의 왼쪽 뇌가 손상되었다면 그는 언어 기능이 손상되어 말을 못하거나 남의 말을 못 알아듣는 증세, 즉 실어증이 생겼을 것이다. 그랬다면 시인이나 평론가로서의 삶도 끝났을 텐데 다행히 오른쪽 뇌가 손상된 그는 언어 장애가 없었다. 뇌손상 부위를 지금 정확히 알 수는 없지만 아폴리네르는 오른쪽 뇌가 손상되어 감성 기능과 사회 적응력이 달라진 듯하며, 아마도 이것이 갑자기 마들렌에게 무관심해진 원인이었을 것이다. 결국 아폴리네르는 마들렌과 헤어졌다.

나중에 그는 자클린이라는 여성을 만나 결혼을 하지만 예전과 같은 열정적인 관계는 아니었다. 결혼한 지 불과 6개월 후인 1918년 아폴리네르는 에스파냐 독감에 걸려 짧고 파란만장한 생애를 마감하고 만다. 현재 그는 파리의 페르라세즈 묘지에 묻혀 있다. 거기서 몇 걸음 떨어져 묻혀 있는 것은 첫 번째 연인이자 당시에 보기 드문 여성 화가였던 로랑생이다.

나는 아폴리네르의 짧은 생애와 뇌손상을 생각하며 군중들 사이로 다시 모나리자를 바라보았다. 잠시 관람객 수가 적어져 이제는 완전한 그녀의 모습이 환하게 내 앞에 나타난다. 그녀는 옅은 미소를 머금고 물끄러미 나를 쳐다보고 있었다. 이성적인 분석을 뛰어넘는, 아무리 노력해도 알 수 없을 듯한 미소, 모나리자는 아니 우리 인간은 이처럼 영원한 수수께끼이기에 아름다운 것이 아닐까?

경막하 출혈

뇌는 세 겹의 막으로 싸여 있다. 바깥부터 경막, 지주막, 연막이다. 지주막과 연막의 사이에는 척수액이 흐르며 이곳에 커다란 동맥들이 지나간다. 이러한 동맥에 동맥류라 불리는 혈관 기형이 생길 수 있는데 동맥류가 터지는 경우, 피가 지주막과 연막 사이에 고인다. 이것이 '지주막하 출혈'로 일종의 뇌졸중이다. 지주막하 출혈은 뇌졸중 환자의 7퍼센트 정도를 차지한다. 일반적으로 동맥 주변에는 통증을 전달하는 3차 신경의 가지들이 많이 분포하므로 지주막하 출혈은 갑작스러운, 몹시 심한 두통을 일으킨다. 두통이 너무나 심해 의식을 잃어버리기도 한다. 치료는 주로 수술로 하는데 터진 동맥류를 클립을 이용해 막거나 혹은 동맥류 안쪽으로 응고성 물질을 집어넣어 막기도 한다.

이에 반해 경막하 출혈은 경막과 지주막 사이에 피가 고이는 질병이다. 경막과 지주막 사이에는 동맥이 아닌 정맥이 있다. 그리고 이 정맥이 터지는 원인은 주로 뇌손상에 의한 것이다. 이것이 바로 아폴리네르가 걸린 것으로 의심되는 경막하 출혈이다. 예컨대 교통사고와 같은 사고로 머리를 심하게 부딪쳤을 때 경막하 출혈이 잘 생긴다. 특히 노인들은 문지방에 살짝 부딪히는 정도의 가벼운 머리 손상에 의해서도 경막하 출혈이 생길 수 있다. 출혈의 양이 적으면 저절로 피가 흡수되지만 양이 많으면 수술적 치료로 피를 제거해야 한다. 신경과 의사들은 노인이 갑자기 횡설수설하거나 의식이 흐려지거나 혹은 한쪽 팔, 다리에 마비가 온다면 제일 먼저 뇌졸중(뇌혈관 질환)을 생각하지만 경막하 출혈의 가능성도 반드시 고려해야 한다.

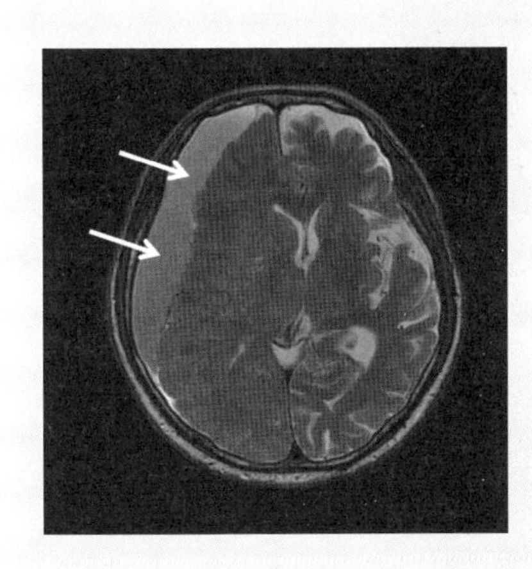

경막하 출혈 환자의 MRI 사진, 화살표로 표시한 회색 부분이 출혈 부위이다.

퐁파두르 부인과 편두통

루브르 박물관의 미술품을 모두 구경하려면 여간 다리가 아픈 것이 아니다. 이 정도 보고 나가야지 하고 있는데 멋진 꽃무늬 옷을 입은 미인의 모습이 눈 앞에 하나 가득 들어온다. 라투르가 그린 퐁파두르 부인 초상화이다. 아무래도 독자 여러분께 이 부인에 대한 얘기는 해야 할 것 같다. 내 외래 환자들이 가장 많이 갖고 있는 병에 이 아름다운 여성도 걸려 있기 때문이다.

프랑스의 한 세대를 풍미한 퐁파두르 부인의 본명은 잔 푸아송이며 돈 많은 은행가의 딸이었다. 타고난 미인인데다 어릴 적부터 문학, 음악 등 교양 수업을 받아 상당히 세련된 여성이었다. 그녀의 어

퐁파두르 부인

릴 적 꿈은 왕비가 되는 것이었다. 미모와 교양을 무기로 끈질기게 루이 15세에게 접근한 그녀는 마침내 24세의 나이로 왕의 애인이 되고 퐁파두르 후작 부인이라는 칭호를 얻게 된다.

소원은 성취했지만 퐁파두르 부인에게는 고질적인 문제가 있었다. 두통이었다. 그녀의 두통은 간헐적으로 나타났지만 참을 수 없을 정도로 심했는데, 특히 월경 때 심하게 두통이 발생했다. 진료 기록에는 이렇게 적혀 있다. "지난 20년 동안 월경 전후로 환자는 심한 두통을 호소했다. 가벼운 변비도 동반되고는 하는데 연하제로 우유를 사용했다."

퐁파두르 부인의 다른 한 가지 문제는 성병이었다. 그녀는 냉이 심해 뒷물을 자주할 수밖에 없었는데, 아마도 트리코모나스 같은 성병인 것으로 생각된다. 라투르의 초상화를 바라보고 있노라면 이렇게 아름다운 여인에게 그런 지저분한 문제가 있다는 것이 믿어지지 않는다. 아마도 여러 첩들과 잠자리를 같이 하고 사생아만도 30명이 넘는다고 알려진 루이 15세에게서 옮은 성병으로 추정된다. 퐁파두르 부인은 뒷물용 대야에 향수와 소독제를 혼합해 사용했는데 이것이 현재 비데의 원조가 되었다.

퐁파두르 부인의 두통은 전형적인 편두통이다. 편두통은 간헐적으로 찾아오는 두통으로 여성의 10퍼센트가 가지고 있는 흔한 병이다. 두통 당시 구토 증세도 흔히 동반된다. 이런 편두통을 악화시키는 요인 중 가장 중요한 것은 스트레스, 그리고 여성의 경우 월경이다. 편두통 환자의 7퍼센트는 오직 월경 때만 두통이 생기므로 이를

'월경성 편두통(menstural headache)'이라 부르기도 한다. 퐁파두르 부인은 아마도 월경성 편두통을 앓은 듯하다. 월경 시 편두통이 심해지는 이유는 혈중 에스트로겐이 급격히 줄어들어 통증 신경 섬유가 예민해지기 때문으로 생각된다. 따라서 월경 즈음에 편두통 약을 복용하거나 에스트로겐 패치를 사용하기도 한다.

퐁파두르 부인의 두통이 스트레스 때문에 악화되었을 가능성도 물론 많다. 루이 15세에게는 정식 왕비 마리아가 있었으나, 왕의 신임을 받은 퐁파두르 부인이 20년 동안 실제적인 권력을 장악했다. 높은 권력을 가지고 있다는 것은 나쁘지 않은 일이지만 그만큼 스트레스가 많다는 이야기이기도 하다. 무엇보다도 사냥과 여자밖에는 아무런 흥미가 없는 왕의 관심을 계속 끌어야 했고, 또한 자신을 제거하려는 수많은 정적에 둘러싸여 있었으므로 부인의 하루하루는 스트레스의 연속이었다. 실제로 그녀는 이렇게 적은 적이 있다. "나의 궁중 생활은 전투이다. 왕의 관심을 끌려는 귀부인들과의 싸움, 나를 무력화시키려는 왕의 측근들과 벌이는 음모와의 싸움."

30대 후반 나이가 되어 루이 15세를 감당하기 힘들었던 그녀는 각처에서 소집한 미녀들을 녹원에 소집해 왕으로 하여금 하룻밤을 모실 여자를 고르게 했다. 이런 그녀의 행동을 빗대어 퐁파두르 부인의 정적들은 그녀가 사망한 후 사용할 묘비 문구를 다음과 같이 적어 놓았다고 한다. "20년은 처녀로, 15년은 창녀로, 7년간은 뚜쟁이로 산 여인, 여기에 잠들다"

하지만 퐁파두르 부인의 업적도 없는 것은 아니다. 당시는 계몽주의 사상이 태동하던 때였고, 이러한 지식을 보급하고자 루소, 디드로, 달랑베르 등의 계몽주의자들은 『백과전서』를 펴냈다. 계몽 사상은 기존의 왕권을 위태롭게 할 수 있으므로 백과전서의 출판은 프랑스에서 금지되었다. 하지만 일부 진보적인 귀족들은 이를 출간해야 한다고 주장했는데 대표적인 인물이 퐁파두르 부인과 당시 출판장관직에 있었던 말세르브였다. 퐁파두르 부인은 기지를 발휘해 루이 15세로부터 『백과전서』 판매 허락을 받아냈는데 실제 라투르의 그림을 보면 『백과전서』가 부인의 책상 위에 놓여 있는 것을 볼 수 있다. 계몽 사상이 번져 얼마 지나지 않아 프랑스 혁명이 일어난 사실을 생각한다면, 이런 점에서 퐁파두르 부인도 혁명 발발에 일조했다고 볼 수 있다.

퐁파두르 부인은 43세에 요절했는데 사인이 심장병인지 폐결핵인지는 확실치 않다. 루이 15세는 1774년 10월 천연두로 사망했고, 프랑스 혁명으로 사형당하는 루이 16세가 20세의 나이로 뒤를 이어 역사에 등장한다.

편두통

편두통은 여성의 10퍼센트, 남성의 3퍼센트가 앓는 흔한 병이다. 한 달에 한두 번 정도 심한 두통이 찾아오는데 대개 심장이 뛰듯 머리가 욱신거린다고 표현한다. 두통은 몇 시간 정도 지속되는 것이 보통이지만 심한 경우는 며칠씩 아프기도 한다. 두통 당시 속이 메스껍고 울렁거리는 증세가 동반된다. 편두통 발작 동안에는 빛이나 소리 자극에 예민해지므로 환자는 컴컴한 방에 조용히 누워 있는 경우가 많다. 약 15퍼센트의 환자에서는 두통 발생 직전에 앞이 캄캄해지거나 아지랑이가 피어오르는 등 시각적 전조 증세가 나타난다.

편두통의 원인에 대해서는 아직도 정확히 모른다. 20세기 중반까지는 울프 박사가 주장하는 혈관설(vascular theory)이 주를 이루었다. 편두통의 증세는 마치 혈관이 뛰는 듯한 박동성인 점, 혈관 확장제를 사용하면 비슷한 두통이 발생하는 점, 그리고 통증을 느끼게 하는 신경 섬유는 대뇌보다는 주로 혈관 주변에 분포해 있는 점 등이 근거이다. 따라서 울프 박사는 혈관이 수축할 때 전조 증세가 생기고 확장할 때 두통이 발생한다고 생각했다. 그러나 그 후 이루어진 혈류 검사를 이용한 연구에서는 이런 이론이 증명되지 못했다. 게다가 혈관에 영향을 미치지 않으면서도 두통을 효과적으로 감소시키는 약제들이 개발되기도 했다.

다른 이론은 신경설(neurogenic theory)로 리오라는 학자가 동물의 대뇌피질에 자극을 주니 분당 2~3밀리미터의 속도로 이동하며 확산되는 전류의 변화가 관찰되었다. 이를 근거로 신경설을 주장하는 학자들은 유전적이든 환경적이든 대뇌 자극의 역치가 낮은 환자에서 간헐적으로 이 역치가 초과될 때 뇌신경 세포의 과도한 흥분 상태에 의해 편두통이 유발된다고 주장한다. 한편 우리의 얼굴 및 머리의 통증 감각을 매개하는 3차 신경의 감각 섬유 말단에 여러 종류의 통증 관련 신경 펩티드들(substance P, CGRP, NKP)이 있는데 주기적으로 이런 물질이 방출되어 주변 혈관에 일종의 염증 반응을 일으키는 것이 편두통의 발병 원리라는 이론도 있다. 이러한 여러 이론은 배타적인 것이 아니라 서로 연관되면서 두통을 일으키는 것으로 생각된다.

편두통에는 유전적 요인이 있으며 현재까지 가족 대부분이 편두통을 일으킨 가계로부터 편두통 유발과 관련이 있다고 생각되는 유전자 돌연변이가 최소 3개 발견되었다. 그러나 대부분의 편두통 환자에서는 유전적 이상이 무엇인지 확실히 알려져 있지 않다.

편두통 환자는 흔히 어떤 요인에 의해 편두통 발작이 유발된다. 대표적인 유발인자는 스트레스와 월경이다. 술 역시 편두통을 흔히 유발하는데 특히 적포도주가 편두통을 유발하는 것으로 유명하다. 초콜릿, 치즈, 튀긴 지방질, 중국 음식 등이 편두통을 유발할 수 있으며 결식, 수면 부족, 격렬한 운동, 과로, 밝은 빛, 날씨 변화, 높은 고도, 사람이 많은 장소 등도 흔히 편두통을 유발한다.

따라서 편두통의 치료로서 가장 중요한 것은 이러한 유발요인을 찾아내고 이를 피하는 것이다. 일단 편두통이 생기면 아스피린, 타이레놀, 나프록센 같은 진통제를 사용할 수 있다. 그래도 듣지 않으면 에르고타민계 약을 사용하는데 우리나라에서는 카페인과 에르고타민이 섞인 카페에르고트가 많이 처방된다, 최근에 개발된 세로토닌 수용체도 많이 사용되는데 수마트립탄, 졸미크립탄 등 여러 트립탄 제제가 흔히 사용된다. 이러한 모든 약은 부작용이 있으므로 가능한 1주에 3회 이하로 투여하는 것이 바람직하다.

편두통 발작이 지나치게 잦거나 강도가 심해 일상생활에 장애가 있는 경우에 예방을 목적으로 사용하는 약물도 있다. 베타차단제, 항경련제, 항우울제 등이 자주 처방된다. 예방 효과는 3~4주 정도 지나야 나타나므로 환자와 의사 모두 끈기 있게 기다리는 것이 좋다.

팔레루아얄에서 모파상을 생각하다

루브르 박물관을 나오니 다리가 천근처럼 무겁다. 무거운 다리를 끌고 지하철역의 북쪽으로 걸음을 옮기니 팔레루아얄이라는 멋진 건물과 마주친다. 이 건물은 루이 13세 때 재상이었던 리슐리에의 소유였으나 루이 13세에게 다시 증정되었고, 그 후 루이 14세의 동생 오를레앙 공이 살았다. 이 궁전을 둘러싸고 사치스러운 쇼핑 센터가 많이 들어서 있다. 근처의 생토노레 거리, 오페라 거리, 방동 광장 등에도 값비싼 의류나 보석을 파는 상점들이 매우 많다. 이런 비싼 물건을 살 돈도 없고, 물건 사는 소질도 전혀 없는 나는 몇 군데 상점을 건성으로 구경하다가 검은 줄무늬가 그려진 원기둥에 앉아 쉬면서 지나다니는 사람들을 쳐다보았다. 그런데 사실 이 원기둥이 지나가는 나그네더러 앉아 쉬었다 가라는 의도로 만들어진 것은 아니다. 팔레루아얄 정원의 수많은 원기둥은 사실 다니엘 뷰랑이 만든 예술

다니엘 뷰랑의 원기둥

작품이다. 하지만 실제로는 나처럼 다리 아픈 사람들이 앉아 쉴 수 있는 벤치 역할을 하고 있다. 그리고 이 정원은 또한 모파상의 소설 『여자의 일생』에서 잔느가 아들을 찾아 헤매던 곳이기도 하다.

언제까지나 행복할 것 같은 소녀의 꿈을 간직한 잔느는 바람둥이인 남편 줄리앙을 만나면서 온갖 고생을 한다. 백작부인과 오두막에서 바람을 피우던 남편이 현장을 덮친 백작에게 죽고 그녀는 아들만을 유일한 낙으로 생각하고 지낸다. 하지만 아들 역시 아버지를 닮아 바람둥이에 노름꾼이다. 아들 때문에 재산을 모두 탕진한 그녀는 그래도 아들이 보고 싶어 살고 있던 시골에서 당시 처음 설치된 증기 기관차를 잡아타고 파리에 도착한다. 소설에서 아들의 집은 시테에 있는 것으로 되어 있다. 시테는 센 강 한가운데 있는 섬으로 우리나라의 여의도에 해당된다. 노트르담 대성당과 콩시에르 쥬리 때문에 관광객들이 많이 찾는다. 그러나 천신만고 끝에 시테에 도착한 그녀는 아들이 이미 빚 독촉에 시달려 그곳을 떠났음을 알게 된다. 행여나 아들을 만날까 싶어 군중들을 헤치면서 걷던 그녀가 도착한 곳이 바로 이 팔레루아얄 정원. 지금 이 거리는 몹시 번화한 쇼핑가이지만 당시에도 그랬을 것이다. 멋지게 차려 입은 파리 사람들이 아들을 찾느라고 두리번거리는, 초록색 네모진 무늬의 우스꽝스러운 옷을 입은 시골 아줌마를 바라보는 것이 소설에 그려져 있다.

지금 광장을 걸어가는 파리 사람들, 명품 핸드백을 들고 잡담을 즐기는 멋쟁이들, 그리고 관광버스에서 내려 한꺼번에 면세점으로 몰려 들어가는 관광객들 사이로 혹시 잔느 같은 촌부는 없나 찾아

보지만 그런 여성은 눈에 띄지 않는다. 어쩌면 원기둥에 불편하게 앉아 지나가는 사람들을 넋 놓고 쳐다보고 있는 동양 남자를 이 사람들은 그렇게 바라봤을지도 모르겠다.

어릴 적 나는 『여자의 일생』은 이기적이며 난봉꾼인 남자에 의해 고통을 받는 한 여자의 모습을 그린 평범한 소설로 생각했다. 그러나 나이 들어 다시 읽어 보니 이 책은 인간의 보편적인 삶의 질곡을 냉소적으로 표현한 작품이었다. 즉 여자의 일생이 아닌 우리네 인생의 슬픈 굴곡을 그린 것이다. 아들을 찾지 못해 시골로 돌아간 잔느에게 아들은 자신이 낳은 딸을 맡아 달라는 편지를 보낸다. 결국 하녀 로잘린이 아기를 포대기에 싸서 데리고 오는데 이때 잔느는 손녀에게 정신없이 키스를 퍼붓는다. 모파상은 로잘린의 입을 빌어 자신의 결론을 말한다. "인생은 그리 좋은 것도 나쁜 것도 아닌 모양이군요."

팔레루아얄이 무대로 등장하는 또 다른 소설이 생각난다. 역시 모파상의 유명한 단편 소설 「목걸이」이다. 주인공 마틸드 루아젤은 교육부에 근무하는 검소한 하급 관리의 아내이다. 그녀는 교육부 장관이 초청하는 고급 파티에 초대 받았으나 이런 수준의 파티에 걸맞는 복장이 없다는 것이 고민이었다. 결국 친구인 포레스티에 부인에게 아름다운 다이아몬드 목걸이를 빌린 그녀는 사교계의 여왕처럼 파티를 즐긴다. 그러나 귀가 후 귀중한 목걸이를 잃어버린 사실을 알게 된 그녀는 비슷한 목걸이를 찾아 파리의 가게를 헤맨다. 그러다가 같은 목걸이를 발견한 곳이 바로 팔레루아얄의 보석상. 그들은 빚을 내고 집을 전당 잡혀 무려 4만 프랑에 달하는 목걸이를 사고 이를 대신 친구에게 돌려준다. 빚을 갚느라 집도 다락방으로 옮기고, 노동자처럼 일을 한 마틸드에게 밝고 아름다운 여성의 모습은 모두 사라지고 거친 삶의 질곡을 헤쳐 온 우락부락한 아줌마의 모습만 남는다. 10년 만에 빚을 모두 갚고 샹젤리제 거리에서 우연히 만난 포레스티에 부인에게 그 동안의 일을 설명하니 부인은 기가 막히다는 표정으로 이렇게 말한다. "이를 어쩌면 좋아. 목걸이는 가짜였어, 기껏해야 500프랑밖에 안 될 텐데." 하찮은 사건에 의해 인생이 엮어지는 삶의 덧없음을 절묘하게 묘사한 이 작품에서 역시 우리를 직시하는 듯한 모파상의 시선이 따갑게 느껴진다.

모파상이 미친 이유는?

모파상은 1850년 프랑스의 디에프에서 태어나 노르망디 지방에서 어린 시절을 보냈다. 파리로 건너가 법학 공부를 하던 그는 보불전쟁이 터지자 자원 입대해 전쟁을 경험했고, 교육부에서 근무하면서 졸라, 투르게네프, 플로베르 등과 어울려 문학 활동을 시작했다. 스승이었던 플로베르와는 유난히 각별한 사이였는데 플로베르가 모파상의 아버지란 일설도 있다. 젊은 시절 모파상의 어머니와 연인 사이였다는 것인데 사실 별로 믿을 만한 정보는 아니다.

옛 사람들이 걸렸던 질병의 진단명은 언제나 확실치 않은 법이지만 모파상의 질병에 대해서는 학자들 간에 거의 이론이 없다. 모파상을 괴롭힌 병은 바로 매독이었다. 그는 뇌를 침범한 매독균 때문에 사망했다. 당시 파리 문인들의 낙우 세 강에서 여인들과 보트 놀이를 하는 것이었는데 젊고 혈기 왕성한 모파상도 예외가 아니었다. 그는 일과 시간이 끝나자마자 센 강으로 달려가 노를 젓고는 했다. 친구에게 보낸 편지에 따르면 모파상은 20세경에 함께 보트 놀이를 즐기던 한 여성으로부터 매독에 옮은 것으로 되어 있다. 매독으로 진단 받은 후 그가 적은 다음 글을 읽어 보면 매독에 대한 두려움과 호기로움이 이율배반적으로 섞여 있음을 알 수 있다.

> 나는 처음에는 아주 화가 났다. 하지만 나는 의사에게 물었다, 치료법은 있소? 그러나 의사가 "수은*과 요오드화칼륨**이 있소."라고 했다. 나는 도저히 믿을 수 없어 다른 의사를 찾아갔는데, 그 의사 역시 같은 진단을 내렸다. "게다가 매독에 걸린 지 벌써 6~7년 됐네요." 아, 마침내 나도 매독에 걸렸다. 진짜 매독에! 그 대단하다는 매독, 프란시스 1세를 죽음으로 몰아넣은 매독, 위풍당당하며 순수하고 우아한 매독에! 할렐루야, 나는 매독에 걸렸으니, 이제는 매독에 걸릴까봐 더 이상 걱정할 필요가 없다. 나는 이제 거리의 매춘부와 재미를 본 후 "미안하지만 나는 매독에 걸렸어."라고 말해 주리라. 그러면 그들은 잔뜩 겁을 낼 테고, 나는 한바탕 웃어 줄 거야.

모파상은 30세경에 오른쪽 시력이 약해졌는데 이는 매독균으로 인한 안구조리개의 작동 불능 때문으로 판단된다. 물론 아직 뇌 기

* 1497년부터 사용되던 매독 치료제

** 윌리스라는 의사가 1834년부터 사용하던 치료제

튈르리 공원의 기병대

능은 정상이었으므로 그는 여전히 수많은 걸작들을 쓰고 있었다. 그러나 그의 뇌손상 증세는 점점 더 심해져 갔다. 기록에 따르면 모파상은 두통, 시시때때로 찾아오는 잠, 그리고 느닷없는 공포와 흥분에 시달렸다. 어떨 때는 격렬하게 작품을 쓰기도 했는데 1만 4000자나 되는 단편 소설을 단 한 자도 수정한 곳 없이 나흘 만에 완성한 적도 있다고 한다. 그러나 그는 언제나 그 이후 찾아오는 깊은 절망에 빠지고는 했다.

이처럼 흥분과 우울이 교차되는 것을 보면 모파상은 어쩌면 정신질환인 조울증을 앓았을지도 모른다. 하지만 이후 진행된 증세와 더불어 생각해 보면 이런 증세가 모두 매독의 신경계 침범에 의한 증상인 듯하다. 물론 두 가지 병 모두 앓았을 가능성도 있다.

대뇌 매독 환자는 결국은 치매에 이르게 되지만 그 이전에는 조울증과 같은 심한 감정 기복 속에서 의외로 창조적인 일을 하는 경우도 있다. 실제로 모파상은 이러한 증상을 보이는 가운데 1890년 발표한 「비계 덩어리」를 비롯한 많은 걸작들로 유명해진다. 당시 모파상을 진찰했던 의사 셰라드는 이렇게 말했다. "매독의 어느 시점에 이르면 감염 전에는 상상조차 할 수 없는 뛰어난 천재성을 보이는 사람도 있다."

그러나 결국 대뇌 매독은 점차 진행한다. 모파상의 증세도 물론 점점 나빠져 갔다. 콩쿠르 형제는 루앙에서 열린 플로베르의 장례식 때 나타난 모파상을 이렇게 묘사했다. "나는 내가 살아 있는 한 그 고통으로 일그러진 얼굴과 죽음의 등불이 드리워진 눈빛, 지독한 운명에 대항하려는 듯 움푹 파여 서늘한 빛을 발하던 그 눈동자를 결코 잊지 못할 것이다."

1893년 새해 결국 사건이 터졌다. 새벽 2시 15분, 이상한 소리에 놀라 위층으로 올라간 하인은 목에 깊은 상처를 입고 쓰러진 모파상을 발견한다. 모파상은 피로 물든 잠옷을 바라보며 이렇게 외치고 있었다. "어이 프랑수아, 내가 한 짓을 보게나, 칼로 목을 베어 버렸네, 완전히 돌아 버린 게 분명해." 소식을 듣고 달려온 의사가 목의 흉터를 꿰매는 사이 모파상은 계속 혼수상태에 빠져들었다. 얼마 후 깨어난 그는 제정신이 아니었다. "빨리 전선으로 가서 적군을 쓸어 버려야 해!"라고 소리치고는 했다. 모파상은 이후 블랑슈 박사가 운영하는 파리의 정신 병원에 입원했다. 뇌의 기능이 더욱 황폐해진 그는 이곳에서 환상을 보기도 하고 벽을 핥기도 했으며, 자신의 소변에 보석이 들어 있다고 하며 소변을 모으는 등 심각한 치매 증세를 보였다. 이러한 증세는 조울증만으로는 도무지 설명되지 않으며, 진행된 대뇌 매독의 증세인 것으로 생각된다. 모파상은 그 해를 넘기지 못했다. 사망하기 직전 모파상이 수차례 뱉은 말은 안타깝게도 "어둠, 어둠!"이었다.

모파상과 도데를 괴롭힌 신경 매독

매독은 성행위로 옮겨지는 대표적인 성병이다. 초기에 성기 주변에 피부 발진을 일으키며 열이 나기도 하는데, 이런 초기 염증 반응은 시간이 지남에 따라 나아진다. 그러나 치료를 하지 않는 경우, 매독균은 사라지지 않고 잠복해 있으며 따라서 적어도 2년 동안은 남을 감염시킬 수 있다.

이보다 더 큰 문제는 오랜 동안 잠복해 있는 매독균이 수 년, 혹은 수십 년 후에 뇌나 혈관을 침범하는 중증 질환을 일으킬 수 있다는 점이다. 매독균, 즉 트레포네마 팔리둠(Treponema Pallidum)은 1913년이 되어서야 확인되었지만 매독균에 의한 뇌질환의 존재는 바일에 의해 이보다도 훨씬 더 먼저인 1882년 확인되었다.

매독의 신경계 손상 증상은 크게 두 가지로 나뉜다. 한 가지는 대뇌를 전반적으로 손상시켜 치매에 이르게 하는 증세로 이를 대뇌 매독 혹은 진행성 마비(general paresis) 라고 부른다. 지금은 알츠하이머병이나 뇌졸중 같은 것이 치매의 주된 원인이지만 예전에는 매독균이 가장 중요한 원인이었다. 매독균에 의한 치매는 뇌 조직의 손상에 의해 치매가 발생할 수 있다는 개념을 처음으로 정립시킨 중요한 발견이었다. 그 전까지 치매는 그저 일종의 정신 질환으로 간주되었던 것이다. 이런 면에서 대뇌 매독

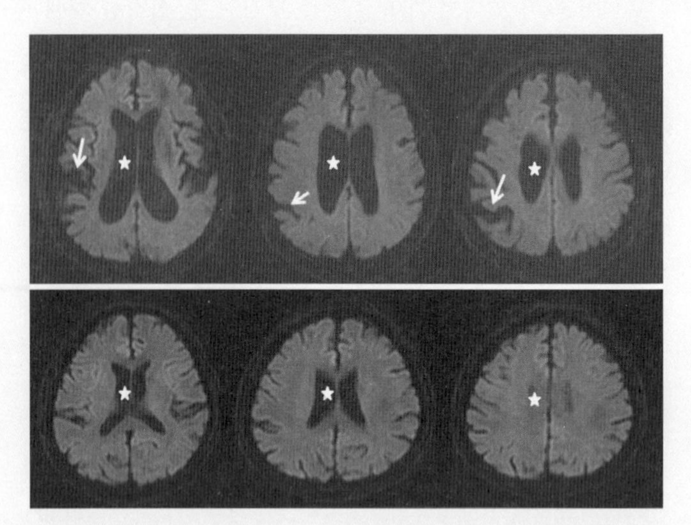

치매와 시력 장애로 내원해 대뇌 매독으로 진단받은 66세 남성 환자의 대뇌 MRI 사진(위). 아래 사진은 같은 나이의 정상인 MRI 소견. 정상인에 비해 대뇌 매독 환자의 뇌실이 확장되어 있고(별표) 뇌의 주름이 깊은 것을 볼 수 있는데(화살표) 이는 대뇌 위축이 심하다는 증거이다.

에 대한 연구는 치매의 개념을 획기적으로 발전시킨 것이다. 모파상을 죽음에 이르게 한 병이 바로 이 병이었으며, 독일의 철학자 니체 역시 이 병으로 스위스의 한 별장에서 요양하다가 사망했다.

다른 한 가지는 매독이 척수(등뼈 속을 지나가는 신경 다발)를 손상시키는 경우인데 이를 척수 매독 혹은 척수로(tabes dorsalis)라고 부른다. 척수 매독 환자는 특이하고 괴로운 증상을 가지게 된다. 말초 신경의 통증 감각에 이상이 생겨, 팔, 다리에 마치 바늘로 찌르는 듯한 통증이 발생한다. 환자는 시시때때로 발생하는 통증으로 많은 괴로움 속에 지내게 된다. 척수 매독 환자는 또한 발이 무감각해져 걷는 도중 발이 땅에 닿는 느낌이 없거나 이상하게 느껴지므로 제대로 걷지 못하고 휘청거리게 된다. 따라서 이 환자들은 서 있거나 걸을 때 눈으로 세상을 바라보면서 중심을 잡게 된다. 이때 눈을 감으면 이러한 보상 작용이 작동하지 않으니 그대로 바닥에 넘어진다. 이를 이용해 신경과 의사들은 중심 잡기가 어려운 환자들에게 두 발을 서로 붙이고 서도록 한 후 눈을 감도록 시킨다. 이때 발의 위치 감각이 없는 환자는 그대로 넘어져 버린다. 이 검사법은 롬버그(Romberg) 검사라고 부른다.

사실 19세기의 유명한 신경학자 모리츠 롬버그는 척수 매독으로 생각되는 환자들을 관찰하며 이런 검사를 개발했다. 하지만 이 대가도 이 증세가 매독균 때문에 생겼을 것이라고는 미처 생각하지 못했다. 다만 교과서에 "이 질환은 술을 많이 마시고 여성 관계가 복잡한 사람에게 주로 생긴다."라고 썼을 뿐이다. 실제로 당시 의사들이 매독균과 이 증상의 인과관계를 추정하기는 어려웠을 것이다. 왜냐하면 피부 발진과 같은 매독의 초기 증세가 생긴 후 무려 18~25년이 지나야 신경계 증세가 생기기 때문이다. 처음으로 매독 감염과 척수 신경 이상과의 관계를 추정한 사람은 장 알프레드 푸르니에였는데 그는 면밀하게 임상적, 역학적인 연구를 시행한 후에 이러한 척수 질환의 '매독균 원인설'을 제창했고 그 이후 많은 증거들로 이를 입증했다. 목가적인 단편 소설가 알퐁스 도데는 무려 11년 동안 심한 척수 매독에 시달렸다.

모파상이나 도데의 시대에, 매독은 마치 현대의 알츠하이머병 같은 불치의 병이었다. 한때 뇌 매독 환자에게 말라리아균을 주입해 일부러 열을 내는 발열 요법이 시도된 적이 있었다. 그러나 이런 치료법은 부작용이 많아 곧 중단되었다. 이후 수은이나 비소 같은 중금속을 투여하는 방법이 많이 사용되었으나 역시 확실한 효과가 입증되지는 못했고 환자들은 중금속 중독 증세에 시달렸다. 이런 점에서 제2차 세계 대전이 끝날 무렵인 1945년 발견된 페니실린은 정말 인류에게 복음과도 같은 약이다. 이 약으로 인해 우리는 천벌과도 같은 매독으로부터 구원을 받을 수 있었기 때문이다. 페니실린의 개발 후 매독과 매독으로 인한 치매 질환이 급속히 줄어들었음은 말할 필요도 없을 것이다.

그래도 1980년대 전공의 시절 나는 드물지만 대뇌 매독이나 척수 매독 환자를 경험할 수 있었다. 그리고 신경과 환자의 검사에는 항상 매독 진단 검사인 VDRL이 포함되었다. 하지만 지금 전공의들이 뇌 매독 환자를 경험하기는 매우 힘들다. 콘돔이 개발된 이래 성병이 급속히 줄었고, 페니실린으로 초기에 매독을 잘 치료하는 요즈음 이런 만성적인 합병증들이 더 이상 발생하지 않고 있기 때문이다. 다만 미국 같은 곳에 AIDS 환자가 늘면서 저항성이 떨어진 환자에서 매독이 다시 늘어나고 있다는 불길한 소식이 들리고 있기는 하다.

매독이 괴롭힌 또 다른 천재, 마네

프랑스 인들은 대체로 빨리 걷는다. 왜 그런지 모르지만 남자든 여자든, 젊은이든, 노인이든 무조건 빨리 걷는다. 하지만 팔레루아얄 정원의 남쪽으로 펼쳐지는 널따란 튈르리 공원에서는 예외이다. 왜 그렇게 할 일이 없는지 오후 4시밖에 안 되었는데도 수많은 사람들이 햇볕을 쪼이고 독서를 하고 잡담을 나눈다. 공원의 양쪽은 수풀이고 가운데는 보행자 도로가 있는데, 이곳을 걷는 사람들의 걸음걸이는 마치 소처럼 느리다. 심지어 여기를 지나가는 기병대의 말 발걸음조차 느리다.

10월 초, 파리의 맑은 공기가 나뭇잎을 가을빛으로 물들인다. 밤나무와 플라타너스 나무의 잎 가장자리는 이미 진한 갈색으로 물들어 있다. 어디선가 바람이 불고 호수에는 오리들이 놀고 있다. 갑자기 가슴이 저려온다. 파리의 가을이 너무 아름다워서일까?

공원에서 어슬렁거리다 잠시 다리를 펴고 벤치에 앉으니 수백 년 전 이곳을 지나다녔던 한 화가가 생각난다. 인상파 화가 마네는 매일같이 오후 2~4시에 튈르리 공원을 산책했다. 적어도 가을에는 마네도 나와 같이 파리의 아름다움과 계절의 쓸쓸함을 느꼈으리라. 마네는 이곳에서 관찰한 아이들, 그리고 여자들을 화폭에 그렸다. 물론 여기서 그림을 완성한 것은 아니었다. 소묘를 한 후 이를 자신의 화실로 가져가 마무리 색칠을 하고는 했다. 이런 튈르리 공원 풍경을 집대성한 것이 바로 「튈르리 공원의 음악회」라 할 수 있다. 여기에

튈르리 공원의 음악회

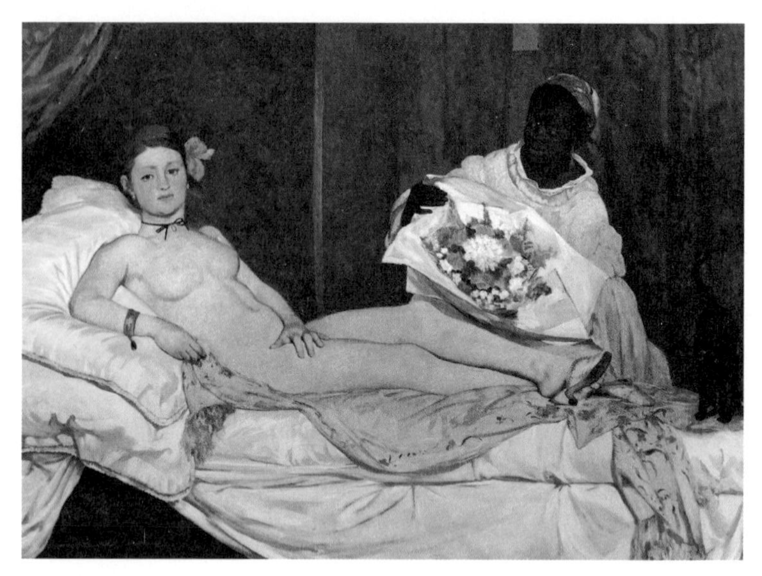

올랭피아

는 보들레르, 오펜바흐 등 당시 마네와 친분이 있는 여러 사람들이 등장한다. 그림을 보면 공원의 나무가 지금보다 더 크고 웅장한 것을 알 수 있다. 그러고 보니 마르모탕 박물관에 걸린 모네가 그린 튈르리 공원에서도 나무가 더 울창했다.

예술가들이 흔히 그렇듯이 마네 역시 여성 관계가 복잡했다. 그는 동생의 피아노 선생이었던 수전 레벤호프와 가까운 사이였다. 풍만한 육체의 수전은 「놀란 님프」와 같은 마네의 초창기 그림의 모델로 자주 나타난다. 수전은 결혼 전에 이미 아이를 낳았는데, 이 아이가 마네의 아이인지 아닌지는 아직까지 아무도 모른다. 나중에 그녀와 결혼을 한 마네조차 자신의 친자임을 적극적으로 부인한 것으로

비너스의 탄생

보아 실제로 마네의 아이가 아니었을 가능성이 많다. 마네와 결혼한 후 수전은 전형적인 현모양처가 되어 바람둥이 기질이 농후한 마네를 어머니처럼 보살폈다. 한번은 마네가 가냘프고 예쁜 젊은 아가씨의 뒤를 쫓아가고 있는데 수전이 갑자기 나타났다. 그녀는 씩 웃으며 "오라, 이제야 현장을 잡았네."라고 말했다. 마네 왈 "무슨 소리야? 난 저 여자가 바로 당신인줄 알았다고." 그들은 이처럼 아슬아슬한 결혼 생활을 이어 갔다.

그런데 얼마 후 마네 주변에는 자유분방한 사고방식을 가지고 있는 카바레 종업원 빅토린이 나타난다. 마네는 즐겨 그녀의 그림을 그렸다. 그녀가 모델이 된 유명한 그림이 바로 「올랭피아」와 「풀밭에서의 점심식사」이다. 옷을 벗은 여성이라면 수줍고 부끄러워하는 게 당연하다. 그런데 그림 속에서 완전 나체의 여인들은 너무나 당당한 표정으로 관객을 쏘아 보아 세상을 놀라게 했다. 예상대로 이 작품들은 예술이냐 외설이냐 하는 뜨거운 논란을 불러 일으켰는데, 물론 외설이라 생각하는 사람들이 더 많았다. 마네는 여전히 튈르리 공원을 산책하고 여기서 그림을 그렸지만 멀리서 자신을 바라보며 수군거리는 동네 사람들의 따가운 눈길을 의식해야 했다.

사실 내가 보기에는 이와 비슷한 시기에 그려진 카바넬의 「비너스의 탄생」이 마네의 「올랭피아」보다 훨씬 더 에로틱하다. 뽀얀 피부, 만지면 푹 들어갈 듯한 육감적인 배, 그리고 풍만한 여인의 엉덩이를 보면 누구나 그렇게 생각할 것이다. 다만 카바넬은 비너스의 나체 위에 아기 천사들이 날아다니는 모습을 그려 대상을 신격화했다. 게다가 나체의 비너스는 부끄러운 듯 얼굴을 가리고 있다. 따라서 이 그림은 외설 시비를 피할 수 있었다.

마네의 두 그림은 많은 외설 시비가 있었지만 빛을 받는 정도에 따라 시시각각 달라지는 세계를 단순하고 정확하게 표현한 점에서 인상파의 도래를 알리는 중요한 작품이었다. 마네를 호평한 몇 안 되는 평론가인 에밀 졸라는 이렇게 말했다. "생생하게 이 세상을 풀어냈고 빛과 어둠의 진실, 사물과 인간의 실제를 독특한 문법으로 표현해 냈다." 이런 논란을 떠나서, 나는 마네의 그림이 그냥 좋다. 특히 여인의 머릿결처럼 풍요로운, 검은 물감을 자주 사용한 그의 정물화는 정말 일품이다.

마네는 기본적으로 자유주의자였다. 기존 질서에 순응하지 않고,

폴리베르제르 바

공식적인 회합 장소인 살롱은 물론 주기적으로 개최되는 인상파의 모임에조차 나가지 않았다. 마네는 만년에 「철로」라는 제목으로 생 라자르 역을 배경으로 한 여인의 모습을 그렸다. 그 모델 역시 빅토린이었다. 이 그림과 「올랭피아」를 비교해 보면, 10년의 세월로 인해 젊고 자신만만한 여성의 모습으로부터 근심 걱정 많은 뚱뚱한 아줌마로 변해 버린 빅토린을 볼 수 있다. 모파상의 「목걸이」의 주인공 마틸다처럼, 이 그림들도 세월 앞에 무력한 우리 인생의 질곡을 쓸쓸히 보여 주고 있는 것이다.

마네는 40대 후반부터 다리를 절었다. 마네는 발목을 삐어 그렇게 되었다고 주장했으나 보행 곤란 증세는 계속 진행되었다. 다리에 통증을 느끼고 걷기 힘들어 했던 점으로 보아 마네는 척수 매독을 앓은 듯하다. 그의 아버지 오귀스트 마네도 역시 척수를 침범한 매독 때문에 보행이 어려웠다고 전해진다. 마네의 보행 장애 증세는 점차 심해져 사망 얼마 전에는 혼자 걷지 못했고, 붓질하기도 어려워했다. 따라서 말년의 그는 유화보다는 좀 더 쉬운 파스텔화를 주로 그렸다. 마네의 생에 대한 아쉬움은 그의 마지막 작품 「폴리베르제르 바」에 잘 나타난다. 바의 여급을 중심으로 거울에 비치는 화려한 뮤직 카페의 군상들을 그린 이 작품에서 여급은 깨끗하고 아름다운 복장을 하고 있다. 하지만 그녀의 얼굴에는 인생의 고단함에 따른 수심이 가득하다. 죽을 날을 앞두고 자신이 몸담았던 화려한 세계로 다시는 돌아갈 수 없는 마네가 마지막으로 포착한 쓸쓸한 인생의 모습인 것이다.

사망 전 마네는 맥각을 과용했는데 당시 이 약제는 근육을 부드럽게 해 주는 목적으로 사용되었다. 이 약은 혈관을 수축시키기 때문에 이를 과용하면 혈관을 폐색시키고 결국 피부와 근육이 썩는다. 마네는 결국 한쪽 다리 근육이 괴사되어 다리를 절단해야만 했다. 그런데 마네는 절단된 자신의 다리를 벽난로에 던져 주변사람을 놀라게 했다고 전해진다. 다리 절단 수술 이후 마네는 감염 합병증이 생겨 고열에 신음하다가 곧 숨을 거두었다. 그의 나이 51세 때였다.

튈르리 공원에서 개선문을 향해 샹젤리제 거리를 한참 걷다가 전날 미리 봐 둔 홍합 요리 전문점 레옹에서 홍합 요리를 먹었다. 발자크를 닮은 혈색 좋은 얼굴의 종업원이 의기양양하게 말한다. “우리

집 홍합 요리는 세계에서 제일이지요." 하지만 내가 보기에는 예전에 먹었던 벨기에의 홍합 전문 레스토랑보다는 맛이 덜한 것 같다. 모파상과 마네의 고통을 생각해서였을까? 아니면 외로움 때문일까? 벨기에 학회에서는 여러 사람들이 모여 왁자하게 먹었는데 여기서는 나 혼자이니까. 물론 나는 혼자 다니는 데 익숙한 사람이지만, 음식을 먹을 때는 역시 누가 함께 있는 편이 더 낫다. 상대방에 대한 관심, 그리고 대화는 정말 훌륭한 식욕 촉진제니까.

회의석상에서

회의 당일 오전에는 오르세 미술관에 들렀다. 인상파 화가들의 그림을 머릿속에 가득 넣은 채 서둘러 호텔에 돌아오니 오후 회의가 막 시작됐다. 회의는 다국적 연구의 중간 결과를 보고하고, 연구 과정 중 나타난 여러 문제를 토의하는 것이다. 이제까지 내가 감성의 뇌를 사용했다면 이제부터는 이성의 뇌를 사용해야 한다. 예상대로 회의는 연구 과정 중 나타난 여러 문제를 하나씩 토의하는 것으로 이어졌다. 회의의 마지막 부분에 이르러 나는 이렇게 주장했다. "이 프로젝트에서 뇌졸중의 종류를 분류하는 기준이 제가 보기에는 미진합니다. 따라서 이를 좀 더 엄밀하게 나누는 노력을 해야 합니다. 지금 이런 시도를 하지 않으면 나중에 결과가 나온 후에도 이를 해석하기 아주 힘들 것입니다."

그런데 문제를 너무 늦게 제기했나 보다. 이미 복잡한 여러 가지 문제를 토의한 후였기에 다들 내가 제시한 이 어려운 문제를 새로 투의하고 싶지 않은 눈치였다. 회의를 주재한 B 박사가 활짝 웃으며 내게 말한다. "닥터 김의 논점은 충분히 알고 있어요. 당신이 이런 문제에 대해 예전에 써 왔던 논문들도 읽어서 알고 있고요. 하지만 이 연구는 다국적 연구라서 그렇게 정밀한 분류를 모든 나라에 요구하기는 좀 어려울 것 같네요. 아무튼 다음 행정 회의에서 다시 토의하겠지만 오늘은 이 정도로 하지요."

아무리 여성 평등의 시대라고 하지만 학문적 세계에서는 프랑스 같은 나라에서도 여성이 다국적 연구의 의장을 맡는 경우는 드물다. B 박사는 50대 후반의 프랑스 여성 의사로 이번 연구의 총책임자이다. 머리와 눈썹은 검은 빛깔이고 살색조차 거무스름하며 체격은 남자처럼 당당하고 목소리도 걸걸하다. 여성으로 결코 예쁘지는 않지만 한 가지 분명한 것은 그녀는 매우 당당한 여성이라는 점이다. 틈만 나면 마이크를 잡고 자신의 생각을 적극적으로 피력하며, 웃을 때는 흰 이를 모두 드러내고 남자처럼 껄껄 웃었다.

회의가 끝난 후 저녁 식사는 우리가 묵는 호텔 식당에서 했다. 일반적으로 서양에서의 저녁 식사는 테이블에서 시작하는 법이 없다. 식탁에 앉기 전에 우선 칵테일이나 포도주를 들고 30분 정도 서서 잡담을 나누어야 한다. 이런 풍습이 우리 동양인에게는 그리 달갑지 않다. 우선 잘 모르는 사람과 더불어 이야기하는 것에 익숙하지 않은 데다가, 영어에 자신이 없기 때문이다. 게다가 이야기를 하는 도중 대화의 상대를 적당히 바꾸어야 하는데 나로서는 사실 이것이 제일 힘들다. 한참 즐거이 이야기를 나누다가 할 말이 떨어졌다고 금방 등을 돌려 다른 사람과 대화를 나눈다는 것이 도무지 쉽지 않은 일이다.

그래도 칵테일을 들고 이야기를 나눌 때는 동양인이 서양인들과 서슴없이, 혹은 서슴없는 척이라도 하며 지낼 수 있다. 하지만 칵테일 파티가 끝나고 정작 식탁에 앉을 때는 여지없이 동양인끼리 함께 앉게 되는 것을 본다. 비록 나란히 회의를 하고 있지만 동양인들에게는 공통적인 약점이 있다. 우선 영어가 유창하지 못하니 서양인과 함께 앉는 것이 부담이 된다. 회의장에서는 뻔한 학문적인 이야기를 하므로 내용을 알아듣기 쉽고 우리도 나름대로 의견을 말할 수 있다. 하지만 파티에서 그들은 흔히 여러 가지 농담을 한다. 이런 농담이 동양인에게는 가장 알아듣기 힘든 영어이다. 게다가 이왕이면 영어로 멋진 농담을 해서 좌중의 시선을 장악할 수 있어야 하는데 이것이 잘 안 되니 모임의 주축이 되기 힘들다. 설령 영어를 잘한다고 해도 서양인은 아무래도 함께 오래 앉아 있는 것이 편안하지 않다. 반면 일본인이나 중국인과 함께 있으면 서로 말이 안 통해도 표정만으로도 이해할 수 있는 부분이 많아 편안하다. 문화가 서로 비슷하기 때문이리라. 결국 우리 테이블에는 나와 홍콩의 W, 싱가포르의 C, 대만의 W, 말레이시아의 T, 그리고 S 회사의 아시아 담당 부서 책임자인 P가 앉았다. P만이 벨기에 출신 백인이었다.

자리에 앉자마자 싱가포르의 C 교수는 이렇게 말한다. "지금 홍콩이나 싱가포르가 의학계의 허브라 하지만(실제로 다국적 제약 회사의 아시아 근거지는 대부분 홍콩이나 싱가포르이다.) 앞으로는 한국이 그렇게 될 겁니다. 한국의 의학 수준은 정말 높습니다." C는 40대 중반의 전형적인 중국인인데 넓적한 아래 얼굴에 항상 사람 좋은 웃음을 띠고 있다. 내가 반문했다. "일리가 있습니다. 하지만 한국 사람들은 영어를 못하는 것이 문젭니다. 당신네 사람들은 영어를 국어처럼 쓰잖아요. 우리나라 사람들은 외국 사람만 보면 도망을 갈 정도랍니다." C가 대답한다. "천만의 말씀입니다. 우리가 영어를 잘하는 이유가 뭔지 아십니까? 영어를 못하면 살 수가 없기 때문입니다. 나라가 작고, 자원도 없으니 인적 교류 이외에는 먹고 살길이 없으니까요. 만일 당신네 나라 사람이 영어를 안 하면 죽는다고 해 보세요. 금세 영어를 잘 할 겁니다." 나는 속으로 무릎을 쳤다. 정말 날카로운 지적

마르모탕 가는 길

이다. 또한 맞는 말이다. 나는 이 말을 들은 것만으로도 여기까지 온 보람이 있다고 생각했다.

피카소와 모네의 뇌

오늘은 일정의 마지막 날이다. 눈을 떠 보니 우중충한 구름들이 눈에 들어온다. 하지만 비가 올 것 같지는 않다. 오늘 파리를 떠난다 생각하니 마치 연인과 헤어지듯 섭섭하다. 다행히도 비행기 표를 늦은 오후로 예약해 두었으므로 아직도 여러 시간 파리와 함께 할 시간이 있다. 빠듯하지만 오전에 마르모탕 모네 미술관, 오후에 몽마르트를 들르기로 계획을 세웠다. 마침 마르모탕 미술관은 호텔이 있는 트로카드로 역으로부터 불과 두 정거장 거리인 라 무에테 역 근처에 있다. 무에테 역에서 내려 10분 정도 볼로뉴 숲을 관통해 걸으면 된다. 숲에 있는 운동장에는 아이들이 모여 운동을 하고 있고, 이를 학부모들이 행복한 표정으로 바라보고 있었다.

모네는 90세가 넘도록 아주 오래 살았고 르누아르도 그랬다. 마치 작은 나무가 자라나 울창한 거목이 되듯 이런 대가의 작품은 수십 년 지속된 노력과 연습으로 찬란하게 빛을 발하게 된다. 모네의 경우는 다른 화가들과는 달리 비교적 착실히 돈을 모았기 때문에 질베르니 같은 곳에 자신의 정원을 만들고 안정적으로 노년의 활동을 지속할 수 있었다. 마르모탕 미술관에는 주로 모네의 그림이 있고, 드가, 시실리, 르누아르 같은 다른 작가들의 작품도 군데군데 섞여 있다. 그러나 지하실 전시관은 온통 모네의 그림뿐이다. 지하 1층

초입에 유명한 「해돋이, 인상」이 있다. 모네의 초기 작품으로 바다에 비치는 햇살을 간명한 터치로 처리해, 그야말로 우리가 느낀 인상만을 그린 것이다. 이 작품은 당시 화단으로부터 비난을 받았고 제목에 「인상」이라는 이름이 있기에 사람들은 모네를 비아냥거리는 의미로 '인상파'라 부르기 시작했다. 그 즈음에 전시회에서 낙선한 사람들이 낙선작들을 모아 독립적으로 전시회를 열었고 이것이 본격적인 인상파 미술의 시초가 되었다.

이곳의 모네 그림들 중에서는 역시 커다란 수련 그림들이 압도적이다. 지하 미술관을 둥그렇게 둘러가며 전시된 형형색색의 수련 그림들은 관객들을 한동안 붙잡아 두는 힘이 있다. 모두 질베르니 정원에서 바라본 수련이지만 색깔과 터치가 그림마다 모두 다르다. 계

해돋이, 인상

절과 시간에 따라 시시각각으로 달라지는 햇살과 그림자, 그리고 이에 따라 변화하는 연못의 풍경들이 모네의 붓끝을 통해 변화무쌍한 아름다움으로 되살아난다. 살아 있는 동안 단 한 순간의 아름다움도 놓치지 않고자 하는 모네의 치열한 노력이 엿보인다. 최고의 예술은 서로 통하는 것일까? 어찌 보면 말년의 모네의 그림은 추사의 붓글씨 같기도 하다. 실제로 창포를 그린 잎사귀는 동양화 기법과 별로 다르지 않다. 여러 색깔이 더해져 좀 더 현란하기는 하지만.

이제 비행기 출발 시간이 몇 시간 밖에 남지 않았다. 미술관을 뒤로 하고 몽마르트르를 찾는다. 몽마르트르로 가는 방법에는 여러 가지가 있으나 나는 안버스 역에서 내려 사크레쾨르 대성당까지 언덕 계단을 오르는 길을 택했다. 언덕을 오르니 산꼭대기에는 야수파

수련 연못의 다리

라팽 아질

화가 브라크가 조각조각 내어 그린 바 있는 하얀 사크레쾨르 대성당이 서 있고 그 아래 계단에는 걷다가 지친 수많은 관광객들이 앉아 쉬고 있다. 저 아래로는 파리의 시가지와 센 강이 아름답게 펼쳐진다. 성당에서 작은 오솔길을 따라 뒤쪽으로 내려가니 오른쪽으로 작은 포도밭이 있고 뒤에 '라팽 아질'이라는 2층짜리 작은 건물이 보인다. 벽에 술잔을 든 토끼 그림이 있다. 프랑스 어로 '날쌘 토끼'를 뜻하는 라팽 아질은 시인 앙드레 질의 사인을 따라 지은 이름이기도 하다. 이 술집은 피카소, 위트릴로, 로트레크 같은 화가들이 매일 모여 술을 마시며 토론했던 장소로 유명하다. 물론 당시 이들은 모두 가난한 화가였다.

다시 반대쪽으로 좀 더 걸어 내려가면 나무가 몇 그루 심어져 있는 자그마한 공터가 나오고 공터 옆 건물이 유명한 세탁선(Bateau-lavoir)이다. 세탁선은 피카소의 친구이며 시인이자 미술 평론가인 막스 자코브가 붙인 이름인데, 건물이 마치 센 강의 세탁 배 같다고 해서 지었다는 설과 당시 물을 건너가야 이곳에 닿을 수 있었기에 이렇게 지었다는 두 가지 설이 있다. 지금은 제법 근사한 건물로 변신했지만 예전에는 가난한 화가, 시인, 행상인 들이 여럿 모여 사는 말하자면 싸구려 다가구 하숙집이었다. 세탁선은 피카소가 연인 페르낭드 올리비에와 동거하며 작업을 하던 화실로 큐비즘의 시조라 불리는 「아비뇽의 처녀」가 탄생한 곳이다.(아비뇽은 바르셀로나 중심가의 작은 길 이름이다.)

1907년 피카소는 이곳에 몇 달 동안 두문불출하며 이 그림을 그렸는데 올리비에를 포함해서 아무도 그림을 보지 못하게 했다. 그림을 완성한 후 친구들을 초청해 방을 공개하자 모두들 그 희한한 그림에 대경실색한다. 그도 그럴 것이 앞을 보고 있는 여인의 코가 옆모습으로 그려져 있고, 심지어 아래쪽에 그려진 여인은 뒷모습을 보이고 있지만 얼굴만은 앞을 향하고 있다. 당시 이 그림을 이해하지 못한 사람들은 경악할 수밖에 없었다. 평소 그의 그림을 아끼던 친구들, 심지어 야수파의 창시자 마티스, 피카소와 함께 입체주의 혁명을 일으켰다는 조르주 브라크조차 그를 비난했다. 시인 아폴리네르도 마찬가지였다. 하지만 단 한 사람 칸 바일러라는 독일 미술 수집가만은 그림의 가치를 알고 피카소를 격려했다. 이런 심미안을 가

시각 중추와 미술의 발전

시각 중추는 우리 뇌에서 비교적 큰 부분을 차지하고 있는데 이는 정글에 사는 동물들이 주로 후각을 통해 정보를 얻는 반면, 인간은 대부분의(약 80퍼센트) 정보를 시각을 통해 얻기 때문이다. 그런데 우리가 단순히 '보는'것을 담당하는 후두엽의 1차 시각 중추(V1이라 부른다.)는 별로 크지 않다. 대신 V1주변에는 이보다도 더 커다란 소위 '연합(association)' 중추라 불리는 부분들이 있다. 이 연합 중추를 V2부터 V6까지 세분하기도 하는데 이 영역들은 일차 시각 중추인 V1에서 받은 신호를 여러모로 종합하고 해석하는 일을 한다. 이러한 신경 세포들 중 일부는 특정한 자극에만 반응하기도 한다. 예컨대 붉은색에만 반응하는 세포도 있고 흰색에만 반응하는 세포도 있다. 가로선에만 반응하는 세포도 있고 세로선에만 반응하는 세포도 있다.

MRI는 자장의 특성을 이용해 뇌의 조직을 영상화하는 장비이다. 기능적 MRI는 어떤 기능을 수행하면서 MRI를 촬영해 그 기능을 수행하는 뇌세포의 위치는 찾는 기법이다. 예를 들어 왼쪽 손가락을 계속 움직이면서 MRI를 찍으면 왼쪽 손가락을 움직인 뇌세포, 즉 오른쪽 운동 신경 세포 주변의 혈류가 증가한 부위를 나타낼 수 있다. 여러 종류의 시각적 자극을 주면서 기능적 MRI를 찍어 보면 각 영역이 선택적인 역할을 하고 있다는 사실을 알 수 있다. 예컨대 여러 색깔이 섞인 그림을 보여 주면 V4가 주로 활성화되고 움직이는 물체를 보는 동안에는 V5영역이 활성화된다. 예상대로 V4영역의 일부가 손상된 환자는 색맹이 되며, V5가 손상되면 움직이는 대상을 감지하는 데 어려움을 느낀다. 아직 우리가 모르는 것이 많지만, 이러한 연합 시각 피질의 활동을 거쳐 우리는 뇌 속에서 최종적인 이미지를 통합적으로 생성하게 된다.

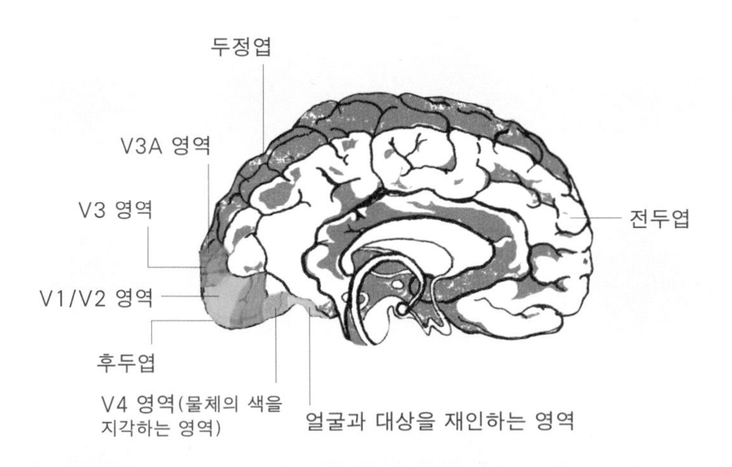

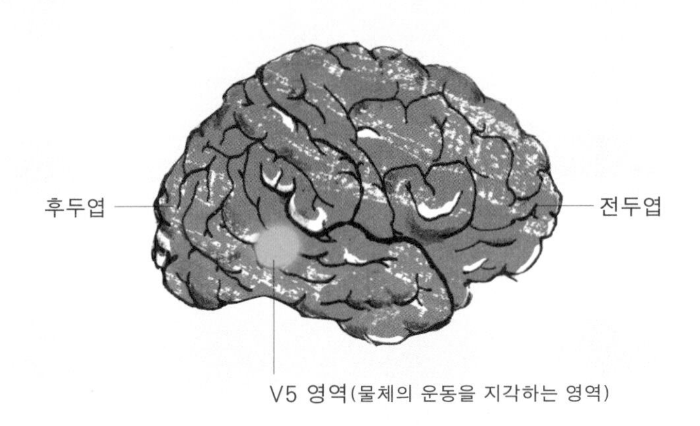

후두엽의 시각 중추와 연합 중추

따라서 화가에게는 V4부분의 발달이 중요한 것이 아닌가 생각된다. 그러나 '창조적인' 화가에게는 V4만이 중요한 것은 아닌 듯하다. 우리가 구상화를 볼 때는 주로 V1과 V4가 활성화된다. 다양한 색으로 구성되었으나 형태가 없는 몬드리안의 도형을 볼 때도 마찬가지다. 그러나 우리에게 익숙하지 않은, 예상치 못한 그림을 보면 V4를 너머 다른 뇌 부위가 함께 활성화된다. 예컨대 마그리트의 상식을 초월한, 기발한 추상화를 보면 전두엽의 중간이랑(middle frontal convolution) 같은 부위가 함께 활성화된다. 전두엽 중간이랑은 예상치 않은 요소를 볼 때 활성화되는 부위인 듯하다.

물론 이런 주장을 위해서는 아직 더 많은 연구가 필요하겠지만, 그림이 사물에 대한 단순한 묘사로부터 인상파 야수파 추상화로 발전한 것은 V1, V4 그리고 시각 중추를 넘어 뇌의 좀 더 광범위한 부위를 여러 각도로 사용하는 과정이었다고도 볼 수 있다. 실은 이런 방식으로 우리의 뇌가 원시인으로부터 현대인으로 진화해 온 것이라면, 그림의 발전은 인간의 진화를 압축한 것으로 생각할 수도 있다.

모네는 루앙 대성당의 파사드와 질베르니의 연못을 수도 없이 그렸는데 결국 마지막 작품들은 인상파 작품이라기보다는 야수파나 추상화에 가깝다. 생트 빅투아르 산(초기(1885년) 작품은 빛과 색채를 중요시한 전형적인 인상주의 작품이다. 그러나 말년(1904년)의 작품은 단순한 형태로 재구성된다.)을 수없이 반복해서 그린 세잔도 사물과 생상의 단순화와 재조직을 통해 야수파나 추상화로 이어지는 길을 열었다. 피카소는 전 생애에 걸쳐 사실화로부터 시작해 추상화로 그림을 발전시켰다. 이런 사람들은 자신의 시각 연합 중추, 그리고 이를 넘어선 뇌의 광범위한 영역을 활성화시켜 새로운 예술의 지평을 연 사람들이라는 생각이 든다.

생트 빅투아르 산

진 바일러는 훗날 현대 미술 화상으로 크게 성공한다.

모네가 노력과 연륜의 작가라면 피카소는 아주 어릴 적부터 타고 난 그림의 천재였다. 그가 맨 처음 한 말도 "피"였는데 연필을 뜻하는 '라피즈(lapiz)'를 그렇게 발음한 것이다. 그는 말을 배우기도 전에 먼저 그림을 그렸다. 어린 나이에 고향 말라가 해변 위를 걸어가는 새, 강아지, 양 등을 이미 숙달된 어른의 솜씨로 그렸던 것이다.

피카소의 천재성을 생각하면 이 사람의 뇌는 보통 사람과 좀 다른 것이 아닌가 하는 생각이 든다. 신경과 의사로서 말하자면 우리는 눈으로 사물을 보지만 사실은 뇌로 이것을 보고 있는 것이다. 눈으로 들어온 정보는 시각 신경 통로를 통해 맨 뒤쪽 뇌인 후두엽에 도달하는데, 이곳에 위치한 시각 중추가 정보를 인식한다. 따라서 후두엽의 시각 중추가 손상되면 우리는 보지 못한다. 즉 장님이 된다. 시각 중추의 한쪽이 뇌졸중 같은 병으로 손상되어 세상의 반쪽이 안 보이는 경우가 실은 훨씬 더 흔한데 이를 반맹(hemianopia)이라고 한다.

이런 점에서 피카소나 모네 같은 사람은 뇌의 시각 중추 혹은 주변 부위 기능이 선천적으로 뛰어나거나 혹은 후천적으로 발전시킨 사람인 것으로 생각된다. 그런데 미술에는 천재인 피카소도 학교에서는 미술을 제외한 거의 모든 과목이 낙제 수준이었다. 그는 평생 "학교에서 배운 것은 하나도 없다."라고 자랑스레 말하고 다녔지만 실은 미술 이외에는 아무런 관심이 없었고 공부를 지지리도 못했던 학생이었다.

이런 생각을 하니 UCLA의 신경과 교수인 브루스 밀러가 발표한 증례들이 생각난다. 그는 치매 증세가 심한 전두엽-측두엽 치매* 환자가 오히려 그림만은 예전보다 더 잘 그리는 현상을 보고했다. 그의 이론은 이렇다. 전두엽이 퇴화된 이들 환자에서 평소 후두엽을 억제하던 전두엽의 기능이 떨어지니 오히려 후두엽의 시각 중추 및 연합 중추가 활성화되어 그림을 더 잘 그린다는 것이다. 이런 생각을 하면 피카소는 전두엽의 기능은 좀 모자라고 후두엽 혹은 이와 연관된 뇌 부위가 비정상적으로 발달된 사람일지도 모르겠다. 하지만 이런 가설에는 주의가 필요하다. 비록 학교 공부를 못하기는 했으나 피카소가 전두엽 기능 이상, 즉 판단 장애나 성격 장애를 가진 것은 아니다. 그는 오히려 유머를 즐겼고, 비록 책은 거의 안 읽었지만, 나름대로 박식했던 것으로 전해진다.

그러나 그의 주변에 친구가 적은 것은 사실이었다. 대신 주변에 여자는 많았다. "나는 친구가 없소, 내게 있는 것은 연인들뿐이오."라고 평소 말했듯, 20명이 넘는 연인과 염문을 뿌린 그이지만, 말년의 피카소 곁에는 80세 때 결혼한 마지막 연인 자클린 로크 이외엔 아무도 남아 있지 않았다. 피카소가 92세의 나이로 사망했을 때 자클린은 매정하게도 아주 가까운 친구 몇 명만을 장례식에 참석하도록 허락했다. 심지어 피카소의 자식들조차 입관에 참석하지 못하고 옆

* 치매를 일으키는 병의 하나로 알츠하이머병과 비슷한 병이지만, 전두엽과 측두엽이 다른 뇌 부위에 비해 더욱 심각하게 손상되는 질환. 전두엽 기능 장애로 인한 판단 장애, 성격 장애 등의 증세를 갖는다.

세탁선

물랑 드 갈레트

에 있는 언덕에 올라가 몰래 장례식을 지켜볼 수밖에 없었다. 미술의 천재 피카소는 죽어서도 고독했다.

세탁선을 뒤로 하고 언덕을 좀 더 내려오니 유명한 물랑 드 갈레트의 풍차 모습이 눈에 들어온다. 예전에는 무도장이었지만 지금은 최신식 레스토랑으로 바뀌어 있다. 오르세 미술관에 있는 르누아르의 그림 「물랑 드 갈레트」에는 숨을 쉬는 듯 탄력 있는 남녀들의 몸, 그리고 살랑거리는 나뭇잎에 비치는 손바닥 만한 햇살들이 삶의 축복을 수놓고 있다. 하지만 이제는 그런 화끈한 모습은 이곳에서 볼 수 없다. 아직도 사랑하는 남녀들은 이곳에서 포도주를 곁들이며 식사를 하겠지만 말이다. 여기까지 온 김에 아예 안으로 들어가 포도주라도 한 잔 하려 했지만 아직 시간이 일러 저녁이 돼야 문을 연다고 한다. 어쩔 수없이 테르트르 광장을 향해 발걸음을 옮기는 나의 머리에 한 가지 의문이 떠오른다.

몽마르트르의 천재 화가들은 어디에 있는가? 그들은 다 어디로 가고 나 같은 구경꾼들만 돌아다니는가? 무거운 다리를 쉬느라 카페에 앉아 커피와 아이스크림을 시키고 테르트르 광장을 바라본다. 이곳은 그림과 카드, 그리고 여러 작은 선물용 장식물을 파는 가게가 가득하고, 온갖 모습을 한 관광객들로 시끌벅적하다. 이 중에 내가 아는 사람은 물론 아무도 없다. 싼 값에 초상화를 그려 주겠다는 얼치기 화가들만 간혹 말을 걸어올 뿐이다. 이런 양반들이 나중에 대가가 되는 것인지는 모르겠지만, 어쩐지 그들의 눈빛에 간절한 예술에 대한 집념보다는 얄팍한 상혼이 어른거리는 것 같아 안쓰럽다. 외로운 나그네라고 생각했는지 예쁜 참새가 한 마리 내곁으로 뛰어와 과자 조각을 쪼아 먹는다.

테르트르 광장
카페에서 만난 참새

이제 공항으로 가야 한다. 호텔에 돌아가 리무진을 타야 한다. 호텔에 도착해 보니 로비에서 홍콩의 W 박사가 서성인다. 홍콩을 대표하는 학자, 40대 중반에 벌써 대머리가 되어 버린 W 박사는 아직도 가지 않고 혼자 남아 있었다. 그도 내가 아직 떠나지 않고 남아 있는 것을 보고 놀란다. W의 말에 따르면 연구자 회의 도중 한 프랑스 학자를 만나 새로운 연구 주제를 토의했고, 오늘 저녁에 식사를 함께 하면서 계획을 구체화시키기로 했다고 했다. 정말 대단한 친구다. 마지막 하루 남은 시간을 W 박사와 나는 전혀 다른 방법으로 사용하고 있었던 것이다. 이 친구의 눈에는 파리의 아름다움이 안 들어오는 것인가? 아니면 파리의 아름다움에 너무나 취해 버린 내가 학자의 길을 망각한 것인가? 비행기에 올라탄 내 머릿속에 이런 의문이 가득 남는다. 그러나 분명한 것은 파리는 우리에게 너무나도 멋진 애인이다. 이처럼 매력적인 도시에 취하지 않는 사람이 신기한 게 아닐까?

풍차에 돌진하는 돈키호테

수준 높은 학술지에 게재되는 논문의 수를 한 나라의 학문의 척도라고 본다면 이 점에서 역시 선진국인 미국, 영국, 독일, 프랑스, 일본이 수위를 차지하고 있다. 신경과학도 마찬가지다. 예컨대 《신경학》, 《뇌졸중학》 같은 학술지도 주로 이런 나라에서 연구된 논문이 많이 실린다. 그런데 이들 아래 10위권 즈음에서 옥신각신 다툼을 하고 있는 나라들이 있다. 그중에 네덜란드와 에스파냐가 있고, 우리나라가 있다.

에스파냐는 유럽 대륙에 있는 만큼 나름대로 오래된 학문의 역사가 존재하는 나라다. 에스파냐가 자랑하는 역사적인 신경학자 중 카할이 있는데, 그는 일찍이 신경계에서 신경 세포들이 서로 연결된 것이 아니라 서로 떨어져 있다고 주장했고 세포와 세포의 공간을 시냅스(synapse)라고 불렀다. 당시 사람들은 시냅스의 존재를 믿으려 하지 않았으나 1960년대 개발된 전자 현미경은 그의 가설이 옳다는 것을 증명했다. 신경 세포들은 서로 연결되어 있지 않으며, 세포와 세포 사이의 공간을 신경 전달 물질(neurotransmitter)이 흘러 다니며 정보를 교환한다는 것을 알게 된 것이다.

하지만 내가 보기에 에스파냐 사람들은 대체로 학문을 하기에는 냉정하지 못한 편이다. 다른 것은 몰라도 학술 논문은 논리적인, 차가운 머리가 있어야 쓸 수 있는 것인데 정열의 나라 에스파냐는 아무래도 이런 점이 부족한 듯하다. 대신 미술이나 음악은 높은 수준임을 알 수 있다.

물론 에스파냐에도 일류 병원이 있고 세계적으로 잘 알려진 의학자들도 꽤 있다. 그런데 내 경험에 따르면 그들은 지나치게 권위적이다. 언젠가 미국 보스턴에서 열렸던 미국 신경과 학회에 참석했을 때가 생각난다. 그때 보스턴에 거주하는 하버드 대학교 C 교수가 각국의 여러 신경과 의사들을 집에 초대했다. 그곳에서 여러 의사들과 인사를 했고, 서로 화기애애하게 대화를 나누는 가운데 에스파냐 의사 두 사람의 모습은 너무나 권위적이고 눈매가 날카로웠다. 그래서 무서워 말도 걸지 못했던 기억이 난다. 상냥하고 나긋나긋한 태도를 취하면서도 자기 챙길 것은 다 챙기는 것이 미국과 영국의 대가들이라면, 이런 점에서 아직 에스파냐의 대가들은 진정한 대가가 못 되는 듯하다.

에스파냐의 젊은 의사들 중에는 만나면 기분 상쾌해지는, 상냥한 멋쟁이들도 있다. 2008년 내가 주관한 세계 두개강내 동맥경화 학회

Francisco Goya
Sleeping disorder
R.E.M.
COLUMBUS
CERVANTES

에 초청했던 A 박사 같은 사람이 그 예다. 젊은 나이인데도 논문을 많이 쓴 그는 상냥하면서도 깊고 정열적인 눈매였다. 학회에 참여했던 여성 의학자들은 틀림없이 가슴이 설렜을 것이다.

남성도 그렇지만 에스파냐의 여성들은 참 아름답다. 특히 남부 안달루시아 지방 여성들이 그렇다. 여러 해 전 이 지역의 세비야에서 열린 학회를 참관하다가 이 지방을 둘러볼 기회가 있었다. 지중해의 푸르른 바다와 환한 햇빛이 비치는 하얀 집들 사이로 걸어 다니는 활기차고 매력적인 여인들이 즐거움을 더해 주었던 기억이 난다.

에스파냐는 200개 이상의 다양한 민족이 섞여 사는 나라이기 때문에 미남 미녀가 많은 것 같다. 게다가 기독교와 아랍 문화가 오랜 동안 공존한 안달루시아 지방은 더욱 다양한 유전자가 섞였을 것이다. 이러한 두 이질적인 문화가 이 지역을 장악했지만, 코르도바의 여러 사원에서 보듯, 이들 문화는 파괴되지 않은 채 옛 모습을 그대로 담고 있어 우리에게 흥미를 더해 준다.

특히 아랍 문명의 백미라 할 수 있는 그라나다의 알함브라 궁전은 마치 오래 된 연인처럼 아직도 내 뇌리에 깊이 남아 있다. 궁전의 벽과 기둥의 조각과 무늬는 신비롭도록 아름답고, 빈 공간을 흐르는 연못은 고즈넉하다. 서유럽의 많은 궁전들이 다른 곳에서 약탈해 온 수많은 보물로 가득 채워진 데 반해 알함브라는 텅 빈 운치 있는 궁전이다. 그 공간에 각자의 마음을 나름대로 담을 수 있어 더욱 사랑스럽고 아름다운 장소이다.

하지만 아랍 인들과 기독교인들 둘 중 하나가 이 땅의 주인이어야 함은 엄연한 현실이었다. 서기 7세기부터 아프리카에서 건너온 무어 인들은 이미 에스파냐 남부를 700년 이상 점령했고 당연히 이 땅은 그들의 삶의 터전이었다. 게다가 분열되어 살아온 에스파냐 인들에 비해 무어 인들은 잘 정비된 사회 조직과 군대를 가지고 있었다. 그러니 기독교인들이 무어 인들을 쫓아내기는 쉬운 일이 아니었다. 남부 에스파냐로부터 이들을 몰아낸 주인공은 국왕 페르난도 2세와 이사벨 여왕1세였다. 그들의 결혼은 에스파냐 통일에 커다란 힘이 되었다.

이런 무어 인들과의 전쟁에서 최후까지 남은 거점이 바로 알함브라 궁전이었다. 이 궁전을 공략하기 위해 이사벨 여왕은 무어 인들의 통치 집단을 이간시키고 사방에서 포위하는 작전을 끈질기게 이어갔다. 그녀는 결국 나르스 왕조의 마지막 왕 보아브딜로 하여금 성을 버리고 탈출케 함으로써 전쟁다운 전쟁도 벌이지 않고 에스파냐를 통일하는 데 성공한다. 그래서 아직도 알함브라 궁전은 벽의 조각하나 손상되지 않은 아름다운 모습으로 남아 있다.

연구자 회의 때문에 2009년 다시 한번 에스파냐를 방문했다. 이번에는 에스파냐의 대표적인 도시 마드리드와 바르셀로나를 방문할 수 있었다. 신경과 의사로서 나의 여행기는 여기부터 본격적으로 시작하려 한다.

마드리드의 세르반테스

마드리드에 다녀온 사람들은 다른 것보다도 날씨가 좋은 데 감명 받왔다고들 한다. 하지만 내 경우는 아니었다. 바라하스 공항에 내릴 때부터 하늘에는 구름이 가득하고 거센 비가 비행기 유리창을 마구 때리고 있었다. 마드리드에 머문 하루 반 동안 내내 비가 내리지 않는 날이 없었다. 다행히 나는 우산을 가지고 갔는데, 내가 외국 여행 중 챙겨간 우산을 처음으로 유용하게 사용한 곳이 바로 이 건조한 지역인 에스파냐였다. 하지만 이 지역 사람들은 우산을 쓰는 대신 모자가 달린 코트를 입고 다닌다. 잠시 비가 오면 모자를 쓰고 그치면 모자를 벗는다. 우리나라 장맛비와는 달리 이런 우기에도 에스파냐 비는 변덕스럽게 오다 말다 하기 때문이리라.

아무튼 에스파냐 날씨치고는 어지간히 궂은 편이지만, 나로서는 어쩔 수 없었다. 연구자 회의가 하필이면 에스파냐의 우기라 할 수 있는 2월 초였으니 말이다. 나 같은 사람이 날씨를 고르면서 여행을 다닐 팔자는 아니고, 안 좋은 날씨라도 평소 내가 방문하고 싶었던 마드리드에 올 수 있었던 것만으로도 무조건 다행인 것이 아닌가. 비가 오고 바람이 세찬 마드리드 거리를 우산 받고 나서면서 나는 정말 행운아라고 속으로 열심히 외쳤다.

다행히 예약한 호텔 프리시아도스는 시내 중심의 프리시아도스 거리에 위치해 있어 웬만한 곳은 걸어 다닐 수 있었다. 시계를 보니 어느새 5시 반. 슬슬 어둠이 내리기 시작했다. 호텔 주변은 옛날 도시답게 복잡한 미로처럼 되어 있다. 작은 길로 들어섰다가는 미로에 갇혀 헤맬 것 같아, 좀 더 큰 길을 걷기로 했다. 지도를 챙기고, 가능하면 주변 건물들을 외우면서. 하지만 그리 걱정할 필요는 없었다.

에스파냐 광장의 돈키호테와 산초 판사 동상

길을 따라 10분 정도 걸으니 그랑비아 거리와 만나는 곳에 시야가 탁 트이면서 책에서 여러 번 본 적이 있는 커다란 광장이 나타난다. 에스파냐 광장이다. 여기에 유명한 돈키호테와 산초 판사의 동상이 있다. 그리고 돈키호테의 동상을 작가인 세르반테스가 지그시 내려다보고 있다. 어느 나라에서 왔는지 한 무리의 관광객들이 그곳에서 열심히 사진을 찍고 있었다.

이처럼 마드리드 중심에 '에스파냐 광장'이라는 이름을 붙이고 세르반테스와 돈키호테, 산초 판사 동상을 세운 것을 보면 에스파냐 사람들이 얼마나 세르반테스를 자랑스럽게 생각하는지 알 수가 있다. 하지만 실제로 세르반테스는 생전에 파란만장한 고난의 삶을 산, 불운의 작가였다.

마드리드 근교에서 로드리고 데 세르반테스의 일곱 자녀 중 넷째로 탄생한 세르반테스는 바야돌리드, 세비야로 이주하며 고등학교를 나왔고 잠시 마드리드에서 문학 수업을 받은 적이 있었다. 하지만 정규 교육을 많이 받은 사람은 아니었다. 서정주 시인이 나를 기른 것은 8할이 바람이었다고 했듯이, 그의 교육은 주로 삶의 현장에서, 거칠게 이루어졌다.

23세 때 이탈리아로 건너가 에스파냐 보병대에 입대한 세르반테스는 레판토 해전*에 참가했다가 총탄을 맞고 평생 왼쪽 팔을 못 쓰

* 1571년 에스파냐 왕 펠리페 2세 시절 지중해의 패권을 두고 터키와 치른 전쟁, 에스파냐가 승리해 지중해의 패권을 장악했으나 전쟁으로 인한 국고 낭비가 심해 몰락을 자초했다. 이어 계속된 영국과의 해전에서 대패해 제해권은 영국으로 넘어갔다.

게 되었다. 그러나 이런 상태에서도 그는 군 복무를 계속했다. 그런데 군 복무 중 나폴리 항구를 출발해 마르세유 해안 근처를 항해할 무렵 알제리 해적들에게 잡히는 신세가 되었다. 아프리카에 끌려가 포로 생활을 하던 세르반테스는 여러 차례 탈출을 시도했지만 성공하지 못했고, 1580년 수도회 신부들이 몸값을 치러 주어 간신히 마드리드로 귀환했다.

그는 1583년 아나 프란카 데 로하스라는 유부녀와 사랑에 빠져 딸을 얻지만 이듬해 톨레도를 여행 중 19세의 카탈리나 팔라시오스를 알게 되어 다시 사랑에 빠지고 결혼했다. 하지만 나이 차이로 인해 결혼 관계가 원만치 않아 곧 별거에 들어갔다. 1588년 무적함대의 식량 조달인으로 일했으나 밀보리 구입 스캔들 사건으로 파문되고 말았다. 1592년 안달루시아 감옥에 투옥된 적이 있고, 이듬해부터 세금 징수원으로 근무했으나 회계 비리 문제로 세비야 감옥에 투옥되었다. 1602년 확실치 않은 이유로 다시 세비야 감옥에 투옥된 세르반테스는 옥중에서 파란만장한 인생을 회고하며 돈키호테를 구상했다. 이렇게 해서 1605년 드디어 『돈키호테』가 출간된다.

돈키호테의 병명은?

『돈키호테』는 발간된 후 당시 에스파냐 사람들이 환호하면서 읽던 책이었다. 합스부르크 왕정 치하에서 전제 정치의 권위와 일상의 고단함에 지친 에스파냐 사람들은 마치 요즘 우리가 무협지를 읽듯, 우스꽝스러운 기사의 흥미로운 모험담을 재미있게 읽었을 것이다. 그리고 주인공의 모습으로부터 험난하고 부조리한 세상을 헤치며 살아가야 했던 자신들의 삶을 바라보기도 했을 것이다. 그로부터 수백 년이 흘렀지만 이점은 현대의 독자들인 우리도 똑같이 느끼게 된다.

그런데 신경과 의사인 나는 이 소설 속에서 좀 더 많은 것을 본다. 돈키호테의 행동 속에 몇 가지 흥미로운 신경계 증상이 숨어 있는 것이다. 우선 돈키호테를 환자로 생각하고 관찰해 보자. 이 환자의 가장 두드러진 증세는 착각, 망상 그리고 환각이다. 제일 유명한 장면은 모험의 초반부에 나오는 일화로, 돈키호테는 풍차를 거인 악당들로 착각해 칼을 휘두른다. 이런 종류의 망상적인 장면은 돈키호테의 모험 내내 계속되는데 몇 가지만 소개하면 이렇다.

- 별 볼 일 없는 토보소 출신 시골 여자 둘시네아를 자신의 일생을 바쳐 섬길 아름다운 귀부인으로 착각하고 항상 숭배한다.
- 창녀들을 우아한 귀부인으로 착각하고 경배한다. 예컨대 그녀들이 그의 행색과 말투에 깔깔 웃자 이렇게 말한다. "미인들은 항상 신중해야 합니다. 사소한 것에 웃으면 어리석어 보이는 법입니다. ……이 몸은 그저 여러분을 섬기려는 마음뿐입니다."
- 돼지치기가 돼지 새끼들을 부르는 뿔 나팔 소리를 기사의 도착을 알리는 난쟁이의 뿔 피리 신호로 듣는다.
- 주막을 성으로 주막 주인을 성주로 착각하고 주인에게 이렇게 말한다. "성주님 저는 전투가 휴식이며 무기가 곧 장신구입니다."
- 양떼를 적으로 생각하고 칼을 휘둘러 여섯 마리나 죽인다.

- 기우제를 드리느라 성모상을 모시고 암자를 향하는 흰 옷 입은 고행자들을 보고 상복을 입은 고귀한 귀부인을 납치한 무례한 악당이라 생각하고 덤벼든다.

둘째로 환자 돈키호테는 수면 장애 증세도 있다. 돈키호테는 흔히 몇 날 몇 밤 동안 잠을 안자며, 혹은 시나치게 많이 자기도 한다. 특히 돈키호테 모험의 마지막 부분에 수면 의학적으로 흥미로운 장면이 나온다. 돈키호테가 한 손에 검을 쥐고 마치 적군과 싸우듯이 마구 휘두르는 와중에도 돈키호테의 눈은 계속 감겨 있었다. 왜냐하면 그는 계속 자는 중이었고 꿈속에서 거인과 싸우고 있었기 때문이다.

이처럼 잠을 자는 동안 지나치게 움직이는 환자들이 신경과나 정신과 외래에 간혹 찾아오는데 의사들은 이런 병을 '렘수면 장애'라고 부른다. 환자들은 렘수면 도중 팔다리를 마구 휘두르거나 소리를 지른다. 심한 경우에는 아예 벌떡 일어나서 돌아다니기도 한다. 이들 모두를 '렘수면 장애 질환'이라고 말하며 돈키호테의 증세는 이와 비슷하다.

렘수면과 렘수면 장애

인간의 수면은 비렘수면(non-rapid eye movement sleep)과 렘(REM, rapid eye movement)수면으로 나뉜다. 일반적으로 성인이 잠자는 동안 이런 수면 주기가 4~6회 반복된다. 수면은 대개 비렘수면으로 시작해 점점 깊은 단계로 들어간다. 약 90분 후에 첫 번째 렘수면이 나타나고 이후 비렘수면과 렘수면이 90분을 주기로 반복된다. 렘수면의 길이는 짧으므로 전체 수면의 약 20~25퍼센트를 차지한다.

렘수면은 말 그대로 안구가 좌우로 왔다 갔다 하는(물론 우리는 계속 눈을 감고 자고 있으니 자세히 관찰하지 않으면 알 수 없다.) 수면 상태를 말한다. 이때 사지의 탄력이 떨어져 축 쳐진 상태가 된다. 이런 렘수면 상태에서 우리는 꿈을 꾸지만, 매우 자극적인 꿈이 아니라면 대부분의 우리는 깨어난 후 이를 기억하지 못한다. 그러나 렘수면 상태에서 잠을 깨우면 85퍼센트 정도는 꿈을 기억한다.

렘수면 중에는 팔다리의 근육 긴장이 풀어져 있다. 이러한 근육 풀림 현상은 '청색반점 주위 영역'이라 부르는 뇌간의 특정 부위 기능이 잠시 억제됨으로 생기는 것으로 알려졌다. 그런데 여러 이유로 이런 억제 작용이 생기지 않으면 꿈을 꾸는 동안 우리는 팔다리를 마음대로 움직일 수 있다. 이때 꿈의 내용에 따라 과격하고 폭력적인 행동을 하기도 하는데 본인은 물론 옆에서 함께 자는 사람에게 신체적 손상을 입힐 수도 있다. 이러한 수면 질환을 렘수면 장애(REM sleep behavior disorder)라고 부른다. 취침 전에 클로나제팜 같은 약을 복용하면 증세가 개선된다.

이러한 돈키호테의 신경정신적 증세, 수면 증세에 대한 정확한 기술을 읽어 보면 세르반테스의 의학 지식이 상당한 수준에 이르러 있음을 알 수 있는데 이는 외과 의사였던 아버지의 영향 때문일지도 모른다. 하지만 세르반테스의 아버지가 정말 외과의사인지는 확실치 않으며 실은 치과 의사라는 주장도 있다. 돈키호테의 여러 곳에 치과 질환에 대한 정확한 정보가 나오기 때문이다. 내 생각에, 당시에는 전문의 구별이 없었을 테니 아마도 일반의였을 가능성이 높다. 환자의 치과 질환까지 모두 함께 해결해 주는.

그런데 최근 마드리드의 신경과 의사 가르시아 루이스는 흥미로운 주장을 내세운 바 있다. 돈키호테는 바로 루이 소체 치매 환자라는 것이다. 세르반테스가 실제 이런 환자를 본 후 이를 모델로 해서 썼을 가능성이 있다는 것이다. '루이 소체 치매'라는 병명이 대부분 독자에게는 생소할 것이다. 하지만 파킨슨병이나 치매 같은 단어는 비교적 익숙할 것이다. 쉽게 말하자면 루이 소체 치매 질환은 파킨슨병과 치매가 섞여 있는 질환이다. 즉 이 환자들은 치매 증세와 더불어 몸동작이 느려지고 뻣뻣해지는 파킨슨병 증세를 함께 나타낸다.

루이 소체 치매 환자는 특징적으로 주변 상황에 대한 판단이 적절하지 못하고, 망상 증세를 나타낸다. 그리고 흔히 환각 상태를 체험하는데 이 증세는 밤에 더 심해지는 게 보통이다. 예컨대 환자는 밤만 되면 동물들이 보이거나, 사람들이 나와 걸어다닌다고 중얼거린다. 뿐만 아니라 루이 소체 치매 환자는 흔히 수면 장애 증상을 동반한다. 그들은 종종 앞서 말한 렘수면 장애를 보이기도 한다. 이런 점에서 루이스의 이론도 일리가 없는 것은 아니다.

하지만 내 생각에 돈키호테는 루이 소체 치매 환자와는 다르다. 첫째로 돈키호테는 때때로 망상과 환각 속에 빠지지만 그렇다고 루이 소체 치매 환자처럼 항상 치매 상태에 있는 것은 아니다. 간혹 망상 때문에 상황 판단이 틀리기는 하지만 평소 인지 능력에는 별 문제가 없는 듯하다. 오히려 돈키호테가 간혹 내뱉는 말에는 조리 있고 훌륭한, 우리가 배울 만한 내용이 많다. 둘째로, 앞서 말한 대로 루이 소체 치매 환자는 파킨슨병 증세를 동반해야 한다.(180쪽 히틀러 참조) 즉 동작이 느려지고 몸이 뻣뻣해져야 한다. 실제로 임상에서 루이 소체 질환과 가장 감별하기 어려운 병은 파킨슨병이다. 일반적으로 신경과 의사들은 파킨슨병 증세를 보인 환자가 신체적 증세 이외에 환각, 망상 증세를 보이거나 치매 증세가 심하거나 혹은 엘-도파 같은 약물 투여로도 잘 회복되지 않으면 루이 소체 치매를 의심한다. 돈키호테의 경우 걷거나 말을 타고 달리거나 칼을 휘두르는데 특별한 지장이 없었던 점으로 보아 파킨슨병 증세가 있는 것 같지는 않다. 예컨대 양떼들을 적군으로 알고 칼을 휘둘러 여섯 마리나 죽였는데 파킨슨병 증세가 있었다면 결코 그런 민첩한 동작을 수행하지 못했을 것이다.

루이 소체 치매

루이 소체 치매(dementia with Lewy body, DLB라고 흔히 사용함)는 퇴행성 뇌질환의 일종으로 치매를 일으키는 퇴행성 질환으로서는 알츠하이머병 다음으로 흔하다. 이들 환자의 뇌를 부검해 보면 마치 둥근 붉은 반점처럼 보이는 루이 소체(Lewy body)라는 특징적인 소견이 발견된다. 루이 소체를 이루는 주된 성분은 140개의 아미노산으로 구성된 알파-시누클레인(α-synuclein)이다.

현재 루이 소체의 기능은 잘 알려져 있지 않지만 루이 소체의 존재 여부로 루이 소체 치매를 확진할 수 있다. 하지만 실은 파킨슨병 같은 다른 퇴행성 뇌질환에도 루이 소체가 발견되기도 하며, 루이 소체 치매 환자에서도 알츠하이머병에서 보이는 소견을 동반하기도 한다. 증상은 다른 치매와 비슷해서 기억력, 계산력, 판단력 등 여러 인지 능력의 장애가 서서히 진행한다. 그리고 이에 더해 파킨슨병에서 나타나는 동작의 어둔함, 팔다리의 경직 등을 동반한다. 다만 파킨슨병 환자와는 달리 손 떨림 증세는 드물다.

환자의 인지 능력 저하의 양상은 다른 치매 환자와 비슷하지만 환각 증세가 다른 병보다 더 심한 편이다. 특히 시각적 환각(환시)이 흔하며 환자는 시시때때로 있지도 않은 어린이, 동물 혹은 무생물이 앞에 나타난다고 하며 이 때문에 혼자 좋아하거나 공포에 떨기도 한다. 이처럼 시각적 환각이 자주 있는 이유는 시각적 처리를 하는 후두엽이나 측두엽 뒷부분의 기능 저하가 심하기 때문으로 생각된다. 실제로 루이 소체 치매 환자의 PET 검사 소견을 보면 후두엽 부위에 대사 상태가 저하된 것을 흔히 볼 수 있다. 한편 루이 소체 치매 환자에서는 렘수면 장애와 같은 수면 장애도 비교적 흔하다. 치료로는 알츠하이머병에 사용하는 콜린 항진성 약물, 파킨슨병에 사용하는 엘-도파 등을 환자의 상태에 따라 사용하지만 치료 효과는 그리 좋지 못한 편이다.

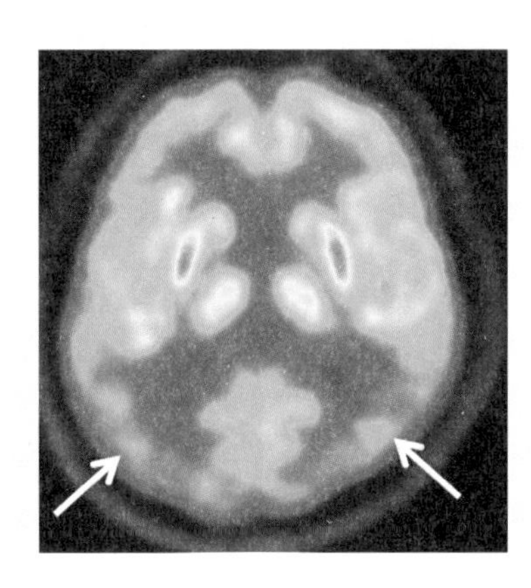

루이 소체 치매 환자의 뇌 PET 영상 소견, 뇌 뒷부분 후두엽의 대사 상태가 저하된 소견이 보인다. 화살표 파란 부분

신체 기능은 비교적 정상이면서 편집적인 망상과 환각을 본다는 점에서 돈키호테는 루이 소체 치매 질환보다는 정신 분열증, 혹은 망상적 성향이 있는 조울증 환자라 보는 것이 더 타당할 듯싶다. 돈키호테의 초입에 적혀 있는 아래 내용을 읽어 보면 더욱 그런 생각이 든다.

> 책을 읽는 데 너무나 열중한 나머지 몇 날 밤을 한숨도 안 자고 말똥말똥한 상태로 지새고는 하는 반면 낮에는 완전히 비몽사몽이었다. 그러다 보니 머릿속이 푸석해지는가 싶더니 결국은 이성을 잃어버리게 이르렀다. 머릿속이 책에서 읽은 마법 같은 이야기들 즉 고통과 전투, 도전, 상처, 사랑의 밀어들과 연애 등 가능치도 않은 갖가지 일들로 가득 차 버린 것이다. 그는 책에서 읽은 몽환적인 이야기들이 진실이라고 생각했으며, 이 세상에서 이보다 더 확실한 이야기는 없다고 확신하기에 이르렀다. ……지금까지 읽었던 소설 속 편력기사의 모험들을 직접 실천에 옮겨 자신의 이름과 명성을 길이 남겨야 한다고 생각했던 것이다.

이제까지 신경과 의사의 평소 버릇대로 돈키호테를 환자로 생각하고 질병의 감별 진단에 대해 생각해 봤다. 하지만 돈키호테는 실제 인물이 아니라 상상 속에서 창조된 인물일 뿐이다. 그러니 이런 골치 아픈 생각 말고 그저 재미 삼아 책을 읽으면 될 것 같다.

앞서 말한 대로 세르반테스는 군대, 애정, 가족, 사회와 관련해서 상당한 경험을 쌓았다. 별 이유도 없이 해적들에게 오랫동안 잡혀 고생했고, 감옥에도 여러 차례 들락거렸다. 그가 보기에 세상은 언제나 이상한 곳, 어울리지 않는 곳이었고, 세상 사람들의 삶은 부조리했다. 세르반테스의 최고의 역작『돈키호테』에는 이런 고단한 삶 속에서 바라본 세상의 많은 이야기가 들어 있다. 뿐만 아니라, 돈키호테의 모험의 와중에 각자 독립적인 이야기가 있는 일곱 이야기가 삽입되어 있는데 이는 주로 남녀의 애정에 관계된 내용이라 마치『아라비안 나이트』를 보듯 읽는 재미를 더해 준다.

당시 에스파냐는 합스부르크 절대 왕조의 통치하에 있었고, 무시무시한 종교 재판소가 있었다. 이런 상황에서 자유로운 정치적 비판은 불가능했다. 적어도 종교의 자유, 남녀 간의 사랑의 자유, 세습제도의 폐지 같은 사상을 실제 입으로 주장할 수는 없는 상황이었다. 수많은 착각 속에서 이상을 찾아 떠나는 돈키호테의 행동과 말 속에서 인간의 자유를 열망하는 작가의 속내를 느끼게 된다. 재미 속에서 읽게 되지만, 한편으로는 실존하는 인간의 자유를 향한 고통이 느껴지는 것이다.

우연의 일치로 세르반테스가 이 작품을 쓰고 있을 무렵, 영국에서는 셰익스피어라는 또 하나의 천재가 많은 시와 희곡을 쓰고 있었다. 둘 다 인간의 숙명과 어리석음, 그리고 남녀의 미묘한 심리에 대해 정통했다는 점에서 비슷하다. 셰익스피어는 세르반테스보다 몇 년 나이가 많지만 공교롭게도 사망한 연도와 시간은 똑같이 1616년 4월 23일이다. (4월 23일은 셰익스피어의 생일이기도 하다.) 세르반테스는 69세였는데, 부종으로 사망했다고 전해질 뿐 정확한 병명은 알려지지 않았다.

시인 하이네는 이렇게 말했다. "세르반테스와 셰익스피어 그리고 괴테는 삼두통치를 달성했다. 서사와 희곡 그리고 서정이라는 세 장르의 창작에서." 억압적인 종교와 군주제의 마지막 역사의 자락에서 그들은 각자 최고의 경지로 문학의 새 지평을 열었던 것이다.

하인리히 하이네와 그의 질병

「들장미」라는 노래의 가사로 우리에게 유명한 시인 하인리히 하이네는 1797년 뒤셀도르프에서 태어나 본 대학에서 법학을 공부했다. 슈베르트나 슈만이 작곡한 독일 가곡에 단골로 등장하는 아름다운 서정시를 많이 썼다. 그러나 사상적으로는 프랑스 혁명의 영향을 받아 독재적인 독일 교회와 귀족을 비난하며 독일 민중을 교화하는 글을 많이 썼다. 유태인 출신이라 취직도 안되는 데다 독일 정부로부터 반정부적 활동을 했다는 구실로 체포의 위협이 감지되자 1831년 프랑스로 망명해 제2의 인생을 살았다.

하이네는 40대 후반부터 왼쪽 눈의 시력이 떨어지고 가슴에 통증이 발생했는데 척수 매독으로 진단되었다. 8개월 동안 병상에 있으면서 병마의 고통을 해학적으로 감싸고 새로운 신의 경지를 개척하려는 의지가 담긴 「고백(1854년)」, 「메모아르(1854년)」, 「회상(1855년)」 등을 완성했다. 한때 하이네는 조르주 상드에게 접근했으나 매독 환자라는 이유로 거절당했다고 한다. 하이네는 자신의 신체적 쇠락을 다음과 같이 노래했다.

나는 뜬 숯에 지나지 않는다

그저 쓰레기 같은 썩은 불쏘시개에 지나지 않는다

태어날 때 얻은 형상을 잃어 가면서

이 세상에서 흙을 향해 다시 조형하는

슈만 박물관 서재에 꽂혀 있는
하이네의 시작법에 관한 책

프라도 미술관에서 고야를 생각하다

나는 지금 프라도 미술관의 「라스 메니나스」(여시종들) 앞에 서 있다. 합스부르크 레오폴드 왕의 아내가 되기로 이미 결정되어 있던 마르가리타 공주의 어릴 적 모습과 주변 인물을 그린 벨라스케스의 유명한 그림이다. 당시로서는 파격적인 구성에 시중들의 생생한 표정과 손동작이 너무나 잘 묘사되어 있는 그림이다. 나는 이 유명한 그림을 여유 있게, 찬찬히 바라볼 수 있었는데 왜냐하면 그림의 사진 촬영을 금하고 있었기 때문이다. 만일 그렇지 않았다면 엔화 강세의 영향으로 무더기로 몰려온 일본 관광객들 때문에 그림을 제대로 바라보는 것조차 불가능했을 것이다. 이 작품은 피카소에 의해 여러 연작으로 패러디되어 바르셀로나의 피카소 미술관에 전시되었다. 물론 나는 벨라스케스의 다른 그림들도 좋아한다. 예컨대 「인히는 목수」에 그려진 예수를 바라보는 노동자들의 생생한 표정은 묘사가 너무나도 뛰어나다.

프라도 미술관은 흔히 세계 3대 미술 박물관 중 하나라 칭한다. 규모가 루브르 박물관처럼 큰 것은 아니지만 소장된 미술품만 무려 8000점에 달한다. 바로크 양식의 대리석 2층 건물 앞의 프라도 거리에 늘어선 가로수가 싱그럽다. 역동적이며 화려한 루벤스의 그림과 렘브란트의 자화상과 같은 많은 걸작을 자랑하고 있지만, 역시 이 미술관의 백미는 에스파냐의 3대 거장이라 할 수 있는 엘 그레코, 벨라스케스 그리고 고야의 작품이다. 이런 거장의 작품이 후대 미술가들에게 많은 영향을 끼쳤음은 물론이다. 예컨대 벨라스케스를 우상으로 섬긴 프랑스의 마네는 이렇게 쓴 적이 있다. "나의 가장 즐거웠던 기억은 벨라스케스를 본 것이고, 그것이 사실 에스파냐까지의 여행을 감행한 유일한 이유였다. 그는 화가 중의 화가이다." 사실 에스파냐 풍의 그림인 「발렌시아의 롤라」, 「에스파냐 가수」 등은 마네의 첫 성공작으로 그의 명성을 높여 주었다.

2층 계단을 오르니 이번에는 사진으로만 보던 유명한 고야의 작품이 나를 맞이한다. 「카를로스 4세의 가족」*이다. 이 그림에는 실

* 카를로스 4세는 무능했고 실권은 왕비의 애인인 고도이 재상이 장악했다. 왕비와 고도이의 반대파는 황태자 페르디난드를 끼고 음모에 열중하고 있었다. 마침 대륙 봉쇄를 시도한 나폴레옹은 경제적으로 영국에 종속된 포르투갈이 영국과 밀무역을 하는 것을 응징한다는 이유로 장군 쥐노의 지휘 하에 에스파냐를 횡단해 포르투갈을 점령한다. 이 일은 이미 고도이와 협의가 된 일인데 이 두 나라는 이런 식으로 포르투갈을 분할하기로 합의했다. 1807년의 일이다. 그러나 나폴레옹의 야심은 원래 포르투갈이 아니라 이베리아 반도

제 보석을 붙인 것으로 착각할 정도로 화려한 왕실 가족들의 옷이 세밀하게 묘사되어 있다. 하지만 이 그림이 유명한 것은 완벽한 소묘 때문만이 아니다. 화려한 옷을 입은 그들의 얼굴은 모두 영혼이 빠져 버린 듯 창백한 모습이다. 사실 당시 왕비 마리아 루이자는 재상 고도이와 염문을 뿌리고 있었고 실권은 고도이에게 있었다. 이에 반발하는 세력은 황태자를 옹립하려는 계획을 세우고 있었다. 이 가족은 한데 모여 멋진 포즈를 취하고 있지만 실은 '바람난, 풍비박산 가족'이었던 것이다. 고야는 그림의 왼편 한구석에 자신의 모습을 살짝 그려놨는데, 환멸스러운 왕권에 대한 고야의 교묘한 비판을 표현한 것으로 생각된다.

「옷을 벗은 마야」와 「옷을 입은 마야」도 있는데, 그림 속에 누워 있는 게으른 여인은 머리 뒤에 깍지를 끼고 "너는 여기 뭐 하러 왔냐?"라고 묻는 것만 같다. 나중에 마네의 「올랭피아」에서 패러디되는 이 그림의 모델은 알바 공작 부인이라는 설이 있으나 실제 누구인지는 아무도 모른다. 당시 엄격한 궁정 화가인 고야가 이처럼 파격적인 그림을 그린 이유는 알려져 있지 않으나 아마도 권력의 덧없음 혹은 인간의 이중성을 이런 식으로 표현한 것 같다. 이 그림은 앞서

전체를 점령하는 것이었다. 이를 뒤늦게 눈치챈 고도이가 국왕 부처와 함께 신대륙으로 망명하려 했으나 황태자 옹립 일파에게 걸려들어 카를로스 4세는 황태자에게 왕위를 뺏기는 소동이 일어났다. 나폴레옹으로서는 내정 간섭을 할 절호의 기회였다. 그는 에스파냐 왕족을 모두 대서양 연안에 감금하고 당시 나폴리 국왕으로 있던 형 조세프를 왕위에 앉혔다. 이후 에스파냐 각지에서 내란과 이에 대항한 나폴레옹군의 보복전이 일어나고 고야는 이 모습을 「1803년 5월 3일 폭도들의 처형」에 담았다.

라스 메니나스

말한 왕비의 애인 고도이 장관이 주문했다는 설도 있다.

아래층으로 내려가면 우리는 또 다른 고야의 작품들을 만날 수 있다. 그런데 아래층의 그림은 위층의 그림과는 사뭇 다르다. 「자기 자식을 잡아먹는 사투르누스」(그리스 신화에서 영감을 얻은 작품으로

카를로스 4세의 가족

아마도 미술사에서 가장 무시무시한 그림일 것이다.), 「거인」 등과 같은 어둡고 침침한 색조의 그림이 나의 마음까지 온통 불길하게 만든다.

위층과 아래층의 고야의 그림을 보면 마치 전혀 다른 화가의 그림을 보는 듯하다. 고야는 나폴레옹의 에스파냐 침략 때 경험한 잔인한 전쟁에 큰 정신적 충격을 받았다. 아마 그때부터 고야는 인간의 어두운 면을 그리기 시작했을 것이다. 하지만 고야에게 찾아온 질병 때문에 그럴 가능성도 많다. 고야에게는 과연 무슨 일이 생긴 것일까?

고야가 귀가 먹은 이유는?

프란시스코 고야는 1746년 에스파냐 북부의 시골마을에서 태어났다. 어머니는 낮은 귀족 계급이었고 아버지는 세공업자였다. 세 형제 중 그림 실력이 뛰어났던 그는 어릴 때부터 루잔을 사사했다. 24세 때 두 차례 이탈리아에 건너가 그림을 배우고 돌아온 그는 27세에 조세파와 결혼하는데 그녀는 궁정 화가의 누이였다. 외향적이고, 계산적이고, 야심이 많았던 고야의 성격으로 미루어 이는 궁정 화가가 되려는 계략에서 이루어진 것으로 추측된다. 고야는 오랫동안 직물 디자인을 하다가 결국은 희망대로 카를로스 4세의 궁정 화가로 발탁되고 이후 안정적인 생활을 누렸다.

문제는 그가 46세인 1792년 발생했다. 그의 친구의 기록에 따르면 고야는 심한 어지럼증이 생기면서, 귀에서 소리가 들린다고 했고, 이후 청각이 감퇴됐다고 했다. 게다가 양쪽 눈의 시력마저 나빠졌다. 고야는 절망에 빠졌고 이후 한 동안 횡설수설하기도 했다. 얼마 지나 두 눈의 시력은 어느 정도 회복되었으나 청각 감퇴와 이명 증세는 지속되었다.

고야의 병명에 대해서는 많은 논란이 있다. 19세기 내내 뇌졸중의 가능성이 제기되었다. 하지만 뇌졸중으로 갑자기 어지럽고 귀가 안 들릴 수 있을까? 그럴 수가 있기는 하다. 우리는 소리를 귀로 듣는다. 귀로 들어간 소리는 고막에서 진동 신호로 바뀌어 속귀에 있는 가느다란 털로 전해지고 이 털은 진동의 정도를 전기 신호로 바꾸어 청신경에 전해 준다. 청신경은 뇌간으로 들어간 후 복잡한 경로를 통해 측두엽의 위쪽에 있는 청각 중추에 소리 정보를 전해 준다. 우리는 이런 식으로 주변의 소리를 알아듣는다.

그러면 측두엽의 청각 중추가 손상되면 귀가 안 들리게 될까? 청각 중추가 뇌졸중 같은 병으로 손상되면 듣는 데에 장애가 생길 수는 있다. 그런데 소리를 듣지 못한다기보다는 소리의 질을 파악하는 기능, 즉 소리의 감별 능력이 떨어진다. 예를 들어 손을 비비는 소리와 시계 돌아가는 소리를 구별 못한다. 고야의 증세는 이런 것은 아닌듯하다.

게다가 청각 중추는 좌우측에 하나씩 있다. 뇌졸중은 거의 대부분 한 쪽에만 생기므로, 이로 인해 한쪽 청각 중추의 손상이 생긴다 하더라도 반대쪽 중추가 남아 있는 한 심각한 청각 장애가 생기는 일은 거의 없다. 따라서 고야의 경우 측두엽에 뇌졸중이 발생한 것으로 볼 수는 없다.

물론 청신경이 지나가는 회로인 뇌간에 손상이 생기면 청력이 심하게 떨어질 수 있다. 하지만 뇌졸중은 대부분 한 쪽에만 생기므로 왼쪽이나 오른쪽 귀가 안 들리게 된다. 물론 뇌간의 양쪽에 한꺼번에 뇌졸중이 발생할 수도 있으니 뇌졸중으로 인해 양쪽 귀가 모두 멀어 버리는 경우가 아주 없는 것은 아니다. 하지만 그 정도로 뇌졸중이 심했다면 사지가 모두 마비되거나 의식이 소실되는 등 매우 심각한 문제가 함께 나타나야 한다. 적어도 한 동안은 중환자로 지내야 한다.

기록에 따르면 고야의 경우는 어지럼증 증세를 호소하기는 했으나 뚜렷한 신체 움직임의 장애는 없었던 듯하다. 따라서 고야의 청각 감퇴를 뇌간에 생긴 뇌졸중으로 설명하기는 어려울 것 같다.

자기 자식을 잡아먹는 사투르누스

고야의 병은 뇌졸중이 아니라 뇌막염일 수도 있다. 당시 뇌막염을 일으키는 흔한 원인은 매독이었다. 매독은 뇌막의 염증을 일으키고 이로 인해 청신경이나 속귀의 청각 기관을 손상시킬 수 있다. 따라서 고야의 질환이 매독이었다는 설도 나름대로 설득력은 있다. 게다가 그 이후 진행된 시력 상실도 매독에 의한 뇌막염 때문에 발생한 시신경의 손상으로 설명할 수 있다.

그럼에도 나는 매독의 가능성이 많지는 않다고 생각한다. 고야는 82세까지, 즉 이런 증상이 발생한 후 36년 동안 별다른 문제없이 지냈으며, 나중까지도 대뇌 매독의 증세, 즉 심각한 치매나 성격 장애 등의 증세를 보이지 않았다. 단지 성격이 우울해졌고 따라서 그의 그림도 음울해졌을 뿐이다. 매독에 대한 치료법도 없던 당시에 그가 뇌막염을 일으킬 정도의 심각한 매독에 걸렸다면 병의 경과는 이보다 훨씬 더 나빴을 것이다.

이제 다른 가능성을 생각해 보자. 많은 학자는 고야의 병을 메니에르병(Meniere disease)으로 생각한다. 대부분의 독자들에게 이 병명이 생소하겠지만 사실 이는 별로 드물지 않은 속귀의 질병이다. 이 병에 걸리면 귀에서 소음이 들리는데, 환자는 대개 벌레 우는 소리, 기계 소리 같은 것이 난다고 한다. 여기에 더해 갑작스러운, 심한 어지럼증 발작이 동반되며 이때 귀에서 들리는 소리가 더 커지는 것이 보통이다. 게다가 환자의 청력이 서서히 떨어진다.

이런 점에서 고야의 병은 메니에르병일 수도 있다. 하지만 메니에르병으로 설명하기에도 무리는 있다. 왜냐하면 메니에르병 환자는 고야의 경우와는 달리 간헐적으로 어지럼증 발작이 찾아오는 것이 보통이다. 그리고 청각이 갑작스럽게 감퇴되기보다는 서서히 나빠지는 것이 일반적이다. 게다가 고야의 양쪽 시력이 떨어진 점도 설명되지 않는다. 메니에르병은 기본적으로 귓병이므로 눈이 안 보이는 경우는 없기 때문이다.

따라서 고야의 병을 메니에르병으로 생각하기에는 무리가 있다. 그러니 메니에르병의 사촌쯤 되는 병을 생각해야 한다. 독자들에게는 절대 익숙하지 않겠지만 Vogt-Koyanagi-Harada(VKH) 증후군이라는 병이 있다. 이 병은 특징적으로 어지럼증, 귀울림, 청각 장애를 일으키며, 또한 포도막염을 일으켜 양 눈 시력이 감소된다. 이 병의 원인은 아직까지도 정확히 밝혀지지 않았으나 아마도 모종의 바이러스가 원인인 것으로 추측된다.

내가 보기에 VKH 증후군으로 고야의 증세는 그럴 듯하게 설명된다. 하지만 조심스러운 점은 이 병은 매우 희귀한 병이므로(이 병에 걸린 환자를 한번도 본적이 없는 신경과 전문의들도 허다하다.) 이런 진단을 내릴 때는(특히 수백 년 전의 환자한테) 항상 조심해야 한다. 이외 납 중독, 말라리아, 홍역 같은 질환도 거론되는데 이 정도의 정보만으로 거의 200년의 세월이 흐른 지금 고야의 병에 관한 정확한 진단을 내린다는 것은 무리이다.

원인이야 어찌되었든 1792년을 기점으로 고야는 이전과는 다른 인생을 살게 된다. 독자 여러분은 어느 날 갑자기 세상에서 들리는 모든 소리가 안 들리는 것을 상상해 보시라. 우리는 잠에서 깨어날 때부터 들리는 수많은 소리에 익숙해져 있다. 바람소리, 새 소리, 시계 소리, 부엌에서 요리하는 소리. 그리고 출근을 할 때 자동차 소리, 사람들의 목소리 이 모두가 갑자기 침묵으로 바뀌면서 단지 웅-하는 기계음만 귀에서 들린다고 상상해 보자.

우리는 감각으로 세계를 인식하고, 우리의 심상은 이런 정보들에 의해 알게 모르게 규정된다. 청각이 소실된 경우, 흔히 우리는 내향적으로 변하고 완전히 세상과 고립된 느낌을 갖게 된다. 나폴레옹 침략 전쟁의 우울한 경험과 더불어, 그의 청각 장애는 우울증을 심화시켰을 것이고, 세상에 대한 비극적인 시선을 갖도록 했을 것이다. 따라서 그의 그림의 색채는 어두워졌고, 형태는 단순해졌다. 요컨대 이제까지 출세지향적인 그림을 그렸다면 노년의 고야는 단순하면서도 내면의 상황을 표출하는 그림을 그렸다고 할 수 있다. 이러한 고야의 내면 묘사 기법은 후대 예술가들에게 많은 영향을 주었다.

메니에르병

1861년 메니에르(Meniere)가 발작적인 어지럼증, 청각 저하, 이명, 귀가 꽉 찬 느낌 등의 증세를 보이는 환자를 처음 기술했다. 이 병은 30~50대에 흔히 발생하며 여성이 남성보다 1.3배가량 더 잘 걸린다. 약 반수의 환자에서 증상은 양쪽 귀에 생긴다. 속귀의 질환임은 분명하지만 병의 정확한 원인은 아직까지도 완전하게 밝혀져 있지 않다. 우리의 속귀의 세반고리관을 흐르는 림프액이 부어 있는(내림프수종) 현상이 발견되어 내림프의 흡수 장애가 중요한 발병 기전인 것으로 추측하고 있다. 심한 어지럼증이 때때로 발작적으로 나타나지만 대개 24시간 이내에 증상이 완화된다. 청각 감퇴 증상이나 이명은 발작적인 어지럼증이 발생했을 때 심해지고 어지럼증이 없어지면 함께 완화되는 경향이 있다. 증상이 여러 차례 재발함에 따라 점차 청력의 감소가 진행된다.

정확한 원인을 모르므로, 메니에르병의 치료에 대해서도 논란이 많다. 심한 어지럼증과 구토증이 있을 때는 증상 완화를 위한 항히스타민제를 처방할 수 있다. 효과가 확실히 증명된 것은 아니나 내림프의 양을 줄이기 위해 저염식을 권장하고 이뇨제를 사용하기도 한다.이러한 치료에도 불구하고 증상이 매우 심한 경우에는 내림프낭에 대한 수술적 치료를 시행하기도 한다.

이젠 나이가 들어서 그런지 이런 방대한 미술관을 둘러보기가 만만치 않다. 다리가 무거운 것은 당연하지만 시차 적응까지 안되어 눈꺼풀조차 들기 힘들다. 점심을 하러 카페에서 잠시 쉰 것을 제외하면 나는 프라도 미술관에서 오전 9시 반부터 시작해서 오후 3시 반까지 꼬박 5시간을 서 있었다.

그래도 박물관을 나서기 전에 나는 한번 더 고야의 작품들을 보러 내려갔다. 이 방의 작품들은 말년에 킨타 델 소르도(귀머거리의 집)라 불린 시골별장에서 고야가 그린 것들을 1873년 옮겨온 것 들이다. 먼저 두 농부가 막대기를 들고 서로 때리는 「싸움」이라는 그림이 아프게 나를 사로잡는다. 두 사람의 다리는 무릎까지 모래 속에 파묻혀 움직일 수 없다. 더 이상 도망갈 수도 없는 이런 형국에 머

개

리에 피를 흘리면서 두 사람은 끝도 없이 싸우고 있다. 이보다 더 암담한 그림은 「개」라는 그림이다. 순박한 눈매를 한 개는 엄청난 모래늪에 빠져 불쌍한 표정으로 하늘만 쳐다보고 있다. 이제 곧 개는 늪에 파묻혀 이 세상에서 사라질 것이다. 말년의 고야가 바라 본 인간의 내면은 이처럼 암담한 것이었다.

콜럼버스의 두 얼굴

미술관을 나와 가로수가 양쪽으로 무성한 프라도 거리를 따라 북쪽으로 발걸음을 옮겨본다. 구름이 조금 꼈지만 그래도 하늘이 모처럼 맑아져 기분이 상쾌했다. 길거리를 걸어 다니는 사람들의 발걸음도 한결 가벼워 보였다. 게다가 도로 곳곳에 유머러스한 조각이 설치되어 있어 고야의 어두운 그림들을 잠시 잊을 정도였다. 10분쯤 걸으니 시벨레스 광장이 나오고 이를 통과해서 좀 더 북쪽으로 걸으면 길 이름이 레콜레토스 거리로 바뀐다. 가로수가 우거진 이 거리를 좀 더 걸어 북쪽으로 이동하면 콜롱 광장이 나오고, 여기에 한 남자의 동상이 우뚝 서 있다. 콜럼버스다. 그의 왼손은 멀리 앞쪽을 가리키고 오른손은 깃발을 들고 있었다. 찬찬히 살펴보니 이 콜럼버스 탑의 사방 벽은 마치 다보탑처럼 정교하게 조각되어 있었다. 한쪽 면에는 배가 부조되어 있는데 금방이라도 바람을 받아 돛이 부풀어오를 듯했다. 하지만 이 광장에 탑을 쳐다보고 있는 사람은 나 혼자뿐. 수많은 마드리드 시민들이 빠른 걸음으로 내 옆을 지나갔다.

그 옛날 몇몇 학자들의 말만 듣고 지구가 둥글다고 굳게 믿은 콜럼버스야말로 미친놈이었고, 진정한 돈키호테였다. 그래도 그는 이사벨 여왕을 설득하는 데 성공해 망망한 대양으로 항해를 떠난다. 사실 콜럼버스도 그렇지만 이런 황당한 얘기를 듣고도 선뜻 어마어마한 돈을 내 준 이사벨 여왕도 대단한 사람이다. 더군다나 이베리아 반도에서 무어 인들을 몰아내는 전쟁이 한창인, 소란스러운 시절이었는데 말이다. 아무튼 이사벨 여왕은 정신없는 와중에도 끈질기게 돈을 달라고 조르는 콜럼버스의 열정에 감격했던 것 같다. 어쩌면 이 현명한 여왕은 돈키호테 같은 콜럼버스의 설명 속에서도 일말의 성공 가능성을 발견하고 어렴풋이 밝은 미래를 예측했을 수도 있다.

마드리드의 콜럼버스 조각상이 아기자기하다면, 바르셀로나의 콜럼버스는 웅장하다. 마드리드를 떠나 연구자 회의가 열리는 바르셀로나에 가야 했기에 나는 그곳에서 다시 한번 콜럼버스를 만날 수 있었던 것이다. 마드리드보다는 날씨가 좋았던 때문인지 회의를 마치고 람블라스 거리로 나오니 거리는 초만원이었다. 거리의 양쪽으로는 음식점, 서점, 술집, 꽃집 등이 즐비하고 미술가들이 그림을 열심히 그리고 있었다. 이들은 지나다니는 관광객의 초상화를 그려 주며 먹고사는 듯했는데 5분이면 다 그려 준다는 푯말도 보였다. 하지만 날씨가 추워서 그런지 아무도 의자에 앉아 이 화가들의 모델이 되려는 사람은 없었다.

이 거리를 지나가는 바르셀로나 사람들은 마드리드보다 그 모습이 더 다양했다. 키가 작은 사람, 큰 사람, 얼굴이 검은 사람 하얀 사람이 세상 모든 인종을 이곳에 다 모아 둔 것 같다. 물론 세계 각지

레콜레토스 거리의 유머러스한 소 조각상들

에서 모여든 관광객들이 많아 그럴 수도 있겠지만 사실 이 카탈루냐 지방 자체가 수많은 민족이 살고 있는 곳이다. 이곳 사람들은 자신을 에스파냐 사람이라 부르지 않는다. 카탈루냐 사람이라 부른다. 그만큼 자신들의 고향에 대한 자긍심이 강하다. 이 바르셀로나의 대표적인 거리, 람블라스 거리의 초입에 콜럼버스가 당당하게 서 있다. 높이는 무려 50미터. 왼손에는 미국의 토산품인 파이프를 쥐고 오른손으로 지중해를 가리키고 있다.

몰론 대양으로 진출한 유럽 인이 콜럼버스가 처음은 아니었다. 이미 15세기부터 유럽 사람들은 친숙한 연안 항로를 떠나 먼 바다로 향하고 있었다. 기술적 진보로 인해 먼 바다를 항해할 수 있는 범선이 발명된 것이 이것을 가능케 했던 것이다. 선두주자는 포르투갈의 항해 왕으로 불리는 엔리케 왕자로 그는 최신 선박 장비와 기술로 무장한 항해사들을 먼 바다로 내보냈다. 이들은 서아프리카의 여러 섬들과 세네갈, 기니, 콩고 등에서 식민지를 개척하거나 혹은 무역을 시작해 막대한 이익을 얻었다. 바르톨로뮤 디아스는 더욱 남쪽으로 향해 희망봉을 발견하고 이어 바스코 다 가마가 인도양을 거쳐 인도 및 동남아시아와 교역을 가능케 했다.

콜럼버스는 그러니까 제2진에 해당한다. 하지만 전임자들과는 달리 대담하게도 대서양을 가로질러 인도로 가려는 계획을 세웠다. 희망봉을 거쳐 가는 길은 너무나 멀고 험난했기 때문에, 포르투갈이 개척한 항로보다 좀 더 쉽게 인도로 가는 길을 찾자는 것이 그의 작전이었다.

그라나다에서 보아브딜 왕이 탈출한 지 1년 후인 1492년, 콜럼버스가 이끄는 세 척의 배가 카리브 해 바하마 군도의 한 섬에 닿았다. 물론 그들은 자신이 신대륙을 발견했다는 사실은 까맣게 모르고 아시아의 어딘가에 도착한 줄로 알았다. 콜럼버스는 네 차례 항해했으

콜롱 광장의 콜럼버스 상, 콜럼버스 상의 선박 부조, 람블라스 거리의 콜럼버스 상

나 실제로는 인도를 구경하지 못한 채 세상을 떠났다. 물론 죽을 때까지 그는 아메리카와 아시아가 별개의 대륙이라는 사실을 몰랐다.

그럼에도 불구하고 콜럼버스의 아메리카 발견은 세계를 뒤흔든 대 사건이었다. 세계인들의 시선을 넓혔을 뿐 아니라 실제적이며 구체적인 변화가 초래되었기 때문이다. 아메리카에서 생산된 값싼 광물이 에스파냐에 대량 유입되었고 1530년대부터 본격화된 에스파냐의 식민지 경영은 유럽에서도 오랜 동안 분열된 나라, 무어 인의 지배를 받던 변방의 가난한 나라 에스파냐가 순식간에 유럽 최강국으로 부상하는 계기가 되었다. 이런 상황을 구경하던 영국, 프랑스, 네덜란드 같은 유럽의 전통 강호들이 가만히 있을 리가 없다. 이들 역시 적극적으로 아메리카의 식민지 쟁탈 전쟁에 뛰어들었다. 이제껏 아무도 모르던 대륙 아메리카가 역사의 전면에 등장하는 시점이며, 백인들이 진정으로 세계를 주도하게 된 순간이기도 했다.

콜럼버스, 최초의 매독 환자?

1492년 콜럼버스와 일행 120명이 카리브 해의 섬에 내렸을 때 처음 만난 원주민들과의 조우는 그런대로 평화로웠다. 미지의 신세계에서 서로 만난 두 종족은 분명 서로를 경계했을 테지만, 서로의 장단점을 잘 모르는 상태에서 일단 점잖은 태도를 취한 것이다.

그러나 1493년 두 번째 원정부터 콜럼버스 일행은 원주민들을 잔인하게 학살하기 시작했다. 그들은 원주민을 혹사시켰고, 고문, 강간하고 살육했다. 왜 이렇게 그들의 태도가 돌변했을까?

당시는 에스파냐가 이베리아를 점령하고 있던 무어 인들을 몰아낸 직후였다. 그들은 이미 잔인한 종교 재판을 통해 남아 있는 이교도들을 고문하고 살육하고 있었다. 그런 살육의 문화에 전염된 선원들이 무어 인들보다 훨씬 더 원시적인 문화를 가지고 있는 원주민들을 더 잔혹하게 대했을 것이다. 혹은 점차 치열해지는 열강의 식민제국주의 경쟁 속에서 점잖게 원주민을 다스릴 시간이 더 이상 없다고 판단했을 수도 있다.

하지만 원주민들에게 콜럼버스 일행의 잔학 행위보다 더 커다란 문제는 따로 있었다. 그것은 백인들이 이 땅에 가져온 병균이었다. 콜럼버스 일행의 방문 후 원주민의 95퍼센트 이상이 사망했는데 이는 홍역, 파상풍, 발진티푸스, 장티푸스, 천연두 같은 병이 주된 이유였다. 이런 병에 걸린 적이 없는 원주민들은 면역 체계가 전무했고, 이들은 속수무책으로 죽어갔던 것이다.

발달된 군사력과 새로운 병균. 언뜻 보아 이 전쟁은 승리가 뻔한 게임이었다. 하지만 세상은 그렇게 단순하지 않다. 신대륙은 콜럼버스 일행을 통해 유럽으로 소리 없는, 그러나 치명적인 보복의 칼날을 몰래 내밀었던 것이다. 바로 매독이었다. 과연 콜럼버스 일행이 최초로 유럽에 매독을 퍼뜨렸는가에 대해 이견이 없는 것은 아니다. 하지만 콜럼버스의 귀향 이후 유럽에는 매독이라는 병이 서서히 퍼지기 시작했다. 때마침 1495년 샤를 8세가 이끄는 프랑스 대군이 이탈리아의 나폴리 왕국을 침공했는데, 침략군에는 에스파냐 병사와 더불어 에스파냐 매춘부들이 일부 포함되어 있었다. 이들이 침략과 더불어 나폴리에는 매독이 창궐한다. 하필 나폴리는 성생활이 유난히 문란한 곳이었고, 이후 나폴리를 거쳐 전 이탈리아에, 그리고 이어 전 유럽에 매독이 발생하기 시작한다. 샤를 8세 자신 역시 발진에 시달렸는데 매독을 앓았던 것으로 추측된다. 물론 이런 추측에 대한 반론도 존재한다. 콜럼버스가 매독을 가져온 것이 아니라 유럽에서 잠복 상태에 있던 매독균이 당시 돌연 변이에 의해 악성으로 변한 후 유럽에 유행하기 시작했다는 설도 있다. 그리고 당시 나폴리에 유행한 발진은 매독이 아니라 발진티푸스라는 주장도 존재한다.

당시의 빈약한 의학적 기록으로 콜럼버스의 병을 정확히 진단하는 것은 무리다. 하지만 1493년 콜럼버스의 두 번째 항해 때 이미 그는 간헐적인 고열에 시달리고 있었다. 이때 콜럼버스의 아들은 아버지의 병세에 대해 이렇게 적고 있다. "아버지의 병세가 위독해졌다. 극심한 열과 혼수상태에 빠졌으며, 현기증, 시력 감퇴에 시달렸다. 기억력과 판단력이 흐려지고 간혹 헛소리를 했다." 이런 증세는 매독에 의한 뇌막염 혹은 뇌염을 의심케 한다. 간신히 회복된 콜럼버스는 1495년 세 번째 항해에 올라 더욱 잔인하게 원주민들을 살육했다. 하지만 여기서 콜럼버스와 많은 부하들 역시 열병과 발진에 걸려 고생한다. 1502년 네 번째이자 마지막 출정 때 콜럼버스는 고열과 관절염, 정신 착란 및 전신 쇠약 증세에 의해 거의 몸을 움직이지도 못했다. 귀국할 때는 남의 부축을 받으며 하선해야만 했다.

콜럼버스의 질병에 대해서는 많은 의견이 있다. 고열과 관절 통증, 정신 착란 증세를 일으킬 수 있는 병은 매독 이외에도 많은데 이를 진단할 만한 검사가 당시 존재하지 않았기 때문이다. 이런 병으로 발진티푸스, 류머티즘, 라이터 증후군(관절염을 특징으로 하는 자가 면역 질환) 등이 거론되는데, 콜럼버스와 동료들의 여러 증세와 기록을 검토한 미국의 매독학자 토머스 패런은 콜럼버스가 매독에 걸렸음이 거의 확실하다고 주장했다.

마지막 항해를 마치고 돌아와서는 거의 활동을 못하던 콜럼버스는 1506년 에스파냐의 바야돌리드에서 사망했다. 사망의 직접적인 원인은 심장 판막 손상에 의한 심부전인 것으로 생각된다.

관광객들로 언제나 붐비는 람블라스 거리이지만, 바르셀로나 성당의 바로 뒤 골목으로 몇 걸음만 더 들어가면 언제 그랬냐는 듯 갑자기 조용한 중세 건물들이 나타난다. 성벽 주위로 비교적 넓은 '왕의 광장'이 있고 계단에는 여로에 지친 여행객들이 몇 쌍 앉아 있었다. 몇백 년 전, 기나긴 항해를 마친 후 콜럼버스는 바로 이 광장과 계단을 통해 선물을 잔뜩 들고 이사벨 여왕을 알현하러 올라왔다. 주변에는 호기심으로 가득한 카탈루냐 군중들이 웅성거리면서 귀향한 콜럼버스 일행을 쳐다보았을 것이다. 지금은 적막한 광장에 한 남자가 바이올린으로 비제의 「카르멘」을 연주하고 있는데, 실력이 의외로 출중하다. 게다가 주변의 성벽에 반사되어 마치 음향 시설이 훌륭한 음악당에서 듣는 것처럼 소리가 명료하게 울려 퍼진다.

콜럼버스는 불굴의 용기와 의지로 세상의 나머지 반을 열었고, 그를 통해 세계의 모든 사람들은 새로운 시선을 가지게 됐다. 죽을 때까지 자신이 발견한 내륙이 신내륙임을 몰랐지만 말이다. 세상은 반드시 용기 있는 자에 의해 열리는 법이라는 진실을 몸소 실천했다는 것에 콜럼버스의 진정한 위대함이 있을 것이다.

이런 점에서 콜럼버스가 예수 다음으로 중요한 사람이라는 말도 일리가 없는 것은 아니다. 하지만 이것은 백인들 관점에서의 이야기다. 아메리카 원주민 입장에서 볼 때, 콜럼버스는 아무런 이유도 없이, 선량한 조상들을 학살한 원수이다. 콜럼버스로 인해 대부분의 원주민이 몰살되었고, 오랫동안 그곳에 꽃피어 온 찬란한 마야, 잉카 문명도 소멸되고 만다. 얼마 남지 않은 원주민들은 백인들 천지의 세계에서 오지로 밀려 명맥을 잇고 있다. 뿐만 아니다. 콜럼버스는 원주민뿐 아니라 그가 데리고 간 부하들도 잔혹하게 다룬 것으로 알려진 잔인한 인간이기도 하다.

그런데도 우리는 콜럼버스를 위인이라 부를 수 있는 것인가? 콜럼버스가 매독에 걸린 최초의 유럽 인이며 유럽에서만 매년 수천만 명씩을 사망하게 만든 질병을 퍼뜨린 장본인일 가능성은 차치하더라도 말이다. 흔히 위인들에 대한 해석은 단순치 않은 법인데 콜럼버스가 그 대표적인 사람이다. 나는 이런 의문을 품고 람블라스 거리에 우뚝 선 콜럼버스를 쳐다봤다. 조명 탓이었을까? 그렇게 쳐다보는 나의 눈길을 인식한 것일까. 콜럼버스의 얼굴이 좀 더 붉어진 것 같았다.

도스토예프스키, 끝없는 이야기

상트페테르부르크에서

모처럼의 러시아 방문이 11월이라니. 하지만 학회가 이때 열렸으니 어쩔 수 없었다. 상트페테르부르크에 내리니 벌판에 계속해서 눈이 내리고 끊임없이 바람이 불고 있었다. 최고 기온이 영하 2도, 최저 기온이 영하 4도란다. 사실 이 정도 기온이라면 서울의 한겨울보다 추운 것은 아니다. 하지만 도심 속 건물 숲에서 사는 우리는 벌판에서 불어오는 찬 공기에 직접 부딪히는 것은 아니다. 아무런 저항도 받지 않고 너른 벌판으로부터 쉬지 않고 불어오는 찬바람이 더욱 을씨년스럽다. 고골의 작품 『외투』에서 주인공이 박봉에도 불구하고 해진 외투를 바꾸어야 했던 이유, 이 외투를 강도에게 뺏긴 후 차디찬 광장을 걷다가 심한 감기에 걸려 죽어간 이유를 알 것만 같았다.

하지만 상트페테르부르크는 역시 아름다운 도시였다. 사람들이 이 도시를 북구의 파리라고 부르는 이유를 알 것 같았다. 하기야 표트르 대제가 도시를 세울 때 도시 계획을 부탁한 사람들이 대부분 프랑스 건축가들이었으니 이 도시의 느낌이 파리와 비슷한 것은 당연하다. 당시 북구의 강국이었던 스웨덴을 물리친 표트르 대제는 유럽과의 안정적인 교두보를 확보하기 위해 새로운 수도를 이곳에 세우고자 했던 것이다.

그러나 육지의 중앙에 위치한 프랑스 파리와 달리 상트페테르부르크는 늪지대이다. 따라서 애초에 건물을 짓는다는 것 자체가 무리였다. 그럼에도 불구하고 초기의 건축가들은 두 가지 전략을 세워 이 불안정한 대지 위에 아름다운 건물들을 세웠다. 우선 그들은 늪 속에 러시아산 자작나무들을 수직으로 꽂아 넣어 기반을 다진 후 그 위에 건물을 지었다. 그리고 건물 여러 채를 서로 벽을 맞대게 해 안전을 꾀했다. 세계 3대 성당의 하나이며 러시아가 자랑하는, 거대한 이삭 성당도 이처럼 늪 자작나무 공법을 써서 성공적으로 완공한 것이다.

중심가의 호텔에 짐을 풀고 골목길을 걸어 나오니 마치 우리나라의 세종로 같은 넓은 도로가 뻗어 있다. 유명한 네프스키 대로다. 적어도 이 거리에서 '음침한 북구의 나라'라는 인상은 찾을 수 없다. 도로 양쪽으로 멋진 대리석 건물들이 즐비하고 화려한 상점과 음식점들이 눈에 들어온다. 밝은 네온 사인 등불 아래로 활발하게 걸어가는 많은 사람들 거의 모두가 팔등신 금발미인들이다. 고골은 "네프스키 대로보다 더 훌륭한 곳은 없다."라고 썼지만, 내가 보기에 거

네프스키 대로

카잔 성당

리를 걷는 여성들의 아름다움으로 평가하자면 네프스키 대로는 스톡홀름의 드로트닝가탄 거리 다음 정도 된다. 어쨌든 이 네프스키 대로는 고골, 톨스토이, 도스토예프스키 등의 소설에 무수히 나오는 지명이라 적어도 이름이 낯설지는 않다. 나는 불현듯 영화 「닥터 지바고」의 마지막 장면, 전차를 타고 가던 지바고가 거리를 걷던 라라를 보고 뛰어 내려 쫓아가다가 심장마비로 사망하는 장면을 떠올렸다. 바로 그 무대가 네프스키 대로인 것이다.

네프스키 대로를 어슬렁거리다 보면 대로 초입에 거대한 반원형 회랑에 코린트식 기둥이 늘어선 카잔 성당과 마주친다. 성당 안을 들어가 보니 이미 러시아 사람들이 성모 그림 앞에 길게 줄을 서 있다. 그들은 성모 그림이 있는 제단에 한 사람씩 순서대로 올라가 경건한 자세로 기도를 하고 그림 속의 성모 마리아에게 입맞춤하고 내려온다. 과연 무엇을 비는 것인지는 알 수 없으나 우리나라 사람들이 부처님에게 절을 하듯 그들도 인생에 닥친 자잘한 어려움을 해결해 달라고 비는 것이 틀림없을 것이다. 어차피 세상에 고민이 없는 인간은 없으며, 이처럼 자신의 고통을 호소할 대상이 있는 것만으로도 사람들은 조금 더 행복해지기 마련이니까. 그러다가 나는 100여 년 전 집안에 문제가 생길 때마다 이곳에서 열심히 기도하던 한 부부를 떠 올렸다. 바로 도스토예프스키 부부이다.

러시아의 대문호 도스토예프스키의 글은 꼭 상트페테르부르크의 겨울처럼, 혹은 리히터가 연주하는 라흐마니노프 피아노 협주곡처럼 명징하고 박력 있다. 반면 대체로 묘사가 지나치게 세밀하고,

글의 호흡이 길어 함부로 도전하기 힘든 것도 사실이다. 하지만 일단 읽기 시작하면, 인간의 내면에 대한 강력하고 치밀한 묘사에 어쩔 수 없이 끌려가게 된다.

도스토예프스키의 소설로 『백치』, 『악령』, 『카라마조프가의 형제』 같은 장편 소설을 재미있게 읽었지만, 나는 중편이나 단편에서 오히려 도스토예프스키의 문학적 역량이 빛난다고 생각한다. 예를 들어 '첫사랑' 하면 대개 우리나라 사람들은 『이반 투르게네프』나 『테오도르 슈토름』을 떠올린다. 하지만 나는 도스토예프스키의 『첫사랑』이야말로 가장 뛰어난 짜임새와 문장으로 풋내기 소년의 첫사랑의 기쁨과 아픔을 절묘하게 묘사했다고 생각한다.

도스토예프스키의 간질

네프스키 대로를 따라 네바 강 방향으로 걷다 보면 구해군성과 에르미타주 미술관*과 마주친다. 여기서 강을 가로 지르는 궁전교를 건너가면 상트페테르부르크 대학이 있는 바실리예프시키 섬으로 이어진다. 이 다리 위에서 바라보는 에르미타주 미술관은 참 아름답

* 러시아 로마노프 왕조의 권력과 호화로운 생활을 엿볼 수 있는 상트페테르부르크의 대표적 건물이다. 역대 황제가 살았던 겨울궁전과 4개의 건물이 복도로 연결되어 있다. 1050개나 되는 방이 있으며 회화, 조각, 도자기 등 소장품이 무려 300만 점에 이른다. 표트르 대제의 딸 엘리자베트 페트로바나 여제 이래 독일 출신 여제 예카테리나 2세가 세력을 과시하기 위해 서구에서 값비싼 회화 4000여 점을 구입, 현재의 명성에 이르렀다. 레오나르도 다빈치의 「꽃을 든 성모」, 라파엘로의 「성가족」, 마티스의 「춤」, 렘브란트의 「돌아온 탕아」, 그리고 피카소의 청색 시대 작품들도 눈여겨볼 만하다.

다. 넘실거리는 네바 강과 대비되어 흰색과 녹색으로 채색된 거대한 건물 위를 온갖 조각이 화려하게 치장하고 있다. 사실 이 다리를 건너 바실리예프스키 섬으로 가는 길은 도스토예프스키의 소설 『죄와 벌』에서 창백한 얼굴의 라스콜리니코프가 자주 산책하던 길이기도 하다.

모순된 세계를 구원하려는 인간의 자유 의지와 한 생명에 불어넣어진 초월적인 생명, 그리고 인간의 원죄 의식에 대한 질문으로 가득한 이 책에서, 라스콜리니코프는 "비범한 사람은 비범하다는 이유로 어떤 범죄든 저지를 권리가 있고, 어떤 법도 그에게 적용되지 못한다."라고 이론적으로 주장한다. 하지만 살인을 저지른 후 그는 소냐에게 이렇게 말한다. "그게(살인 행위) 끝나자 악마 녀석은 내게 그런 짓을 할 자격이 없다고 설명했소. 왜냐하면 나도 다른 친구들과 마찬가지로 똑같은 인간이었으니까. 녀석은 나를 웃음거리로 만들었소."

소설의 주인공처럼 도스토예프스키 역시 망상적인 상념과 우울증 증세가 있었으니 사실 라스콜리니코프는 도스토예프스키의 자화상인 셈이다. 렘브란트나 고흐가 물감을 사용해 자신의 모습을 그렸다면 도스토예프스키는 글로 자신을 그렸다. 하지만 도스토예프스키에게는 우울증보다 더 큰 신체적 문제가 있었다. 바로 간질이었다.

의사였던 아버지가 근무하는 모스크바의 병원에서 7남매의 둘째로 태어난 도스토예프스키는 어릴 적 놀란 후 누군가 소리 지르는

mygdala
Crime and
Idiot
33

것을 들었다고 하고(환청) 어머니가 사망한 후 잠시 말을 못한 적이 있다고도(실어증) 한다. 하지만 이런 증세가 간질 증세인지 심약한 어린이의 신경 쇠약 증세인지 확실치는 않다. 아마도 가장 확실한 간질 발작은 1846년 아버지가 사망한 후 발생한 전신 발작일 것이다. 이후 그는 간간히 발작에 시달렸다. 대개 발작은 한 달에 한 번 정도 나타났지만 스트레스를 받으면 더 자주 발병했다. 도스토예프스키는 반역 음모로 체포되어 시베리아로 유배를 떠나는데 이때 그의 간질 발작이 더욱 악화되었다. 그는 시베리아 유배 생활이 끝나기 전 마리아 이사예바와 결혼하지만 신혼 여행 중 두 차례의 발작에 시달렸다.

도스토예프스키의 발작의 특징은 몸을 떨기 이전에 모종의 감정 증세가 나타난다는 점이다. 도스토예프스키는 이렇게 말한 적이 있다. "이런 증세라면 인생에 생길 수 있는 어떤 기쁨이 있더라도 바꾸지 않겠어." 그러나 매번 간질 발작 때마다 이런 환희 증세가 찾아오는 것은 아니다. 오히려 반대로 공포의 감정을 갖는 경우가 더 많았다. 간질 전후에 현실 상황 파악이 안 되고 이상한 행동을 하기도 했다. 그의 친구이자 의사였던 야노스키의 기록에 따르면 도스토예프스키의 얼굴 표정이 갑자기 이상해지고, 눈동자에 공포스러운 표정이 나타난 얼마 후 "내가 어디에 있는 거지?"라고 중얼거리고 손발을 떨었다고 했다. 도스토예프스키 사망 후 평전을 저술한 아내 안나는 도스토예프스키가 발작적으로 울음을 터뜨린 다음 간질 발작을 일으켰다고 기술했다. 간질 발작 직후 한동안 말을 못하고 글을 쓰지 못하는 증세도 나타났다.

독일의 정신분석학자 프로이트는 어머니의 죽음, 아버지의 죽음 후에 증세가 나타난 점, 증상이 시베리아 유배와 빚에 쪼들린 상황에서 악화된 점, 그리고 평소 우울증, 수면 장애, 도박 중독 같은 증세에 시달린 점 등을 들어 도스토예프스키의 병은 진짜 간질이 아니라 가성 간질*이라고 주장하기도 했다.

그러나 안나의 평전 및 여러 기록을 살펴보면 도스토예프스키는 진짜 간질을 앓은 것으로 생각된다. 간질이란 우리 뇌 특정 부위의 신경 세포가 과도하게 흥분해, 간헐적으로 지나치게 강한 전기파(간질파, 발작파)를 방출함으로써 손을 떨거나 의식을 잃는 현상을 말한다. 간질은 뇌의 질병이므로 스트레스나 정신적 충격과 본질적으로 상관이 없다. 다만 스트레스를 받으면 간질 증상이 유발될 수 있는데 도스토예프스키의 경우도 그러했던 것 같다.

간질은 증세가 여러가지로 나타나는데 여러 기록을 보면 도스토예프스키는 특히 간질의 한 종류인 '측두엽 간질'을 앓은 것으로 생각된다.

물론 앞서 말한 대로, 도스토예프스키는 측두엽 간질 이외에 우울증도 있었던 듯하다. 이런 우울증이 간질과 상관이 있을까? 사실 간질과 우울한 기분은 사는 도중 때때로 인간에게 찾아온다는 점에서 비슷하다. 그래서 일찍이 히포크라테스는 이렇게 말했다. "우울

* pseudoseizure, 증상은 간질과 비슷하나 뇌 이상이 아닌 정신적인 증세로 나타나는 일종의 히스테리

측두엽 간질

측두엽 간질(temporal lobe epilepsy)은 말 그대로 간질파가 발생하는 장소가 측두엽이라는 뜻이다. 측두엽의 안쪽은 뇌의 회로를 이루는 변연계의 일부이다. 특히 이곳에 편도체라 불리는 호두알 만한 크기의 구조물이 있다. 이 부분은 가장 기초적인 감정을 만들어 내는 곳이다. 실험적으로 이곳을 전기로 자극을 하면 환자는 심한 공포, 우울증 같은 정신적 증상을 경험한다. 앞서 말한 대로 도스토예프스키는 간질과 더불어 '완벽한 조화, 기쁨'과 같은 증상을 느꼈다고 하는데 이를 '환희 발작(ecstacy seizure)'이라고 부른다. 드물지만 간질 증세와 함께 성적인 느낌을 갖거나 혹은 실제 성행위 비슷한 동작을 취하는 환자도 있다. 그러나 실제 임상에서는 이런 증세보다는 공포, 우울 등과 같은 부정적인 감정 상태를 느끼는 환자가 훨씬 더 많다.

한편 편도체의 바로 옆에는 해마라는 부위가 있는데 해마는 기억의 형성에 관여하는 부위이다. 따라서 측두엽 간질 환자는 손발을 떨거나 의식이 사라지기 전에 공포, 환희 등과 같은 여러 가지 감정 증세를 갖게 되며(편도체의 자극에 의해서) 경우에 따라 기억의 변질 증세, 예컨대 실제로는 처음 본 것을 어디선가 본 듯한 느낌(데자 뷰) 혹은 익숙한 상황을 생소하게 느끼는 것(자메 뷰) 등의 증세를 보인다.

측두엽 간질은 물론 측두엽의 뇌신경 세포의 손상에 의해 생긴다. 뇌종양, 뇌졸중, 뇌 염증 등 손상의 종류는 다양하지만 측두엽 간질을 일으키는 가장 흔한 뇌질환은 해마 부위에 발생한 경화(sclerosis)이다. 경화란 말 그대로 뇌의 일부가 딱딱해진다는 표현인데 환자가 어릴적 저산소증, 뇌 염증 등에 노출되었을 때 이런 요소에 상대적으로 취약한 측두엽의 해마 부분이 손상되어 이 부위가 딱딱해지고 위축되는 소견이다. MRI 가 개

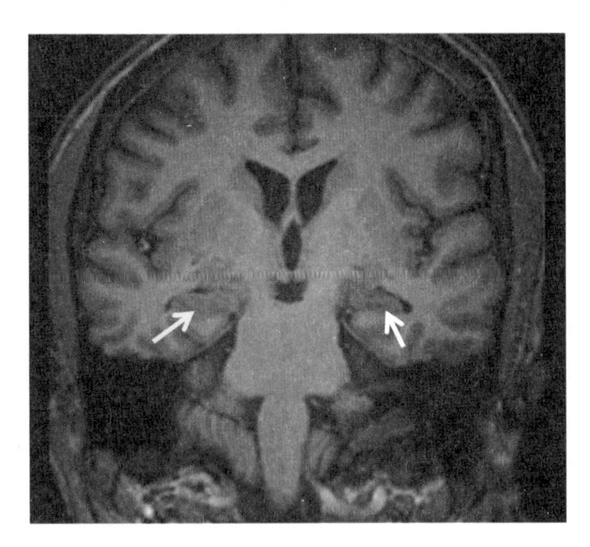

측두엽 간질 환자의 MRI 사진. 우측의 해마 부위(흰 화살표)가 좌측보다(노란 화살표) 작아져 있는 것을 볼 수 있다.

발되기 전에는 환자가 사망하기 전에 이런 경화 소견을 진단할 수 없었다. 현재는 MRI를 찍어 보아 해마 부위가 정상인 쪽에 비해 위축되어 있는 소견을 근거로 진단할 수 있다.

간질 파의 발생을 막아 주는 여러 종류의 간질 약이 개발되어 있어 치료 효과는 일반적으로 좋은 편이다. 그러나 약을 사용하는데도 지나치게 빈번히 간질 발작이 계속되는 경우에는 간질을 일으키는 뇌 부분을 도려내는 수술을 시행하기도 한다. 물론 도스토예프스키의 시절에는 이런 치료들이 없었다.

한 기분은 간혹 간질처럼 찾아오고, 간질은 기분처럼 찾아온다. 이 두 상태 중 우리 몸으로 찾아드는 것이 간질이요, 마음으로 찾아오는 것이 우울이다."

실제로 간질 환자들은 우울증 증상이 많이 나타나는 것이 사실이다. 하지만 간질과 우울증과의 관계는 생각보다 복잡하다.

앞서 말한 대로 측두엽은 감정의 뇌인 변연계를 포함하므로 측두엽 간질 환자의 경우 우울증이 간질의 한 증상으로 나타날 수 있다. 하지만 이런 증세는 보통 사람이 경험하는 우울증과는 좀 다르다. 간질 환자의 증세는 발작적인, 억제할 수 없는 증상이며 흔히 공포심으로 나타난다. 이런 환자들은 간혹 울음을 터뜨리기도 하지만 이러한 울음도 주변 상황이나 자신의 기분과는 동떨어진, 발작적인 증상이다. 즉 간질의 증세로서의 우울증은 일반인의 우울증과는 다르다.

한편 우울한 기분이 간질의 전조 증세(간질, 뇌졸중, 두통 등 신경과 질환의 주 증상이 일어나기 직전에 나타나는 가벼운 증세)로 나타날 수도 있다. 일반적으로 우울증 발작의 기간이 짧거나, 패턴이 일정하거나, 우울할 만한 상황이 아닌데 발생하는 경우, 특히 간질의 다른 증세(허공을 응시하거나 입맛을 다시거나 눈을 계속 깜작이거나 손발이 떨리거나 의식이 소실됨)를 동반하는 경우는 우울증이 간질 발작의 증세인 것으로 간주할 수 있다.

그런데 이러한 간질 환자에서 간질 발작 증세로서 나오는 우울 증상보다 더 큰 문제는 사회적 적응 실패로 인한 만성적 우울증이다. 한 연구에 따르면 간질 환자의 약 75퍼센트가 만성 우울증 증세가 있다고 한다. 간질 환자는 그가 간질 환자라는 수치감과 사회적 낙인 속에서 살아야 하므로 흔히 우울증에 빠지게 된다.

그런데 최근에는 간질 환자에 대한 사회적인 낙인도 중요하지만, 이보다는 간질 환자의 뇌 이상이 우울증 발생에 더욱 중요한 요인이라는 견해도 만만치 않게 대두되고 있다. 우울증이 있는 간질 환자가 우울증이 없는 환자보다 오히려 사회에 더 잘 적응하고 있다는 점, 그리고 이들의 우울증의 정도는 이들이 경험하는 사회적인 스트레스와 비례하지 않는다는 점 등이 이러한 주장을 뒷받침하는 근거이다.

간질 환자의 우울증에 뇌 이상이 더 중요한지 사회적 낙인이 더 중요한지에 대해서는 아직 논란이 많으므로 여기서 더 이상 논의하지는 않기로 하자. 내 생각에 도스토예프스키는 측두엽에 문제(아마도 해마의 경화)가 있었을 것이고, 이 병변이 간질 증세로서의 우울증과 더불어 만성적인 우울 증세를 초래했을 가능성이 많다.

그런데 간질병과 우울증 외에 도스토예프스키는 또 다른, 좀 더 현실적인 문제를 가지고 있었다. 도박 중독이었다. 서부 유럽을 여행하던 중에 애인인 수슬로바와 관계가 돌연 중단된 것도 도박 때문이었다.

원래 돈 버는 데는 소질이 없는데다가 도박으로 항상 돈을 날려버리니 도스토예프스키가 늘 돈에 쪼들린 것은 당연하다. 그런데 오히려 돈에 쪼들린 것이 평생 그를 위해 헌신한 아내 안나 스니트키나와 결혼하게 된 계기가 되었다. 빚을 갚으려면 책을 빨리 써야 했고, 그러기 위해서는 속기사가 필요했다. 도스토예프스키는 이런 이유로 속기사였던 안나를 고용했던 것이다. 아이러니하게도 안나가 처음 맡아 작업한 책은 『도박사』였다.*

마지막으로 도스토예프스키가 신경과 의사들의 관심을 끈 것은 그의 성격이다. 저명한 신경학자 노만 게슈빈트는 측두엽 환자를 오래 관찰한 후 이들은 대체로 아래와 같은 성격을 갖는다고 기술했다. 첫째로 종교적인 관심이 증가하고, 둘째로 성적 관심이 없고, 세 번째로 글을 자질구레하게 많이 쓰는 경향(하이퍼그라피아)이 있다는 것이다. 그외 갑자기 난폭해지거나 용서를 비는 등 감정이 조석으로 변하고, 인간관계에 대한 과도한 집착(하이퍼그라피아의 형태가 말로 나타나는 것이라 할 수 있다.)이 나타난다고 주장했다.

하이퍼그라피아 증세가 있는 사람들은 흔히 일기를 쓰거나, 노트에 자신의 생각을 적거나 혹은 노래 가사, 시 등을 적는다. 자신이 쓴 글에 사람들의 주의를 끌 만한 여러 가지 표시를 해 두기도 한다. 즉 주석을 달거나 여백에 그림을 그리는 식이다. 게슈빈트 박사는 이러

* 『도박사』(우리나라에서는 노름꾼으로 번역되어 출판되었다.)는 출판사의 압력 속에 황급히 쓴 소설임에도 주인공의 기이한 사랑과 도박 중독 증세에 대한 완성도 높은 묘사가 파노라마치듯 전개된다. 도스토예프스키는 첫번째 부인 마리아와의 불화 때문에 별거 중 문학 강연회에서 '죽음의 집의 기록'을 낭독하다가 수슬로바라는 문학소녀를 만났다. 이 재기발랄하고 자기 주장이 강한 여성에게 푹 빠진 그는 외국에서 상봉하기로 약속하고 수슬로바보다 몇 달 늦게 파리로 도착했다. 그런데 구속된 삶을 싫어하는 수슬로바는 이미 에스파냐 출신의 의대생과 함께 살고 있었다. 도스토예프스키는 의대생과 다투고 다시 돌아온 수슬로바를 받아들였으나 그 둘의 관계는 전형적인 애증이 교차하는 관계였다. 이처럼 복잡한 열애중 도스토예프스키는 러시아 룰렛 도박에도 깊숙이 빠져 버렸다. 소설에서 여주인공 폴리나는 수슬로바를, 주인공 알렉세이는 작가 자신을 표상하는 인물임을 알 수 있다. 이 짧지 않은 소설을 불과 27일만에 완성한 데에는 속기사인 아내 안나의 역할이 컸다.

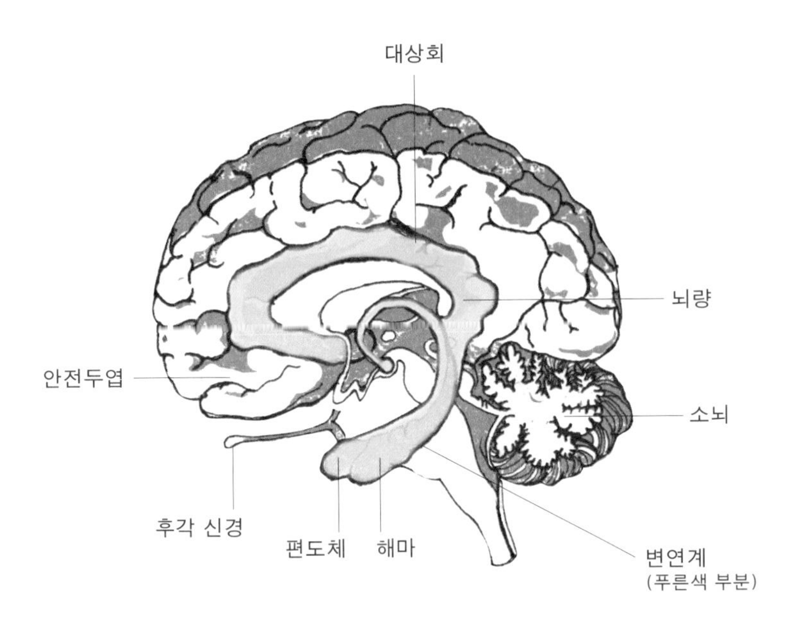

한 측두엽 간질 환자의 성격을 나타내는 대표적인 예로 도스토예프스키를 들고 있다.

게슈빈트 박사의 말대로 도스토예프스키는 '측두엽 간질 성격'에 들어맞기는 한다. (물론 결혼을 두 번 하고, 부인 이외 애인을 둔 적도 있고, 아이도 여러 명 낳은 점으로 보아 성적 관심이 없다고 말하기는 어려울 듯하다.) 하지만 이러한 성격이 과연 측두엽 간질 환자에 특이한 것인지에 대해서는 아직도 많은 논란이 남아 있다. 또한 글을 많이 쓴 측두엽 환자의 범례로 플로베르, 모파상, 몰리에르, 포, 단테 등이 거론되지만 실은 이들의 병이 과연 측두엽 간질이었는지도 매우 의심스럽다.

아무튼 문학에는 천재였던 도스토예프스키도 현실에서는 간질 발작과 우울증으로 고생했다. 게다가 어쩔 수 없는 도박 중독 때문에 빚쟁이에 시달리고, 사랑하는 아들은 3세 때 발작을 하다가 사망하기도 했다. 그의 인생은 언제나 후회의 연속이었다. 도스토예프스키는 빚쟁이에게 시달리거나 아이들 건강 문제가 생길 때마다 안나와 함께 카잔 성당의 성모상 앞에서 이 문제를 해결해 달라고 기도했던 소시민이었다. 하이퍼그라피아 때문이 아니라 빚을 갚기 위해 그는 끊임없이 글을 쓸 수밖에 없어 그처럼 많은 소설을 쓴 것이다. 하긴 그 덕에 지금 우리가 풍요로운 러시아 문학의 향기에 취할 수 있는 것이기도 하다.

마지막 역작인 『카라마조프가의 형제들』을 완성한 1년 후 그는 사망한다. 그의 간질은 평생토록 그를 괴롭혔으나 그의 죽음과는 상관이 없었다. 그는 폐병으로 사망했는데 아마도 기흉(폐에 공기가 들어가는 병) 혹은 폐결핵으로 인한 것으로 추정된다.

도스토예프스키의 작품에 나타난 간질

도스토예프스키의 작품에는 간질 환자가 많이 등장하며 환자의 증세도 비교적 자세히 묘사되어 있다. 자신이 간질 환자였기에 이것이 가능했을 것이다. 역으로 작품에 나타난 주인공의 증세를 접하면서 도스토예프스키의 간질에 대해 좀 더 정확히 알 수 있기도 하다.

대표적인 간질 환자는 『백치』의 미스킨 공작이다. (실제로 백치는 아니지만 복잡한 욕망으로 가득한 인간상 중에서 가장 맑은 정신으로 세상을 관찰하는 인물로 그려졌다.) 미스킨 공작은 전형적인 간질 환자인데 간질 직전의 환희에 찬 증세, 환각 상태, 피할 수 없는 괴로운 상념에 사로잡히는 모습과 이후 발생하는 전신의 발작 증세 등이 상세히 그려져 있다. 도스토예프스키 자신의 증상을 가장 정확하게 기술한 것으로 생각된다. 비슷한 증세는 『악령』의 키릴로프에게도 나타난다. 키릴로프는 이렇게 말한다.

> 간혹 5~6초 정도 계속되는 조화로운 완벽한 감정을 가질 때가 있어. 이것은 감정이 아니야. 뭔가 다른 거야. 뭔가 행복한 느낌인데 사랑도 아니야. 그 상황에서는 더 이상 용서할 것이 없으므로 아무것도 용서 안해도 돼. 가장 무서운 것은 그 기분이 너무나 선명하고 생생하다는 점이야. 만일 5초 이상 지속된다면 우리 영혼이 도저히 견디지 못할 거야.

이상으로 볼 때 위의 두 주인공은 도스토예프스키와 같은 측두엽 간질 환자인 듯하다.

한편 『카라마조프가의 형제들』에서 아버지 표도르 카라마조프를 살해한 진범인 스메르쟈코프(표도르 카라마조프의 사생아로서 하인 겸 요리사로 일하는 인물)도 간질 환자로 나온다. 그는 아버지가 살해된 날 발작 상태를 이용해 알리바이를 만들기도 한다. 그런데 간질 발작 도중 감정 변화에 대한 기록이 없으므로 스메르쟈코프의 간질은 측두엽 간질이 아닌 단순한 대발작 간질인 듯하다.

그런데 스메르쟈코프가 이반 표도로비치(표도르의 차남)와 나누는 대화중 흥미로운 부분이 있다

> "도련님 저는 내일 오랜 간질 발작을 일으킬 것 같습니다."
>
> "오랜 간질 발작이라니?"
>
> "오랫동안, 굉장히 오랫동안 발작을 하는 것입죠. 몇 시간 어쩌면 하루나 이틀 동안 계속됩니다. 한번은 사흘 정도 계속됐는데 그때는 다락방에서 떨어졌거든요. 발작은 좀 멎었다 싶으면 또 다시 시작되는 것입죠. 그렇게 저는 꼬박 사흘 동안 정신을 차릴 수 없었습니다."

이처럼 간질 발작이 한번으로 끝나지 않고 의식을 찾지 못한 상태에서 지속되는 현상을 간질 중첩증(status epilepticus)이라고 부른다. 이런 상태에서는 호흡 곤란이나 심한 탈수 등으로 사망할 수도 있어 신속한 치료를 요한다. 즉 간질 중첩증은 신경과에서 보는 대표적인 응급 질환 중의 하나이다. 대개 보존적 치료와 간질약 투여로 호전되지만 이런 간질 발작을 일으킨 뇌질환의 중등도에 따라 환자의 예후가 달라진다.

간질 중첩증에 대한 기록의 정확성으로 보아 도스토예프스키 자신도 간혹 이런 심한 간질 발작에 시달린 것이 아닌가 추측된다.

한편 표도르가 차남 이반과 막내 알료사와 대화를 나누던 도중 이들의 어머니(소피아 이바노브나)에 대해 이렇게 말하는 장면이 있

상트페테르부르크의 운하

다. "그녀는 나의 충격적인 말을 들은 후 갑자기 벌떡 일어나서 손뼉을 탁 치더니 그 다음에는 두 손으로 얼굴을 가리고 온몸을 부르르 떨면서 마룻바닥으로 쓰러졌고 그대로 뻗어 버린 거지." 그런데 이 말을 듣자마자 막내 알료사는 똑같은 증세를 일으키며 정신을 잃어버렸다. 이런 점에서 어머니와 아들 역시 간질 환자일 가능성도 있다. 그러나 이런 증세는 간질 발작치고는 약간 이상하므로 정신적 충격에 의한 히스테리 발작 증세일 가능성도 있다.

운하의 난간에서 흐르는 강물을 바라보니 강물이 흐르는 것인지 내가 어디론가 흘러가는지 헷갈린다. 상트페테르부르크는 운하의 도시이다. 서유럽 문명을 동경한 표트르 대제가 암스테르담이나 베네치아 같은 유럽 도시를 흉내내기 위해 운하를 팠기 때문에 그렇게 되었다. 효용성이야 어쨌든 도시를 가로지르는 수많은 물줄기들이 이 도시에 낭만적인 모습을 더해 준다. 이런 점에서 상트페테르부르크는 밋밋하고 우중충한 모스크바와 확연히 다른 느낌이다.

그러다가 나는 도스토예프스키의 중편 소설 『백야』*를 떠올렸다. 어쩌면 도스토예프스키도 이렇게 운하를 하염없이 바라보다가 백야의 영감을 얻었을지도 모른다. 나는 눈을 들어 혹 백야의 주인공 나스첸카 같은 갈색 머리 러시아 여성이 있나 주변을 둘러보았다. 하지만 난간에 서 있는 사람은 나 하나뿐 이런 춥고 을씨년스러운 저녁에 한가히 강물을 내려다보는 사람은 하나도 없었다. 하기는 소설이니까 그렇지 그처럼 대화가 잘 되고, 금방 서로 생각이 통할(게다가 예쁘기까지 한) 여자가 그렇게 쉽게 나타나기야 하겠는가. 이런 한심한 생각을 하다가 나는 갑자기 이 적막한 거리가 너무나 춥다는 사실을 깨달았다. 춥지만 아름다운 상트페테르부르크, 이곳에서 간질, 도박증 그리고 외로움에 시달리며 위대한 작품을 남기고 간 한 사내를 생각하며 나는 추운 운하길을 종종 걸어 호텔로 향했다.

* 1846년 《조국수기》에 발표한 도스토예프스키의 중편 소설. "한 사람도, 어느 한 사람도 나를 초대하는 사람이 없었다. 마치 나를 잊어버린 것처럼, 이들에게 있어 나는 이방인에 불과한 것처럼 느껴졌다." 이런 독백을 하던 고독한 공상가는 물끄러미 운하를 바라보다가 우연히 갈색 머리의 여인 나스첸카를 만난다. 몇 날 저녁 같은 장소에 만나며 서로의 이야기를 나누면서 둘은 급속하게 가까워진다. 하지만 사랑이 막 불타오를 즈음 여인은 실은 다른 남자를 기다리는 중이라는 사실을 알려준다. 넷째 날 결국 남자가 나타나고, 둘의 짧은 관계는 끝난다. 우리 인생의 모순을 짧지만 강력하게 보여 주는 명작이다.

헨델의 메시아

런던을 걸으며

저녁 어스름이 몰려오는 피카딜리 서커스. 아무 계획도 없이 발걸음을 옮기다 보니 어느덧 소호 거리까지 왔다. 예쁘장한 작은 상점과 식당들이 이어지고 수많은 젊은이들이 걸어 다닌다. 아마도 오늘이 휴일이라 그럴 것이다. 오른쪽에 붉은빛이 번쩍여 쳐다보니 차이나타운 간판이 걸려 있다. 세상 어디를 가나 중국 거리는 늘 비슷하다. 어느 건물이나 주홍빛 등이 주렁주렁 달려 있고 요릿집에는 닭, 오리, 돼지 다리 등이 그로테스크한 모습으로 거꾸로 매달려 있다.

소란한 곳을 피해 조금 더 올라가 비교적 조용해 보이는 인도 음식점에 들어가 자리를 잡았다. 실내에는 젊은이들이 삼삼오오 앉아 이야기를 하고 있었다. 양고기 카레를 시키고 맥주 한잔을 들이키니 12시간 동안 비행기에 시달린 몸이 이제야 좀 녹아내리는 것 같다.

그런데 문제가 생겼다. 식사가 끝난 후 종업원 청년에게 20유로를 건네니 얼마 후 돈을 다시 가져오며 정색을 하고 말한다. "저희는 이 돈은 안 받습니다. 영국 파운드만 받습니다." 나는 비로소 정신이 번쩍 들었다. 그러고 보니 여기는 영국이다. 유럽의 일부이지만 한편 일부가 되기를 거부하는, 자존심으로 뭉친 나라 영국 말이다.

나는 이번에 세 번째로 영국을 찾았다. 내가 이곳에 온 것은 P라는 다국적 회사에서 주최하는 자문위원 회의에 참석하기 위해서이다. P 회사는 최근 개발한 약 L에 대해 많은 기대를 하고 있다. 이 약은 신경계 손상에 의한 통증 치료에 잘 듣는데, 간질 환자에게 사용되기도 하고, 정신과 영역에서 불안증에 사용되기도 한다. 말하자면 신경계 질환에서는 만병 통치약이라 할 수 있는데 이는 통증, 간질 발작, 그리고 불안증을 일으키는 뇌의 기전에는 공통점이 있다는 증거이기도 하다. 나는 뇌졸중 전문가이므로 뇌졸중을 앓은 후 감각 기능이 저하된 신체 부위에 통증이 발생하는 환자를 많이 본다. 이런 뇌졸중 후 통증은 진통제에 듣지 않으며, 기존에 발매된 여러 약으로도 효과가 불충분하다. 따라서 P 회사는 뇌졸중 후 통증 증세에 L이 효과적인지 알아보기 위한 실험을 진행 중이며 나는 이 프로젝트에 자문을 해야 한다. 스케줄을 보니 내일 저녁은 식사를 함께 하며 참가자들을 소개하는 시간을 갖고 모레부터 본격적으로 토론에 들어간다. 그러니 내일 저녁 7시까지 하루의 시간이 내게 주어져 있다. 내게 자유롭게 주어진 하루, 무엇을 해야 할까? 이런 생각을 하다가 어느새 잠이 들었다.

왕립 예술 학교와 레이놀즈 경 동상

테이트 미술관. 호가스의 특별전 안내가 붙어 있다.

둘째 날, 골목길에서 피카딜리로 빠져나오니 커다란 건물 앞에 깃발이 걸려 있다. 유서 깊은 왕립 예술 학교가 바로 호텔 코앞에 있었던 것이다! 대문 앞으로 들어가니 테니스장 크기의 빈 공간이 보이고 마치 성냥갑을 여러 개 세워 놓은 듯 쓰러져 가는 건물 모양의 조각이 좌우로 세워져 있다. 그 앞에는 오른손에 붓, 왼손에는 팔레트를 든 화가의 동상이 있다. 이 사람이 누구일지는 뻔하다. 바로 영국이 자랑하는 화가이며 왕립 예술 학교의 초대 교장인 레이놀즈 경이다.

이곳에서는 마침 혁명과 관계된 회화만을 전시하는 특별전이 열리고 있었는데, 10시에 문을 연다니 바쁜 사람은 그때까지 기다리기는 시간이 너무 아깝다. 대신 레이놀즈나 밀레이 같은 영국 화가들의 작품을 모아 둔 테이트 미술관을 향하기로 결정했다. 런던에는 대영 박물관, 내셔널 갤러리 같은 유명 박물관들이 많지만 레이놀즈의 동상이 나를 테이트 미술관으로 이끈 것이다.

1897년 시드니 스미스가 세운 테이트 미술관은 무료 관람이므로 사실 구경하기에 조금 미안한 마음이 든다. 하지만 정말 미안한 마음이 든다면 기부금 통에 적당한 돈을 내면 된다. 마침 윌리엄 호가스 특별전을 열고 있는데 이를 보고 싶으면 9파운드를 내란다. 공짜로 들어온 미안함도 있고, 이런 기회에 이곳저곳에 전시되어 있는 호가스의 작품을 한꺼번에 볼 수도 있으니 나는 선뜻 돈을 냈다. 특별전 전시실 안에는 사람들이 이미 잔뜩 모여 있었다. 젊은 사람은 거의 없고 대부분 나이 지긋한 할아버지 할머니들이 도수 높은 안경을 끼고 그림 하나하나를 찬찬히 들여다보고 있다. 간혹 안내 책자를 참조하기도 하면서.

호가스는 영국의 미술사에 커다란 영향을 미친 위대한 화가이며 영국의 자존심이라 할 수도 있다. 사실 프랑스나 네덜란드와는 달리 17세기까지 두드러진 영국 화가들은 별로 없었다. 따라서 초상화와 같이 왕실에서 필요한 그림은 외국 작가들에게 맡기는 것이 보통이었다. 그런데 걸출한 재능을 가진 영국 화가가 드디어 나타난 것이다. 호가스는 미학적 분석에도 뛰어나서 『미의 분석』이라는 책을 내기도 했고 또한 동판을 새겨 여러 장의 동판화를 만드는 재주가 뛰어났다. 우선 플랑드르 화가의 기법을 그대로 따서 그린 「새우 파는 소녀」가 내 눈길을 끈다. 분명 가난한 계급의 소녀일 텐데 여러 가지 해산물을 머리에 인 소녀의 표정이 더할 나위 없이 풍성하다. 하지만 호가스의 진정한 가치는 그의 거침없는 사회 풍자가 함축된 그림에 있다. 예컨대 연작 「결혼식」 시리즈에서, 그는 출세욕과 게으름에 물든, 그리고 성적으로 일탈한 당시 귀족 계급의 모습을 신랄하게 비판하고 있다.

하지만 호가스의 작품보다 더 일반인들의 관심을 더 끄는 작품은 헌트, 로제티, 밀레이 등을 일컫는 라파엘 전파 그림들일 것이다. 빅토리아 시대를 맞아 고전 예술이 지닌 순수한 회화 양식, 정확한 붓질로 회귀할 것을 주장한 그들의 작품에는 그러나 관능적인 면이 겹쳐져 있어 세간의 반응이 곱지만은 않았다. 예컨대 「목수의 가게」라는 밀레이의 작품은 예수를 목수의 아들로 패러디한 작품인데 당시 비평가들의 거센 비난을 받았다. 다만 밀레이와 친분이 두터운 시

새우 파는 소녀

인이자 비평가인 존 러스킨이 라파엘 전파의 그림을 옹호하는 평을 《타임》에 두 차례 연재함으로써 밀레이는 잘 팔리는 화가로서 성공 가도를 달린다. 그런데 1953년 이 두 친구가 스코틀랜드로 함께 휴

가를 떠나던 중 그만 밀레이는 러스킨의 아내인 에피와 사랑에 빠져 버린다. 에피는 러스킨과 이혼하고 밀레이와 결혼하는데 40년 동안 함께 살며 자녀 8명을 낳는다.

위그모어 홀과 재클린 뒤 프레

미술관 관람을 끝내고 익자지필한 본드 가를 걷는다. 이 동네는 페라가모, 구치, 버버리 같은 명품점들이 끝없이 이어진다. 이런 물건을 사려면 파리보다 오히려 런던이 낫지 않을까 하는 생각도 들지만, 명품에 대해서는 백치 수준인 내가 이런 비교를 한다는 것 자체가 분에 넘치는 일이다. 나는 한 블록 더 북쪽으로 건너 약간 더 조용한 동네를 찾는다. 이곳에 동서로 위그모어 가가 이어지고 여기에 나의 목적지인 위그모어 클래식 음악 연주홀이 있다.

1901년 독일 피아노 회사 벡스타인이 세운 위그모어 연주홀은 1916년 다센함즈라는 사람에게 5만 6500파운드에 경매에 넘어갔고 이후 매년 400회 정도의 연주가 열린다. 입구의 현판에는 이곳에서 연주를 했던 유명 연주자들, 엘리자베트 슈바르츠코프, 프로코피예프, 안드레 세고비아, 벤저민 브리튼, 아마데우스 사중주단, 아르투르 루빈슈타인 같은 이름들이 적혀 있다. 정기 연주회는 일요일 아침에 열리는데 나는 토요일에 떠나야 하므로 이걸 본다는 것이 불가능하다. 애초에 나는 연주회를 보기 위해 여기에 온 것은 아니다. 작지만 유서 깊은 이 연주홀에서 나는 영국이 낳은 세계적인 첼리스트 재클린 뒤 프레를 생각해 보고 싶었다. 이것이 바로 내가 이곳까지 걸어온 이유였다.

1961년, 당시 16세의 금발 소녀 재클린은 얼마 전 익명의 독지가로부터 기증받은 밤색 스트라디바리를 들고 바로 이 위그모어 연주홀로 들어갔다. 이 연주홀은 비록 규모는 작지만 수준 높은 전문가들과 비평가들이 모여 때때로 혹독한 비평을 서슴지 않는 곳이다. 즉 초보 음악가한테는 통과하기 힘든 관문 같은 의미가 있다. 하지만 '스마일리' 재키라는 애칭을 갖고 있는 키 175센티미터의 늘씬한 재클린은 활짝 웃으며 무대 위로 성큼 성큼 걸어 들어갔다.

그녀는 예의 활기찬 모습으로 헨델의 G단조 소나타를 첫 곡으로 연주했다. 그런데 문제가 생겼다. 연주 도중에 A현이 조금씩 풀리기 시작했던 것이다. 줄이 느슨해질수록 그녀는 핑거링을 점점 더 높일 수밖에 없었는데 결국 줄이 탁하고 풀어져 버렸다. 그녀는 침착하게 관중들에게 양해를 구한 후 무대 뒤로 가서 줄을 갈았다. 그녀가 연단으로 돌아왔을 때 관중들은 이처럼 기묘하게 자신만만한 소녀에게 더 많은 관심을 가질 수밖에 없었다. 재클린은 헨델의 소나타를 다시 연주한 데 이어 브람스의 E단조 소나타, 드뷔시의 소나타, 바흐의 무반주 조곡, 마지막으로 파야의 에스파냐 민요 모음곡을 연주했다. 연주가 진행될수록 관중들은 재클린의 혼신의 힘을 다한, 열정적인 연주에 빠져들어 갔다. 연주가 끝났을 때 이 소녀는 이미 세계적인 거장이 되어 있었다. 다음날《타임스》에는 아래와 같은 비평이 실렸다 "재클린 양은 그렇게 어린 연주자라고 믿기 어려운 기량을 가졌기에 그녀의 공연 논평을 쓰면서 '전도유망'을 언급한다는 것이 모욕처럼 들릴지도 모르겠다."《가디언》은 "우리는 음악과 자신을 본능적으로 분리시키는 듯한 영국 음악가들에 익숙하지만 재클린의 경우 그녀의 뛰어난 기교도 연주하는 모든 작품마다 자신을 온전히 몰입하는 것을 방해하지 않았다. 그것은 위대한 연주자가 지닌 가장 중요한 요소 중의 하나이다."라고 썼다.

주변에 보기 드물어서 그렇지, 이 세상에 '천재'가 있기는 한 것 같다. 그리고 그 천재성은 어쩌면 단 한 가지 일에 몰입하는 능력으로 규정되는지도 모른다. 재클린의 세 살 위의 언니인 힐러리는 피아노 연주자였는데, 어릴 적 언니가 들려준 피아노 곡은 재클린을 그처럼 매료시키지 못했다. 오직 첼로만이 그녀를 사로잡았다. 다섯 번째 생일이 되기 얼마 전 처음으로 첼로 소리와 조우한 일을 재클린은 어른이 되어서도 기억한다. "우리집 부엌이었는데 올려다보니 라디오가 보였어요. 다리미판을 딛고 올라가서 라디오를 틀었더니 오케스트라 악기들을 소개하고 있더군요. 아마 BBC 방송국의 「어린이 시간」이었을 거예요. 첼로 소리가 나기 전까지는 별다른 느낌이 없었어요. 그런데 첼로와 나는 바로 사랑에 빠져 버렸어요. 첼로의 뭔가가 내게 말을 걸었고, 그 이후 첼로는 줄곧 내 친구였지요. 엄마에게 '저 소리를 내고 싶어!'라고 말했죠."

위그모어 홀 데뷔 이후 영국뿐 아니라 세계 여러 나라에서 리사이틀과 오케스트라 공연 제안이 쏟아져 들어와 재클린은 금방 유명 음악가가 되었다. 특히 존 바빌로리 경이 지휘하는 런던 심포니와 함께 영국 작곡가인 엘가의 첼로 협주곡을 기막히게 연주한 이후, 영

위그모어 클래식 연주홀

국에서 재클린의 인기는 가히 폭발적이었다. 그녀의 특징은 놀라운 열정과 집중력이었다. 첼로와 혼연일체가 되어 풍부한 감정을 실어, 몸을 많이 흔들며 연주했다. 언젠가 그녀는 첼로의 거장 카잘스 앞에서 연주를 한 적이 있었다. 카잘스는 재클린에게 어디 출신이냐고 물었다. 그녀가 영국이라고 대답하자 카잘스가 대꾸했다. "그런 기질이 영국에서? 불가능해. 이런 음악적 과잉은 영국인의 기질일 리가 없소." 영국인들이 열광한 이유는 영국에서는 좀처럼 볼 수 없었던 그녀의 열정 때문이었을 것이다. 영국인들은 그들의 차가운 머리와 심장을 데워 주는 재클린의 정열을 사랑했던 것이다. 그런데 연주도 그렇지만 재클린을 더욱 유명하게 만든 것은 세계적으로 떠들썩

했던 그녀의 결혼이었다. 1966년 재클린은 당시 런던에서 활약하던 중국계 음악인 푸 수웅의 집에서 열린 크리스마스 파티에서 처음으로 피아니스트 다니엘 바렌보임을 만났다. 그들은 만나자마자 브람스의 첼로 소나타 F장조를 함께 연주했는데 그때 둘은 범상치 않은 음악적 교감을 느꼈다. 다니엘이 골수 유태인이며 재클린보다 15센티미터나 더 키가 작다는 것은 아무런 문제가 되지 않았다. 재클린은 나중에 말했다. "다른 사람과 이 정도로 깊이 교감할 수 있다는 사실이 내겐 엄청난 충격이었어요." 그들은 곧 사랑에 빠졌고 다음해 예루살렘에서 유태교 식으로 결혼했다. 재클린은 남편을 따라 유태교로 개종했다. 재클린이 22세, 다니엘이 25세 때 일이었다.

재클린의 영광과 고통

뛰어난 재능에 유망한 남편을 맞이한 세계적인 음악가 재클린보다 더 행복한 사람은 이 세상에 없을 것 같다. 하지만 그렇지 않았다. 언제나 영광 뒤에는 그림자가 있는 법이며 성공은 흔히 치명적인 독을 키우는 법이다. 재클린도 예외가 아니었다. 남들의 부러움 속에서 진행된 그들의 결혼 생활이 반드시 그만큼 더 행복한 것은 아니었다. 일반적으로 뛰어난 사람은 대체로 이기적이며, 야심이 많으므로 다른 배우자의 희생을 필요로 한다. 부부가 둘 다 뛰어나고 야심이 많은 경우 갈등이 없을 수가 없다. 여권이 약했던 옛날에는 남자에 치여 인생이 불행해진 뛰어난 여인들이 적지 않았다. 일례로 과학자 아인슈타인 부부와 소실가 피츠제럴드 부부가 있다. 아인슈타인의 부인 밀레바나 피츠제럴드의 부인 첼다가, 머리는 덜 좋더라도 좀 더 따스하고 헌신적인 남편을 만났더라면 과학자로 혹은 소설가로 후세에 이름을 떨쳤을 거라 확신한다.

앞서 말한 대로 재클린은 천재였다. 그런데 다니엘도 마찬가지였다. 아르헨티나 거주 유태인 출신인 그의 부모는 둘 다 피아노 선생이었고 다니엘은 태어나기 전부터 피아노 소리를 들었다. 5세 때부터 피아노를 배운 그는 이미 7세 때 순회 연주를 시작했다. 다니엘은 재클린에 비해 좀 더 넓은 의미의 천재였다. 그는 15세 때 이미 5개 국어를 유창하게 구사했으며, 수많은 곡을 외우고 다녔다. 베토벤의 피아노 소나타 서른두 곡을 모두 외워 연주할 정도였다. 재클린을 만났을 때 그는 이미 저명한 피아노 연주자였지만 지휘자로도 국제적인 커리어를 쌓아가고 있었다. 반면 재클린은 분명 첼로에는 천재였으나 첼로 이외에는 거의 알지 못했고 실은 악보를 보는 법도 능숙하지 못했다. 그녀는 정열적인 여자가 한 남자에 빠지듯, 혹은 광신적인 종교인이 신을 사랑하듯 본능적으로 첼로만을 사랑했고, 최고의 첼로 음색을 위해 모든 것을 걸었던 것이다.

음악적으로는 완벽한 부부였을지 몰라도 실제 결혼 생활에서 재클린과 다니엘은 갈등이 많았다. 다니엘이 재클린을 사랑하지 않은 것은 아니었으나 이 키 작은 유태인은 매우 이기적이며 사회적 성공에 대한 야망으로 가득했다. 이런 사람은 특징적으로 자신의 성공에 유리할 만한 사람들을 사귀려 애쓰는 법이다. 순회 연주 동안 다니엘은 언제나 유명한 연주가나 비평가들과 함께 어울렸다. 반면 성격이 비사교적인 재클린은 흔히 외톨이로 남았다. 가족이나 친구들과도 멀어졌는데, 지나치게 바쁜 연주 활동도 그렇지만 재클린이 유태교로 개종한 것도 기독교인들로서는 참기 어려운 점이었다. 재클린은 점차 우울증 증세를 보였다. 간혹 멍하니 앉아 시간을 보내거나 오랫동안 잠을 잤다. 남편이 밖에서 사람들과 사교의 시간을 보내는 동안 혼자서 보드카를 홀짝거리고는 했다.

그러나 이런 남편과의 갈등은 빙산의 일각에 불과했다. 재클린의 연주 생활은 불과 10여 년 지속되었다. 재클린을 나락으로 떨어뜨린 것은 자가 면역성 신경 질환인 다발성 경화증이었다. 이 혹독한 질환은 재클린이 한창 성공가도를 달릴 때 아무도 모르는 새에 슬금슬금 그녀 곁으로 다가왔다.

다발성 경화증은 젊은 여성에서 주로 발생하는 대표적인 중추 신경계 질환이다. 뇌나 척수 같은 신경계가 손상되는데, 질병이 어느 곳에 생기는가에 따라 증세가 달라진다. 예컨대 척수가 손상된 경우는 사지를 움직이는 운동 신경이 고장나 팔, 다리가 마비된다. 만일 시신경이 손상되면 갑자기 한쪽 눈이 안보인다. 대뇌의 언어 중추가 손상되면 언어 장애가 나타난다. 문제는 '다발성'이라는 이름 그대로 한번으로 그치는 법이 없다는 점이다. 마치 지독한 빚쟁이들처럼 여러 차례 찾아와 환자를 괴롭히는 것이 특징이다.

다발성 경화증에서, 주로 손상되는 부분은 신경 세포 자체라기보다는 신경 세포를 둘러싸고 있는 껍질, 즉 수초이다. 신경 세포 입장에서 보면 총탄을 몸에 직접 맞은 것이 아니라 스치기만 한 것이다.

따라서 다발성 경화증으로 뇌가 손상되더라도 얼마 후 증상이 회복되는 것이 보통이다. (물론 예외도 있다.) 예컨대 안보이던 눈이 얼마 후 다시 보이게 되며, 움직이지 못하던 팔, 다리도 움직일 수 있게 된다. 이처럼 증상이 금방 좋아지므로 환자는 물론 의사들도 특별히 이 병을 의심하지 않는다면 진단을 놓치는 수가 많다. 특히 뇌의 손상이 무기력이나 피로 증세로 나타나는 수가 있는데 이 경우 흔히 우울증이나 히스테리로 오인된다. 하지만 질병은 여러 차례 재발하며, 재발이 계속될수록 회복이 어려워진다. 결국 환자는 휠체어에 의존해 살다가 남보다 일찍 사망한다.

1973년 재클린은 점심 식사 중 소금통을 건네주다가 팔이 갑자기 마비되었다. 재클린이 외쳤다. "안돼, 팔이 안 움직여." 28세의 재클린은 처음으로 다발성 경화증 진단을 받았다. 하지만 다발성 경화증으로 생각되는 증상은 훨씬 더 일찍 시작되었다. 이보다 10년 전인 1963년 봄, 재클린은 질 서버와 리사이틀 중이었다. 비발디의 E단조 소나타는 평소 재클린이 완전히 외우고 연주를 하던 곡이다. 그런데 연주 도중 빠른 악장의 시작 지점에서 갑자기 악보를 잊어 연주가 중단되었다. 질은 깜작 놀랐다. 다시 연주를 시작했지만 여전히 두 번, 세 번 악보를 잊어버렸다. 네 번째 시작해서야 비로소 끝까지 매끄러운 연주를 마칠 수 있었다. 이 일 이후 그녀는 당분간 연주 제의를 거부했다. 그녀는 우울증 증세를 보였고 잠을 많이 잤다. 음악가로서 성공적으로 데뷔한 젊은이들이 갑작스러운 회의나 우울증에 빠지는 경우가 많으므로 이런 심리적 갈등에 기인한 증상일 수도 있다.

하지만 다발성 경화증의 첫 증상일 가능성도 충분히 있다고 본다.

재클린의 증세는 결혼 후 남편과 함께 순회 연주 여행을 다니던 중에도 여러 차례 나타났다. 그녀는 흔히 피곤함을 호소했고 간혹 잠에 빠져들었다. 오스트레일리아에서 연주 여행을 할 때 간혹 사물이 둘로 보인다고 했다. (이처럼 사물이 2개로 보이는 것은 뇌의 뇌간이라는 부분에 이상이 있다는 신호이다. 뇌간에는 우리 안구를 움직이는 신경들이 있는데 이런 신경 기능이 잘못되어 물체가 2개로 보이는 것이다.) 그런데도 그녀를 진찰한 의사는 지나친 긴장에 의한 증세라고 진단하고, 놀거나 쉬며 긴장을 완화시키는 것이 좋겠다고 충고했다. 하지만 재클린이 놀거나 쉴 입장은 아니었다. 정력적인 남편에게 끌려다니며 세계 순회 연주 여행을 강행해야 했다. 당시 재클린의 인기는 절정에 있었고 공연료도 연주회당 1000~2000파운드 정도로 최고였으니 이런 재클린을 피곤하다고 쉬게 할 다니엘이 아니었다.

증세는 점점 더 나빠져 1971년부터는 갑자기 손의 힘이 빠져서 첼로를 들 수 없거나 쓰러지는 일이 빈발했다. 돌연 다리에 쇳덩이를 매단 듯 기운이 다 빠지기도 했고, 손가락이 무뎌지는 증세도 호소했다. 심한 경우는 창문을 열거나 여행 가방을 들기조차 힘들어할 때가 있었다. 하지만 그런 증세는 언제나 다시 좋아졌다. 언론은 재클린이 과도한 연주 일정을 견디지 못해 신경 쇠약 증세에 걸렸다고 보도했다. 겉으로는 멀쩡해 보이는 젊은 여자가 피곤하다, 우울하다, 힘을 못쓰겠다고 하니 히스테리라고 생각한 것이다. 다른 주변 사람들도 힘든 연주 여정과 다니엘과의 원만치 못한 결혼 생활이 이

유라고 굳게 믿었다.

진단을 모르는 상태에서 재클린의 증세는 점차 더 심해졌다. 1972년에는 소규모의 연주를 간신히 소화할 정도였다. 점점 더 예전의 박력 있는 첼로 소리를 내지 못했음은 물론이다. 1973년 토론토에서 랄로의 협주곡을 연주했을 때 언론은 이미 그런 내용을 적고 있었다. "중간 악장의 피날레처럼 평소의 그녀다운 열정과 활력의 기미가 비추는 몇몇 순간이 있었을 뿐, 다른 부분에서는 이 연주자의 것이라고 하기에는 놀라울 정도로 작은 소리의 음질을 보였다."

1973년 재클린은 로열 앨버트 홀에서 말하자면 재기 무대를 연다. 재클린의 장기인 엘가의 첼로 협주곡. 뉴욕에서 연주할 당시 객석에 앉은 파블로 카잘스가 감동해 눈물을 흘린 적이 있다는 이 곡의 지휘는 다니엘과 주빈 메타가 맡았다. 그러나 막상 연주를 시작해 보니 재클린이 연주하던 예전의 엘가 협주곡이 아니었다. 연주는 지나치게 느리거나 딱딱했다. 메타가 느려진 템포를 조절하느라 애를 먹었다. 물론 연주 후 관객들은 기립박수를 보냈으나 재클린은 어색한 웃음을 지으며 도망치듯 무대를 빠져 나왔다.

뒤이은 재클린의 뉴욕 공연은 그녀의 인생에서 아마도 가장 힘든 연주였을 것이다. 재클린은 레너드 번스타인이 지휘하는 뉴욕 필하모닉과 함께 핀커스 주커만과 브람스의 2중 협주곡을 연주할 예정이었다. 리허설에 참석한 그녀는 첼로 케이스를 여는 것조차 힘들었다. 리허설 중에는 첼로의 현을 느낄 수도, 활을 제대로 켤 수도 없었다. 그녀가 번스타인에게 연주를 할 수 없다고 말했지만 신경과민으로 판단한 번스타인이 그녀를 설득해서 무대에 서게 했다. 재클린의 표현에 따르면 무대에 나가는 것이 마치 단두대로 걸어가는 기분이었다고 한다. 팔에는 힘이 없고 손가락은 무뎠다. 자신이 어떤 소리를 내는지 어떻게 키를 찾을지도 몰랐다. 연주는 물론 엉망이었고 번스타인은 그녀를 의사에게 데리고 갔다. 하지만 이번에도 역시 스트레스라는 신난이 내려졌나.

몇 달 후 재클린이 세인트 메리 병원에서 다발성 경화증으로 진단받았을 때 그녀의 첫 번째 반응은 자신의 증세가 정신병이 아니라 실제 뇌의 이상에 의한 것이라는 데 대한 안도감이었다. 재클린은 많은 친구들에게 전화를 걸어 이렇게 외쳤다. "내가 미친 게 아니래요!" 한편 그녀가 이런 진단을 받고 있을 때 다니엘은 이스라엘에서 주빈 메타와 함께 연주를 하던 중이었다. 이제껏 아내의 병을 신경쇠약으로 믿었던 다니엘은 주빈 메타의 의사 친구가 설명해 주는 병의 정보를 듣고 멍한 표정으로 런던으로 돌아왔다.

만일 MRI를 아주 쉽게 찍을 수 있는 요즘 같았으면 초기 증세가 나타났을 때 MRI를 찍어 쉽게 진단할 수 있었을 것이다. 하지만 MRI는 1980년대 이후에 개발되었으므로 재클린의 병을 진단하는 데 사용할 수 없었다. 재클린의 진단은 너무 늦었던 것이다.

권투 선수는 라운드가 거듭될수록 두들겨 맞은 충격이 누적되어 후반에는 작은 펀치에도 쓰러지고는 한다. 뇌질환도 마찬가지여서 다발성 경화증이든 다발성 뇌경색이든 여러 차례 뇌손상이 진행되고 반복되면 이것이 쌓여 피해가 더 심해진다. 즉 다발성 경화증 증세는 금방 좋아지는 것이 보통이지만, 병의 후반으로 갈수록 호전되지 않고 점차 위중한 상태가 된다. 재클린이 정확한 진단을 받았을 때는 이미 여러 차례의 재발로 인해 뇌손상이 많이 진행된 상태였다. 이후 하지 마비가 찾아 왔고 회복되지 않았다. 결국 재클린은 첼로 연주를 할 수 없었고, 2년 만에 휠체어에 의지하는 신세가 되었다.

다발성 경화증은 1830년대 최초로 크루파일하이어에 의해 기술되었다. 아직까지도 이 병의 정확한 원인은 모르고 있다. 현재는 아마도 바이러스 감염 등 어떤 면역 상태의 변화로 인해 발생한 비정상

다발성 경화증

신경과에서 볼 수 있는 대표적인 자가 면역 질환이다. 모든 연령에서 생길 수 있으나 주로 20~40대에 발병하고 여자가 남자보다 2~3배 더 잘 걸린다. 백인들에게는 드물지 않아 인구 10만 명당 100~200명 정도 발병하는데 아시아에서는 10만 명당 5명 이하이다. 유전적 소인이 다른 것이 이유인 듯하다. 유전적 감수성이 있는 사람이 어떤 환경(예컨대 바이러스 감염 등)에 노출되어 면역 조절 능력이 깨졌을 경우, 자가 면역 질환이 유발되어 신경계가 손상되는 것으로 생각된다. 재클린 뒤 프레에서 보듯 시력 장애, 마비, 언어 장애, 조화로운 운동 수행의 장애 같은 증세들이 반복적으로, 여러 차례 나타난다.

말 그대로 '다발성' 경화증의 진단은 증상이 여러 차례 반복됐을 경우에 진단할 수 있다. 따라서 과거에는 시간적으로 1개월 이상의 차이를 두며 새로운 증상이 발생하는 경우로 다발성 경화증의 진단을 제한했다. 그러나 MRI가 사용되면서 환자에게는 증상이 나타나지 않더라도 MRI 사

진에 새로운 뇌손상의 증거가 발견되는 경우가 많아졌다. 따라서 최근에는 반드시 환자의 증상이 나타나지 않더라도 1개월 이후에 MRI에 새로운 뇌손상이 발견되면 다발성 경화증으로 진단하자는 의견이 대두되었다. 이렇게 해 좀 더 빠른 시간에 환자를 진단할 수 있게 된 것이다.

재클린 뒤 프레처럼 증상이 우울증, 피로, 인지 능력 저하 등으로 나타나는 경우 진단이 늦어지는 경우가 많다. 최근 연구에 따르면 환자의 점자적인 인지능력 저하는 MRI 상 나타나는 새로운 뇌손상의 정도와 비례한다. 따라서 지속적인 인지 능력 저하는 다발성 경화증의 진단 기준에 포함되어야 한다는 의견도 일각에서 제기 된다.

다발성 경화증의 치료는 급성기에는 면역 억제제인 스테로이드를 사용한다. 재발 방지를 위해 역시 면역 억제제인 인터페론 베타를 주로 사용하는데 매번 피하 주사를 맞아야 하는 불편함이 있다. 최근에는 글라틸머 아세테이트, 미토산트론, 나탈리주맙 같은 여러 약제들이 개발되어 임상 시험이 시행되고 있다. 그러나 아직은 다발성 경화증은 난치병이라 할 수 있다. 질병의 발생 기전 및 치료에 관해 앞으로 연구되어야 할 부분이 많다.

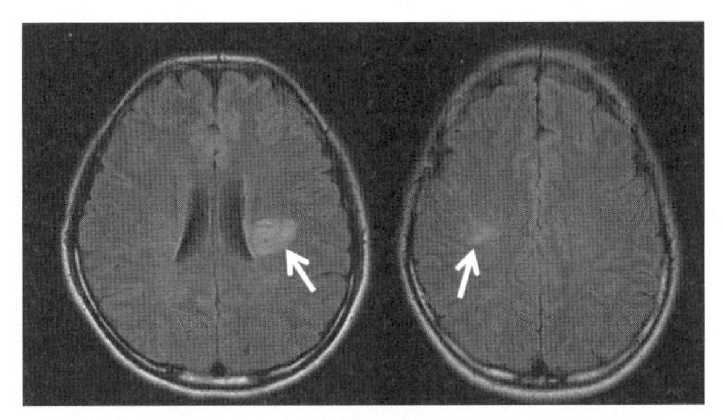

다발성 경화증 환자의 뇌 MRI 사진. 환자는 29세 여성으로 반복적인 우측 시력 저하와 반신마비 증세가 있었다. 흰 부분(화살표)이 손상된 뇌 조직이다.

적인 항체가 신경 세포의 껍데기를 주기적으로 손상시키는 것으로 생각하고 있다. 병의 이유를 정확히 모르니 이 병을 완전하게 낫게 하는 방법도 현재로서는 없다. 그저 병이 악화되었을 때 면역 억제제인 스테로이드를 다량으로 주입해 호전을 시도해 보는 정도이다. 하지만 일시적인 호전일 뿐, 자꾸만 재발하는 질병을 예방할 수 있는 방법은 없었다. 적어도 재클린의 시대에는 그랬다.

하지만 1990년대에 들어 이야기가 달라졌다. 아르나손 같은 학자에 의해 베타 인터페론이라는 면역 억제제가 개발되었는데 이 약을 주기적으로 주사하면 병의 재발을 어느 정도 예방할 수 있다. 물론 완전히 재발을 막아 주는 것은 아니며, 이 약의 재발 방지율은 30퍼센트 정도다. 최근에는 다른 종류의 면역 억제제가 여럿 개발되었고 일부 약들은 베타 인터페론보다도 좋은 효과를 보여 곧 임상에서 사용될 예정이다.

재클린이 MRI를 사용해 훨씬 더 일찍 병을 진단받을 수 있었다면, 베타 인터페론이나 스테로이드 등으로 치료받을 수 있었더라면……. 그녀는 더 나은 생활을 할 수 있었을 것이다. 물론 연주 생활도 좀 더 오래 할 수 있었을 것이다.

다발성 경화증을 진단 받고 재클린은 14년을 더 살았다. 더 이상 연주를 할 수 없었던 그녀는 대신 종종 자신의 음악을 들었다. 그럴 때마다 한편으로는 자신을 자랑스러워 하기도 했지만 다른 한편 미성숙한 연주 부분에 대해서는 짜증을 냈다. 나이를 먹고 훨씬 더 많은 고통을 체험한 그녀는 좀 더 성숙한 연주를 하고 싶었던 것이다.

하지만 그런 연주를 그녀는 다만 상상 속에서만 할 수 있었다. 우리 역시 젊은 재클린의 재기 발랄한 연주는 여러 음반을 통해 들을 수 있지만, 인생의 꿈과 고통을 녹여 넣은 중후한 연주는 들을 수 없다. 재클린의 음악은 남았지만 그녀 자신은 영국인들로부터 서서히 잊혀갔다. 한번은 남편이 재클린을 휠체어에 태우고 켄징턴 공원을 걷고 있는데 옆에서 수군거리는 소리가 들렸다. "아니 저 사람 재클린 뒤 프레 아냐? 무슨 병에 걸려 죽었다더니 아직도 살아 있네?"

말기 다발성 경화증 환자는 면역 체제가 약해져 감염 질환에 걸리기 쉽다. 혹은 목구멍 근육이 쇠약해져 흡인성 폐렴(음식이 기도로 넘어가 생기는 폐렴)에 잘 걸린다. 이런 감염 질환이 직접적인 사망 원인이 되는 것이 일반적이다. 재클린도 1986년 한 때 폐렴에 걸려 위독한 상태에 빠졌으나 극적으로 회복되었다. 1987년 10월, 재클린은 다시 폐렴에 걸려 상태가 나빠졌는데 이때 그녀는 문병 온 사람에게 「콜 니드라이」 음반을 틀어 달라고 했다. 재클린은 지속적으로 열이 올랐고, 곧 혼수상태에 빠졌다. 혹시 이런 상태에서도 음악은 들을 수 있을지 모른다는 생각에 동료들은 예전에 재클린이 연주했던 슈만의 협주곡 음반을 틀어 주었다. 병에 걸린 후 그녀가 즐겨 듣던 음악이었다. 그녀가 정말 들었는지는 아무도 알 수 없지만, 이 소리가 오직 첼로만을 위해 살았던 한 여성의 마지막 모습을 지켜주었다.

재클린은 첼로의 천재였다. 하지만 그 외의 삶은 문제 투성이었다. 첼로에만 매달려 사니 자연히 사람들과 어울릴 수 없었고, 어릴 때부터 자신보다 훨씬 나이가 많은 사람들에 둘러싸여 지냈다. 언니인 힐러리는 피아노와 플루트에 모두 뛰어난 연주자였으나 결국 가족은 재클린만 돌볼 수밖에 없었고 그만큼 가족간의 불화도 커졌다. 종교적인 갈등도 큰 문제였다. 재클린은 이런 모든 상황을 수용하기에는 그릇이 작았다. 첼로 이외에 그녀는 평범한 여성이었고, 수다를 떨고 자신의 마음을 털어놓을 친구를 필요로 했다. 성공에 대한 불같은 야망으로 질주하던 남편이 이런 재클린의 여린 마음을 이해할 리가 없었다. 평범한 여성답게, 재클린은 결혼과 동시에 아이를 갖기를 원했다. 하지만 수퍼스타의 생활 속에서 그녀의 꿈은 이루어지기 어려웠다. 무엇보다도 그녀를 찾아온 병마는 재클린의 모든 꿈을 완전히 앗아가 버렸다. 신은 그녀에게 모든 사람의 기억에 남을 만한 위대한 첼로의 재능을 주었지만 다른 것은 전혀 주지 않았다.

위그모어 홀 입구에서 멍하니 재클린 뒤 프레를 생각하고 있다가 인기척에 깜짝 놀랐다. 아마도 직원인 듯싶은, 나이 지긋한 신사가 지그시 바라보고 서 있었다. "뭘 도와드릴까요?"라고 그가 상냥한 미소를 지으며 묻는다. "아닙니다. 그저 구경하러 온 거예요." 황급히 밖을 나서니 오후의 햇살이 위그모어 거리를 가득히 채우고 있었다. 그 속에서 나는 잠시 스마일리 재키의 미소를 본 것 같았다.

헨델의 집

위그모어 홀을 뒤로 하고 다시 옥스퍼드 가로 나오니 사람들 발길이 더욱 분주해졌다. 그런데 런던은 참 이상한 도시다. 그토록 번화한 거리인데도 한 블록 만 뒤로 들어가면 갑자기 목가적인, 조용한 동

PENFIELD MAP

Eye
Nose
Lips
Face
Teeth, GUM
Pharynx
Hand
Wrist
Forearm
Neck
Leg
Foot
Knee
Ankle
Toe
Hand
Little
Eyelid and Eyeball
Lips
Face
VOCALIZATION

Carotid Artery

Wilder PENFIELD

네가 나온다. 마치 말 많던 여자가 갑자기 새침해지는 것 같다. 복잡한 뉴본드 가를 남쪽 방향으로 걸어 오른쪽 브룩스 거리로 꺾어들어가니 돌연 세상이 조용해지고 단란한 집들이 가지런히 나타난다.

위그모어 홀에서 5분 정도 떨어진 이곳을 내가 들른 이유는 실은 또 다른 음악가의 흔적을 찾기 위함이었다. 재클린보다 몇백 년 전 활동했던, 그녀보다 훨씬 더 유명했고 또 훨씬 더 오래 동안 살았던 남자, 바로 헨델이다. 헨델은 원래 독일에서 태어났으나 런던으로 이주해 이곳에 오랫동안 살았다. 헨델이 영국으로 이주한 이유를 정확히 알 수는 없다. 독일이나 오스트리아에 비해 유명한 음악인이 적은 영국에서 헨델은 영국 왕인 조지 2세의 총애를 받으며, 금전적인 어려움이 없이 사람들의 존경 속에 살아갈 수 있었기 때문일 것이다.

이처럼 화려한 거리에 교회 음악에 몰두한 인간이 살고 있었다는 것이 어울리지는 않는다. 하지만 다시 생각해 보면 당시의 교회 음악은 곧 오늘날의 유행가였고, 동방신기가 압구정동에 살듯(우리집 근처인데 사인을 받으려고 기다리는 여학생들을 언제나 볼 수 있었다.) 최고 인기 음악가인 헨델이 노른자 땅이라고 할 수 있는 이곳에 사는 것이 한편 이해되기도 한다. 사실 지금까지도 영국은 헨델을 영국 음악인으로 생각하고 있고(헨델의 원래 이름에는 움라우트가 붙어 있는 ä가 들어가지만 영국 사람들은 영문 알파벳 a를 사용한다.) 헨델의 음악을 영국의 자랑스러운 유산으로 여기고 있다.

'헨델의 집'이라는 표시가 된 빨간 문을 열려 했지만 굳게 잠겨 있었다. 문에 적힌 글씨를 자세히 읽어 보니 뒷문으로 들어오라고 되어 있었다. 샛길을 돌아 뒷길로 가니 뒷문은 이미 관광객들을 위해 활짝 열려 있었고 문 앞에는 노천 카페가 있었다. 이제 삐걱거리는 판자 계단을 걸어 4층까지 올라 간 후 각 층을 구경하면 된다. 각 층마다 헨델 그리고 당시 헨델과 가까이 지냈던 사람들의 초상화가 걸려 있는데 자원봉사자 아주머니들이 열심히 설명해 준다. 400년 전 이곳에서 음악 속에 파묻혀 살았을 음악의 거인 헨델이 특유의 가발을 쓰고 옆눈으로 나를 쳐다본다. 빨간 침대보가 덮인 작은 침대에서 자고 있을 거구의 헨델을 상상하니 슬며시 웃음이 나온다. 3층으로 내려가니 옛날 복장을 한 금발 아가씨가 하프시코드를 연주하고 있다. 나름대로 헨델이 살던 당시의 분위기를 살려내려는 의도이리라. 옆방에 아주 오래된 하프시코드가 있는데 바로 이곳에서 헨델이 작곡을 했다고 안내인이 설명한다.

헨델, 음악의 어머니?

흔히 바흐를 음악의 아버지, 헨델을 음악의 어머니라고 하는데, 왜 이런 이름이 붙었는지는 모르겠다. 바흐와 헨델은 둘 다 1685년 독일에서 태어났다. 게다가 바흐는 바이마르의 서쪽에 위치한 아이제나흐, 헨델은 바로 동쪽에 있는 할레라는 도시에서 태어났으니 둘의 고향도 매우 가깝다. 바로크 음악의 최고봉인 두 사람이 같은 해에 이웃 지방에서 탄생한 것은 기이한 일이다. 그런데 이보다 더 기이한 것은 그럼에도 불구하고 둘은 평생 한번도 만난 적이 없다는 사실이다. 바흐와 헨델은 똑같이 한평생 음악을 위해 산 음악의 거인이었다. 하지만 이 둘은 매우 대조적인 사람이었다.

바흐의 가문은 200년에 걸친 음악가 집안으로 50여 명의 음악가를 배출했다. 가문의 영향에 따라 바흐는 어릴 적부터 바이올린과 오르간을 배웠는데 이는 그에게 너무나 당연한 길이었다. 바흐는 23세 때 바이마르의 궁정 오르간 주자가 되었고, 이후 라이프치히 등에서 활동했다. 하지만 그의 활동 무대는 동부 독일 지역의 반경 수십 킬로미터를 벗어나지 않았고 생전에 한번도 독일을 떠난 적이 없었다. 반면 헨델은 아버지가 의사였고 당연히 아들이 신분이 낮은 음악가가 아닌 법률가로 성공하기를 원했다. 그러나 7세 때 궁정 예배당에서 연주한 즉흥 오르간 연주를 들은 공작의 권유로 음악을 시작할 수 있었다. 즉 바흐와는 달리 헨델은 집안의 이단아였고, 반항아였다. 그리고 좀 더 코스모폴리탄적인 사람이었다. 그는 함부르크, 하노버 등에서 활동한 후, 이탈리아로 이주해 한동안 생활했다. 이어 27세 때인 1712년에 영국에 정착했고 곧 영국에 귀화해 영국인으로서 평생을 살았다.

바흐와 헨델은 둘 다 독실한 기독교 신자였으므로 그들의 음악은 다분히 종교적이다. 바흐가 전통적인 대위법을 벗어나지 않았고 오르간과 실내악에 주로 관심을 두었다면 헨델의 음악은 좀 더 여러 성부를 사용한 다채로운 것이었다. 특히 선명한 멜로디와 극적인 색채를 가해 대중적인 인상이 강하다. 바흐가 단아한 실내악에 관심을 두었다면 헨델은 대규모 음악인 오페라와 오라토리오에 더 큰 관심을 두었으며 그의 음악에는 성악이 좀 더 큰 비중을 차지한다. 헨

헨델의 침실

헨델의 집 대문

델 음악의 집대성이라 할 수 있는 오라토리오 「메시아」에서 보듯 그리스도를 찬미하는 종교 음악이지만 동시에 인류의 보편성이 느껴지는 곡을 작곡했다. 런던 코벤트가든에서 「메시아」가 초연될 때 할렐루야 코러스를 듣던 조지 2세가 감격해서 일어났고 이에 청중도 따라 일어났다. 이후 이 합창 부분에서는 관람객들이 전원 기립하는 관습이 생겼다.

나는 화려한 뮤지컬 같은 헨델의 곡보다는 인간이 낼 수 있는 모든 화성을 변화무쌍하게 만들어 낸 바흐의 실내악을 더 좋아하는 편이다. 특히 「무반주 첼로 조곡」을 즐겨 듣는데, 잘 연주된 첼로는 언제나 인간 깊은 내면의 고통과 기쁨의 다양한 소리를 내는 것 같다. 현대에 이르러 바흐와 헨델은 모두 위대한 음악가로서 사랑받고 있다. 하지만 당대에는 상황이 달랐던 듯하다. 생전에는 헨델이 훨씬 더 유명했고 바흐는 상대적으로 무명이었던 것이다. 19세기 낭만파 음악의 거두 멘델스존이 바흐의 음악에 매료되어 「마태 수난곡」 등 바흐의 음악을 연주하면서 비로소 숨어 있던 보석이 진가를 발휘했던 것이다. 멘델스존이 없었다면 어쩌면 우리는 바흐의 심오한 음악을 모르고 인생을 살았어야 했을지도 모른다.

바흐가 안정된 가정을 꾸린 데 비해 헨델은 독신으로 살았다. 젊은 시절의 헨델은 독일어, 영어, 프랑스 어, 이탈리아 어를 자유자재로 구사하는 재기 발랄하고 무척 잘생긴 남자였다. 그의 성격은 불같은 편이어서 감동을 쉽게 하기도 하지만 화도 잘 냈는데 특히 무대에서 지휘할 당시 실수하는 연주가를 무섭게 다룬 것으로도 유명하다. 이처럼 남성적인 매력이 넘치는 인간이었으므로 분명 여성 관계가 복잡할 것으로 예상되는데 웬일인지 헨델과 가까이 지낸 여성에 대해서는 거의 알려진 바가 없다. 어쩌면 여성 관계를 숨기는 재주도 탁월했던 것일까?

헨델은 74세까지 살았으니 당시로 보면 나름대로 장수한 편이다. 그의 집안은 대대로 장수하는 집안이었지만 모계는 뇌졸중에 걸린 사람이 많아, 어머니와 할머니가 모두 뇌졸중으로 사망했다. 아마 헨델도 그랬으리라. 이제부터 나는 그 이야기를 하고자 한다.

헨델이 실명한 이유는?

영국에서 훌륭한 음악가로 대접받고 승승장구하던 헨델도 중년 이후에는 지병으로 많은 고생을 했다. 그의 병은 뇌졸중이었다고 생각된다. 런던의 신문이나 기타 자료에 기록된 바에 따르면 1737년 그가 52세 때 처음 증세가 나타났다. 당시 런던《이브닝포스트》는 이렇게 썼다. "유명한 작곡가 헨델이 갑자기 오른손을 못 쓰게 됐다. 만일 이것이 회복되지 않는다면 관중들은 다시는 그의 훌륭한 작품을 만날 수 없을 것이다." 다행히 헨델의 증세는 얼마 후 회복되었다. 신문이나 주변 사람들의 편지에 따르면 이러한 일시적인 마비 증세가 적어도 2차례(1743년과 1745년) 이상 반복되었다. 마비는 항상 오른손에만 왔고, 그가 쓴 한 편지에는 "4개의 손가락이 마비되어 연주할 수가 없었다."라고 정확히 기록되어 있다. 한편 이런 마비가 올 때 간혹 정신이 몽롱해져서 남의 말을 잘 이해 못한다고 기록되기도 했다. 그러나 증세가 오지 않는 평상시에는 여전히 정력적으로 작곡과 연주에 몰두할 수 있었다.

그런데 1751년부터는 헨델에게 다른 증세가 찾아왔다. 갑자기 시력이 나빠진 것인데 이번에는 왼쪽 눈이 문제였다. 헨델 자신이 "왼쪽 시력이 갑자기 나빠져서 일을 못하겠어."라고 적었다. 다행히 이 증세도 점차 좋아져 열흘 후 다시 일을 시작할 수 있었다. 이러한 왼쪽 시력의 감퇴 증세는 그 후에도 여러 차례 반복되었다. 1753년 헨델은 다시 왼쪽 시력이 나빠졌는데 이번에는 회복되지 않았다. 어쩔 수 없이 이때부터는 다른 사람이 악보를 받아 적어야 했는데, 그래도 간단한 글자를 읽을 수는 있었다.

이제 헨델의 질병에 대해 생각해 보자. 1700년대의 일이니 병명을 정확히 진단하기는 힘들 것이다. 하지만 여러 기록을 통해 헨델의 증세를 살펴보면, 이는 신경과 전공의들이 배우는 전형적인 뇌졸중 증세인 것을 알 수 있다. 그리고 일반인들도 알아 두면 좋은 상식이기도 하다.

헨델은 오른쪽 팔 힘이 갑자기 빠졌다고 했다. 우리의 팔은 뼈, 관절, 근육, 피부로 이루어져 있다. 뼈, 관절 혹은 근육에 갑자기 손상이 생기면 물론 손을 움직일 수 없다. 하지만 이런 경우에는 밖에서 보아 손이 붓거나 통증이 생길 텐데 헨델에게는 이런 증상은 없다고 되어 있다. 한편 팔의 여러 근육을 지배하는 것은 신경으로 뇌로부터 출발해 척수에 이른다. 이후 신경 세포들은 척수를 빠져나가 근육에 분포하게 된다. 여기서 뇌로부터 척수까지를 중추 신경, 그 이후 근육에 이를 때까지를 말초 신경이라 부른다. 그렇다면 헨델의 말초 신경에 이상이 생겼을까? 말초 신경은 목 디스크 같은 것 때문에 손상될 수 있고, 혹은 염증이나 독성 물질 때문에 손상될 수도 있다. 그런데 이런 경우도 감각 장애 혹은 통증이 동반되는 것이 일반적이다. 그리고 헨델의 경우처럼, 이처럼 갑자기 증세가 나타났다 좋아졌다 하지는 않는다.

반복적으로 마비가 왔다는 것은 중추 신경에 문제가 있다는 의미이다. 그리고 오른 손에 마비가 생겼다는 것은 왼쪽 뇌가 손상되었다는 것을 알려 준다. 우리의 뇌에서 팔, 다리를 움직이게 하는 운동

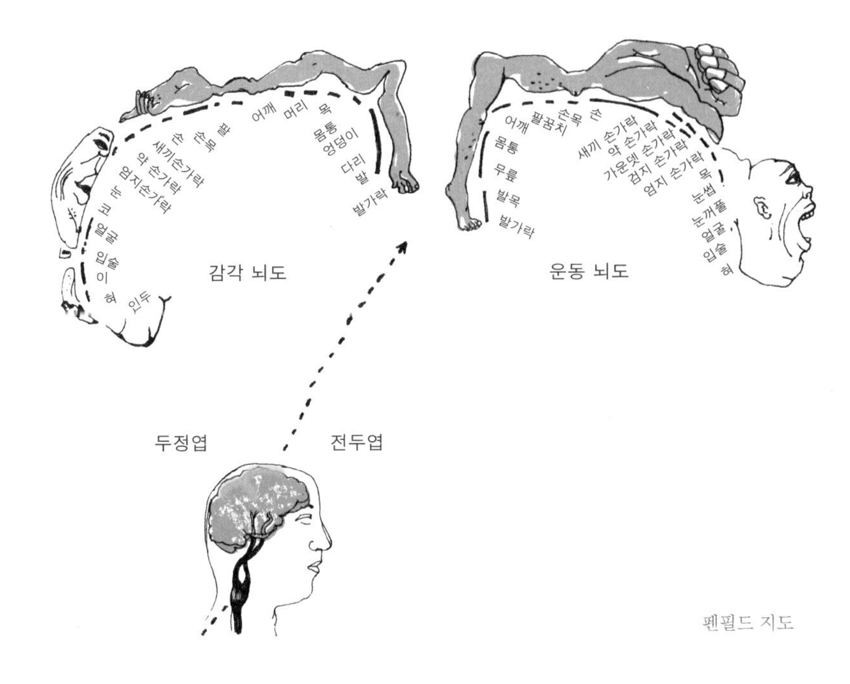

펜필드 지도

신경은 뇌의 가장 아래(연수)에서 반대쪽으로 건너가 반대쪽 팔, 다리를 움직이게 한다. 따라서 헨델의 오른손 마비는 그의 왼쪽 뇌에 이상이 생겼음을 짐작할 수 있게 한다.

손상이 생긴 뇌의 정확한 부분은 어디일까? 여러 기록에 따르면 그의 다리에는 마비 증세가 오지는 않은 것 같다. 즉 손에 힘이 빠진 상태에서도 그는 걸을 수 있었다. 일반적으로 뇌졸중은 한쪽(왼쪽 혹은 오른쪽) 팔, 다리에 함께 마비 증세가 오는 것(반신마비 혹은 편마디)이 보통이다. 하지만 뇌손상 부위가 작을 경우에는 팔 혹은 다리만 선택직으로 마비될 수도 있다.

우리의 뇌에는 팔, 다리를 움직이도록 하는 신경 세포가 있는데 이를 운동 신경 세포라 부른다. 운동 신경 세포는 뇌의 옆쪽에 소위 운동 중추라 부르는 곳에 가지런히 위치해 있다. 이처럼 운동 신경 세포의 위치를 정확히 알 수 있었던 것은 캐나다의 신경외과 의사 펜필드 덕택이었다.

1930년대에 펜필드는 뇌의 여러 곳을 전기로 자극한 후 환자의 손가락이 움직이는 모습을 관찰하며 뇌의 어느 부위가 어느 손가락을 움직이게 하는지를 정확하게 알아냈다. 그는 이를 바탕으로 운동 중추 지도(펜필드의 지도)를 만들었다. 이 펜필드의 지도에서 손가락 부위를 담당하는 부위는 매우 크다. 손은 세밀한 운동을 관장하기 때문에 여러 종류의 신경 세포가 많이 분포하기 때문이다. 따라서 작은 뇌졸중으로 이러한 손 부위가 선택적으로 손상되면 손에만 국한된 마비가 올 수 있다.

한편, 당시 헨델은 간혹 혼돈 상태에 빠지고 대화가 불가능했다고 기록되어 있는데 이는 아마도 실어증 혹은 심한 발음 장애 증상일 가능성이 있다. 우리 뇌의 왼쪽에 있는 언어 중추는 손을 움직이는 운동 중추와 가까운 위치에 있다. 따라서 상지 마비와 함께 언어 장애를 갖는 것은 뇌졸중 환자에서 흔히 보는 현상이다. 이런 점을 고려했을 때, 헨델은 경동맥(목동맥이라고도 하며 우리 목에서 맥박이 만져지는 큰 동맥, 동맥경화와 같은 질환이 자주 생기는 부위이다.)의 동맥경화로 인해 발생한 혈전(핏덩어리, 동맥경화 생긴 혈관에서 잘 발생한다.)이 뇌 안의 혈관으로 흘러 들어가 두개골 안의 혈관(중뇌동맥)의

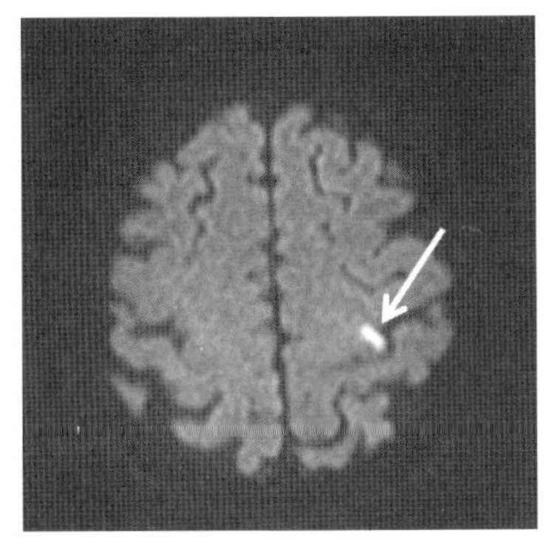

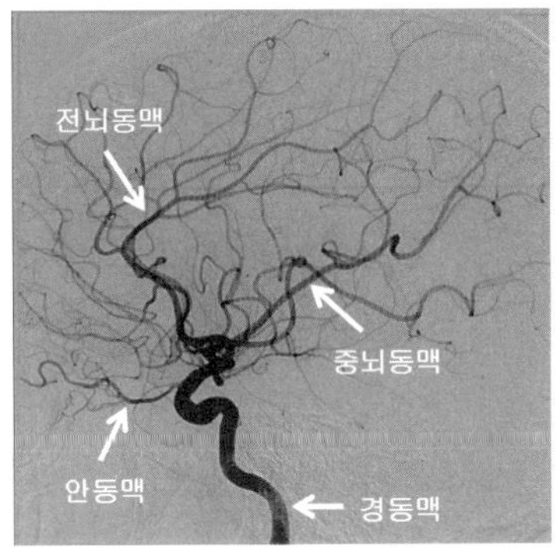

좌측: 작은 뇌졸중에 의해 손에만 마비가 온 환자의 MRI 사진. 흰 부분이 손상된 뇌 부위이다.
우측: 경동맥과 그 분지. 혈관 조영 사진

가지를 막아 반신마비나 실어증을 일으킨 것 같다.

마지막으로 1751년부터 시작된 헨델의 시력 감퇴 증세를 살펴보자. 말년의 헨델은 눈이 안 보여 고생했는데 병명은 백내장일 가능성이 있다고 전해진다. 백내장은 노인에게 발생하는 대표적인 안과 질환으로 렌즈가 퇴화되어 빛이 망막으로 들어가지 못해 시력이 나빠지는 병이다. 백내장은 서서히 양쪽 눈의 시력이 나빠지는 것이 보통이다. 하지만 헨델의 경우는 왼쪽 눈에만 시력이 갑자기 나빠졌다가 좋아지는 현상이 반복됐으므로 백내장 증세로 설명하기 힘들다. 따라서 이 증세도 뇌졸중 증세로 설명하는 것이 더 타당할 것 같다. 경동맥은 여러 가지로 분지되는데 첫 번째 가지가 안동맥이다. 말 그대로 안구의 망막에 혈류를 공급해 주는 혈관이다. 앞서 말한 대로 경동맥에서 발생한 혈전이 중뇌동맥으로 흘러가 중뇌동맥의 가지를 막으면 반신마비나 실어증이 생긴다. 하지만 혈전이 반드시 중뇌동맥으로만 가라는 법은 없다. 혈전이 안동맥 쪽으로 흘러가 안동맥을 막으면 망막에 혈류 공급이 안되어 망막이 손상되고, 따라서 실명에 이른다. 혈전이 저절로 녹으면 다시 시력이 회복된다.

이처럼 경동맥에서 발생한 혈전에 의해 한쪽 시력이 잠시 나빠졌다가 회복되는 현상을 흑내장(amauroxis fugax)이라 부르기도 하는데 말하자면 눈으로 오는 가벼운 뇌졸중이다. 대개 저절로 혈전이 녹아 증세가 회복되는 것이 보통이지만 망막 손상이 심한 경우는 회복되지 못하고 실명에 이르게 된다.

이로써 헨델의 반신마비와 시력 장애는 어느 정도 설명된다. 물론 백내장은 노인에게서 원체 흔한 병이므로 헨델이 백내장과 뇌혈관 질환을 모두 가지고 있었을 가능성도 존재한다.

뇌졸중 때문에 고생한 말년의 헨델을 상상하고 있노라니 표정이 너무 심각했나 보다. 안내를 맡은 키 큰 백인 아주머니가 다가오더니 무슨 질문이 있느냐고 묻는다. 내가 헨델은 어떤 병으로 고생했느냐고 물으니, 말년에 눈이 보이지 않았는데 아마도 백내장이나 녹내장 때문이었을 거라고 한다. 그럴 수도 있겠지만 여러 가지 증거로 보아 틀림없이 뇌졸중이 생겼을 거라고, 아마 실명의 이유도 뇌졸중일 가능성이 있다고 대답했다. 그러자 그녀는 눈이 동그래지면서 “아 그래요?”라고 나를 쳐다본다. 그러고는 “신경과 의사세요? 이 동네 사세요?”라고 굉장히 관심이 있다는 듯이 말을 걸어온다. 하지만 곧 연구자 회의에 참석해야 하는 나는 더 이상 이곳에 머물 시간이 없었다.

여러 나라 박물관을 둘러봤지만 많은 경우 안내인들은 특히 유색 인종이 돌아다니면 혹시 기물을 손상시키거나 훔치는 것은 아닌가 하는 의심의 눈초리로 감시하기만 한다. 더 흔하게는 붙박이장처럼 무심하게 앉아 있기만 한다. 그런데 헨델의 집에 있는 안내인들은 매우 성실하고 일을 즐기는 것 같았다. 관중들의 걸음을 따라 함께 걷기도 하고 모든 질문에 성의껏 대답했으며, 항상 표정이 진지했다. 게다가 이들은 나 같은 동양의 키 작은 나그네한테도 뭔가 진지하게 배우고자 했다. 역시 선진국 안내인인 것이다. 아마 나와 대화를 나눈 안내인은 헨델의 뇌졸중에 대해 오늘 밤 열심히 조사할지도 모르겠다.

뇌졸중을 일으키는 경동맥 질환은 대부분 동맥경화로 사실 경동맥은 동맥경화가 자주 일어나는 부위이다. 이처럼 경동맥에 동맥경화가 생기는 중요한 원인은 고혈압, 당뇨, 고지혈증, 흡연이다. 또 화를 잘 내거나 화를 가슴속에 오래 담아 두는 사람, 집안에 뇌졸중의 병력이 있는 사람이 뇌혈관에 동맥경화가 생기는 경우가 많다.

헨델은 자는 도중 사망했다고 전해지는데 정확한 이유는 모른다. 아마도 심근경색의 가능성이 있다고 본다. 경동맥의 동맥경화가 있는 사람은 흔히 심장혈관에도 동맥경화가 있어 심근경색에 의한 돌연사의 가능성이 높아지기 때문이다.

만일 고혈압, 당뇨가 있고 담배를 피운다면 소리 없이 경동맥의 동맥경화가 진행되고 있을 가능성이 있다. 나이가 들면 물론 헨델 같은 증세를 나타낼 수도 있다. 이런 경동맥 상태를 검사하기 위해 의사들은 흔히 경동맥 초음파를 시행한다. 서양인의 경우 경동맥 초음

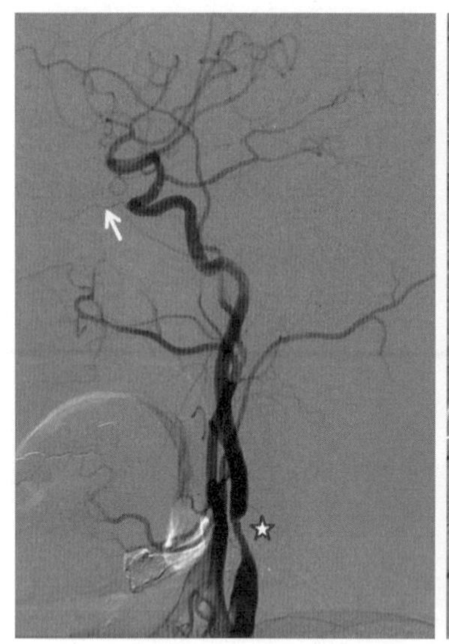
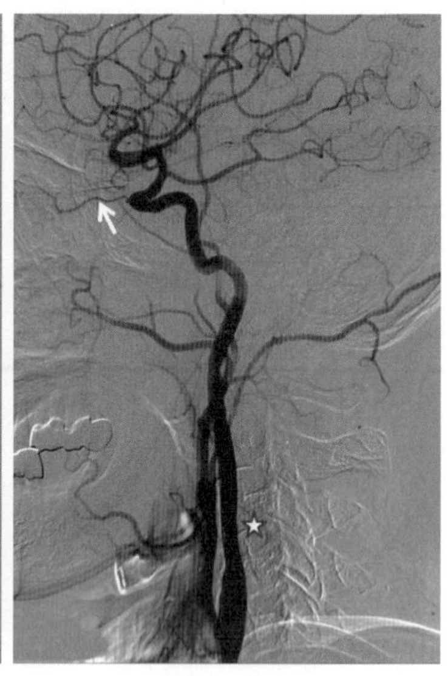

좌측: 경동맥의 동맥 경화에 의해 시력 장애 증세를 나타낸 환자의 혈관 조영 사진. 심한 경동맥 협착(별표)에 의해 혈류가 떨어져 안동맥이 잘 보이지 않는다.(화살표)
우측: 경동맥 스텐트 시술로 좁아진 협착 부의를 넓힌 후(별표) 안동맥의 혈류가 개선되었다.(화살표)

파는 매우 유용한 검사이다. 왜냐하면 경동맥이 동맥경화가 발생하는 가장 흔한 혈관이기 때문이다. 하지만 동양인들은 경동맥보다는 두개골 안에 있는 혈관, 특히 중뇌동맥에 동맥경화가 생기는 경우가 더 많다. 따라서 중뇌동맥에만 동맥경화가 있다면 경동맥 초음파를 해도 정상으로 나온다. 따라서 MRA(뇌를 촬영하는 자기 공명 영상술(MRI)을 개발해 뇌 혈관을 찍는 장비)를 시행하는 것이 가장 좋다. 물론 돈이 드는 것이 문제이니 누구나 할 필요는 없고 앞서 말한 위험인자를 많이 가지고 있거나 가족 중에 뇌졸중의 병력이 있는 나이

드신 분은 한번 해볼 만하다. 만일 뇌혈관의 동맥경화가 발견된다면 항혈소판제를 투여해 혈전 형성을 예방해야 할 것이다. 경동맥 같은 곳이 심하게 좁아져 있다면(75퍼센트 이상) 혈관을 넓히는 수술을 받는 것이 좋다. 최근에는 스텐트를 사용해 넓히기도 하는데, 아무튼 이런 치료 중 적절한 것을 선택해 받아야 한다. 헨델처럼 팔다리가 마비되거나 눈이 멀면 안 될 테니 말이다.

헨델의 경우 어떤 방식으로 치료를 받았는지는 확실치 않으나, 당시 의학 수준으로 보아 제대로 치료받지는 못했을 것으로 생각된다. 게다가 주치의를 잘 만나는 것이 환자의 복이라면 헨델은 운이 나빴다. 당시 음악계에 헨델과 쌍벽을 이루던 바흐는 돌팔이 의사에게 눈을 치료받다가 감염이 되어 사망했는데 하필이면 이 의사가 헨델의 주치의였으니 말이다.

셰익스피어, 측두엽 간질 환자?

런던 회의는 오전 중 계속되었고, 회의 결과는 만족스러웠다. 귀국 비행기는 저녁이므로 아직도 내게는 몇 시간이 남아 있다. 나는 서둘러 셰익스피어의 글로브 극장을 찾기로 했다. 이곳으로 가는 길은 랜덤하우스 역에서 내려 밀레니엄 다리를 건너가는 방법과 런던 브리지 역에서 내려 강가의 좁은 골목길을 거쳐 가는 방법이 있다. 나는 후자를 택하기로 했다.

역에서 내려 좁은 길로 들어서니 온갖 물건을 바닥에 놓고 파는 재래식 시장이 나타난다. 재래식 시장의 분위기는 영국이나 우리나라나 비슷하다. 물건을 팔기 위해 외치는 사람들, 길거리에서 생선튀김이나 소시지를 사먹는 사람들 …… 남녀노소의 옷차림은 소박하고 왁자지껄 소리가 골목에 가득히 번져 온다. 이 동네의 길은 좁고 지저분해, 마치 『올리버 트위스트』에 나오는 가난한 뒷골목처럼 보이기도 한다. 하지만 몇 분만 걸으면 금방 템스 강이 나타나고 밀레니엄 다리 건너편의 거대한 테이트 미술관이 보인다. 그리고 그 옆에 다소곳이 수줍은 모습으로 글로브 극장이 모습을 드러낸다.

원래 셰익스피어가 활동하던 극장은 이곳이 아니라 여기서 한 블록 떨어진 곳에 있었다. 마치 강남의 압구정동이 예전에는 서울 도심 변두리의 한적한 지역이었던 것처럼, 템스 강 남쪽 지역도 당시로서는 런던 시내 중심가로부터 멀리 떨어진 촌이었다. 당시만 해도 연극을 상영하는 극장은 평민들이 모이는 곳이었고, 가난한 농사꾼이나 불량배들의 집합소이기도 했다. 따라서 극장을 가능한 상류층이 사는 곳에서 멀리 떨어진 곳에 짓고는 했던 것이다. 글로브 극장에는 창문에 구멍이 여럿 나 있는 것을 볼 수 있는데 가난한 사람들은 일주에 한두 번 정도밖에 목욕을 안하므로 역겨운 냄새를 빼기 위한 것이라고 한다.

예전의 모습을 그대로 재현시킨 글로브 극장에서는 마침 셰익스피어의 희곡의 리허설이 진행되고 있었다. 아쉽게도 이 리허설은 금방 끝나 무슨 극을 연습했는지는 알 수가 없었다. 리허설이 끝나고 단원들끼리 몇 분 동안 큰 소리로 토론을 하더니 하나 둘씩 극장을 빠져나갔다. 그러자 극장은 마치 런던 교외의 커다란 저택처럼 조용

글로브 극장

해졌다. 그곳에서 나는 잠시 줄리엣이 창문을 열고 로미오에게 인사를 할 것 같은 착각에 빠졌다.

셰익스피어는 1564년 4월 23일 스트랫포드어폰에이본(Stratford-upon-Avon)에서 태어났고 공교롭게도 1616년 4월 23일 사망했다. 레스터 백작 소속 극단에 취직해 처음에는 관객이 타고 온 말을 보관하는 말구종 역을 맡던 셰익스피어는 간간이 배우로 등용되어 연기를 하고는 했다. 배우로서의 재질은 그리 뛰어나지 않았던 그는 차츰 작가의 재능을 나타내기 시작했다. 처음에는 극단 전속 작가로서 다른 작가의 작품을 개작하며 지냈으나 점차 자신의 작품을 쓰며 능력을 인정받기 시작했다. 이렇게 하여 52년 생애 동안 셰익스피어는 희곡 37편과 소네트 154편 등 엄청난 양의 작품을 남겼다.

이처럼 특이하게 재능이 있는 사람은 흔히 구설수에 오르는 법이다. 셰익스피어는 가세가 기울어 고향의 그래머스쿨을 끝마치지도 못하고 5학년 과정에서 중퇴했다. 이처럼 정규 교육을 별로 받은 적도 없는 스트랫포드어폰에이본 출신의 촌뜨기가 사회 온갖 분야의 정보에 밝고 수준 높은 식견을 가질 수 있겠느냐는 의문이 입 가벼운 사람들을 가만 두지 않았다. 그들은 셰익스피어는 가명이고 실은 셰익스피어의 많은 극을 다른 귀족 계급이 썼다고 주장했다.

한때 프란시스 베이컨이 실제 작가라는 설이 특히 미국에서 상당히 유력했다. 특히 셰익스피어의 「사랑의 헛수고」에 나오는 조어 "honorificabilitudinitatibus"가 베이컨의 작품임을 암시한다는 것이다. 다음으로는 셰익스피어의 극이 한 사람의 작품이 아니라 실은 여러 집단의 작품이라는 설이 있다. 실제로 베이컨, 월터 롤리, 더비 백작, 러틀랜드 백작 등의 작품인데 이때 연극의 기교에 관한 전문지식이 필요해 셰익스피어가 이를 편찬 혹은 교정했을 뿐이라는 주장이다. 한편 셰익스피어는 18세 때 고향 근처 마을에 사는 8세 연상의 앤 해서웨이와 결혼해 3명의 자식을 두었는데 교구 기록에는 휘틀리라는 여성의 이름이 나타난다. 이는 아마도 오기일 가능성이 많지만 어떤 사람들은 휘틀리는 결혼 후에도 관계가 지속된 셰익스피어의 애인이며 셰익스피어의 극의 일부를 쓴 작가라고 주장한다. 마지막으로 셰익스피어의 후원자였던 옥스퍼드 백작 에드워드 드 비어가 엘리자베스 여왕과 모종의 염문이 있어(또 다른 후원자인 사우

스햄튼 백작이 둘 사이의 소생이라는 말이 있다.) 부득이하게 자신의 작품에 셰익스피어라는 가명을 썼다는 설도 있다.

이러한 많은 논란들이 마치 셰익스피어의 작품처럼 흥미진진하기는 하지만 정통파 학자들은 거의 인정하지 않는 설에 불과하다. 그런데 셰익스피어에 관해 신경과 의사들 사이에 퍼져 있는 또 하나의 설이 존재한다. 셰익스피어가 혹시 측두엽 간질을 앓은 것이 아닌가 하는 의견이다.

측두엽 간질에 대해서는 이미 도스토예프스키 편에서 적었다. 앞서 말했지만, 미국의 저명한 신경과학자 게슈빈트는 측두엽 간질을 앓는 사람들 중에는 몇 가지 특징적인 성격을 갖는다고 주장했다. 첫째는 도덕적이거나 종교적인 관심이 높고, 사람들과 끈끈한 관계를 갖지만 간혹 안절부절 못하거나 공격적으로 변하며 마지막으로 지나치게 글을 많이 쓴다는 것이다. 이처럼 지나치게 글을 많이 쓰는 현상을 하이퍼그라피아라고 하는데 측두엽 간질을 앓은 사람이 왜 지나친 글쓰기를 나타내는지에 대해서는 정확히 알려져 있지 않다. 어쩌면 기억력이 저하되어 혹은 다른 사람과 인간 관계 수립이 어려워 이를 보충하기 위해 쓰는 것인지도 모른다.

이런 의심을 하게 되는 이유는 셰익스피어가 상상하기 어려울 정도로 많은 글을 썼다는 점, 그리고 그의 작품에 간질 환자에 대한 묘사가 상세하게 이루어져 있기 때문이다.

예컨대 「오셀로」 4막에서 이아고(이 극에서 악의 화신으로 나온다. 오셀로로 하여금 부인이 바람을 피우는 것으로 믿게 하며 결국 오셀로를 죽음에 이르게 한다.)가 캐시오(오셀로의 부관. 오셀로가 부인 데스데모나와 바람 피는 상대라고 믿고 있는 사람)에게 이렇게 말한다. "장군께서 간질로 쓰러졌어요. 이것은 어제에 이어 두 번째 발작입니다." 캐시오가 "관자놀이 부근을 문질러 드리게."라고 하니 이아고가 대답한다. "아니오, 가만 두는 게 좋아요. 이 병은 조용히 놔 둬야 해요. 그렇지 않으면 입에서 거품을 뿜고 곧 광포한 미치광이가 되거든요."

그러나 오셀로가 정신을 잃은 것이 정말 간질 발작인지는 알 수 없다. 이아고의 간계에 의해 부인의 부정을 의심한 후 너무나 흥분해 소리 지르다가 쓰러진 것이니, 지나친 흥분에 따른 일시적인 '실신' 상태일 가능성도 있다. 물론 이아고 말대로 원래 간질을 앓던 사람이 정신적 흥분에 의해 간질 발작이 유발되었을 가능성도 있다.

또 다른 비극 「맥베드」에도 이런 장면이 나온다. 맥베드의 부인이 손님들에게 말한다. "여러분 부디 앉으세요, 폐하께서는 이런 일이 가끔 계십니다. 젊을 때부터 그러셨죠. 발작은 일시적이라 곧 다시 나으십니다. 그렇게 유심히 바라보고 있으면 도리어 심해져서 발작이 오래 지속됩니다. 어서 잡수세요, 염려마시고."

하지만 이 경우 역시 맥베드가 진짜 간질 발작을 일으켰는지는 불분명하다. 맥베드가 의식을 잃은 것은 자객에게 살해된 뱅코우의 환영을 본 이후였다. 쓰러지기 전에 그는 이렇게 소리 질렀다. "아니다. 내가 한 것이 아니다. 그 피투성이 머리를 이쪽에 대고 흔들지 마라."

이 외에도 「줄리어스 시저」, 「리어 왕」에도 발작을 묘사한 글귀가 있지만, 단순히 글을 많이 쓰고, 간질 묘사를 자주했다고 작가를 간

오필리어의 죽음

질 환자로 몰아붙이는 것은 옳지 않다. 이 수수께끼 같은 천재에게 아무런 의학적 기록이 남아 있지 않으니 모든 것은 추측에 그칠 뿐이지만, 적어도 그가 간질 발작을 일으켰다는 기록은 존재하지 않는다. 내 생각에 셰익스피어는 엄청나게 자세히 인간 세상을 관찰하고 이를 부지런히 기록한 사람이다. 그리고 의문점이 생기면 의학, 법학 등 관련 분야의 책을 섭렵해 이를 자신의 지식으로 만든 사람인 것 같다. 셰익스피어가 위대한 것은 이러한 철저한 공부와 날카로운 관찰을 바탕으로 비극과 희극을 두루 잘 썼고, 그 속에 수많은 인간상을 절묘하게 묘사했다는 데 있을 것이다.

한편 셰익스피어는 의사가 아니면서도 의학 교육에 이바지하기도 했다. 예컨대 프랑스 신경의학의 거장 샤코는 자주 셰익스피어의 작품에 나오는 신경과 환자를 예로 들면서 학생들을 가르친 것으로 잘 알려졌다. 샤코 자신도 환자에 대한 철저한 관찰과 기록을 셰익스피어로부터 배웠다고 한 적이 있다. 셰익스피어에서 비롯된 인간과 사물에 대한 날카로운 관찰과 철저한 기록은 근대 문학 이외에 의학과 과학의 발달에까지 영향을 미친 것이다.

셰익스피어는 현재까지도 끊이지 않는 이야기를 우리에게 남긴다. 테이트 미술관에서 내 눈길을 가장 오래 사로잡았던 작품 중 하나는 바로 밀레이의 「오필리어의 죽음」이었다.* 연인인 햄릿이 아버지를 살해했다는 사실을 알고 자살한 오필리어를 그렸다. 연못 주변의 섬세한 나뭇잎과 대비되어 꽃 한 송이를 애처롭게 든 오필리어의 가냘픈 흰 손을 보는 순간 나는 그 촉감이 그대로 전해지는 것 같은 전율을 느꼈다. 하지만 그 느낌이 더욱 강렬한 것은 분명 이 그림에 인생의 비극을 직시한 셰익스피어의 풍성한 이야기가 가득 담겨 있기 때문일 것이다.

* 사실 이 그림은 밀레이가 영국 시골의 시내를 찾아가 그린 풍경화에 목욕탕 물에 뜬 모델의 그림을 겹쳐 그린 것이다. 이 그림 모델은 모자 상점 종업원 엘리자베스 시델이라는 여인이었다. 엘리자베스는 밀레이의 요청에 따라 고전풍 옷을 입고 목욕탕에 들어가 물에 떠 있는 여인의 연기를 여러 번 되풀이했다. 그런데 공교롭게도 그녀는 이미 폐결핵에 걸려 있었다. 그림이 완성된 후 엘리자베스는 폐결핵이 악화되어 28세 젊은 나이에 사망하고 말았다. 그녀는 '오필리어의 죽음'을 위해 '죽음의 연기'를 한 것이다.

히틀러가 뮌헨에 남긴 것

뮌헨에서

1996년 9월 나는 한껏 들떠 있었다. 젊은 신경과 조교수였던 내가 처음으로 세계 뇌졸중 학회에 초청받아 강의를 하게 된 것이다. 9월의 청명한 하늘이 독일 땅을 처음 밟은 나를 맞았다. 강의는 뇌졸중의 하나인 내측연수뇌졸중에 대한 내용이었다. 강의 장소는 독일 뮌헨의 컨벤션 센터 컨퍼런스 홀이고 당시 참석한 학자들은 어림잡아 2000명 정도 되었다. 홀은 컴컴했으나 천장 이곳저곳에서 내려오는 노란 불빛들이 여러 각도로 연단 위에 선 나를 비추고 있었다. 이 커다란 홀에서 강의를 하다 잠시 뒤를 돌아보니 점까지 크게 찍힐 정도로 엄청나게 큰 화면에 내 얼굴이 하나 가득이었다.

본인이 할 말은 아니겠지만 나는 여기서 강의를 웬만큼 잘했던 것 같다. 강의 후 박수도 많이 받았고 질문도 여럿 나왔는데 나름대로 대답도 잘했다. 이 강의에 대한 준비를 오래 전부터 했기 때문이리라. 특히 비행기를 타고 오는 10여 시간 동안 열심히 연습을 했더니 거의 강의할 내용을 외울 수 있었다. 이후 세계 여러 곳에서 강의 초청을 받아 불려 다녔지만, 이때만큼 열심히 강의 준비를 한 적은 없다. 실은 날이 갈수록 점점 게을러져서, 요즘 같아서는 거의 강의 준비를 안 하다가 비행기를 타고 가는 동안 부리나케 당일치기 연습을 하고는 한다.

이런 개인적 추억이 있는 뮌헨은 내가 보기에는 정말 살기 좋은 도시다. 베를린, 함부르크에 이은 독일 제3의 대도시면서 어딜 가나 녹지가 우거져 있고 남쪽으로는 알프스 산맥이, 북쪽으로는 너른 평야가 펼쳐지는 따스하고 해가 많이 비치는 도시이다. 여기서 남서 쪽 퓌센 지방으로 조금만 더 가면 꿈의 궁전 노이슈반슈타인 성이 나타나고 북쪽으로 로맨틱 가도를 따라 오르면 고색창연한 중세 도시 로텐부르크를 볼 수 있다.

하기는 뮌헨은 그 자체만으로도 훌륭하다. 뮌헨에는 BMW 같은 고급 자동차 공장이 있고, 멋진 건축물들이 많다. 수준 높은 예술의 도시이기도 한데, 이를 과시하려는 듯 알테 피나코테크에는 많은 훌륭한 그림들이 소장되어 있다. 특히 렘브란트의 여러 자화상과 루벤스의 「레우키포스 딸들의 납치」와 같은 박력 있는 그림들이 관객들을 매료시킨다.

독일 사람들은 일반적으로 딱딱하고 융통성이 없다고들 하는데 내가 경험한 독일 의사들도 마찬가지다. 이 양반들은 대체로 실력도

뮌헨 대학교 입구

좋고 영어도 유창하게 구사하니 우리가 보기에는 남부러울 것이 없는 사람들이다. 하지만 왜 그런지 이 사람들은 항상 걱정이 많고, 뭔가 부족하다는 듯 굳은 표정을 하고 있다. (사실 독일의 의료 제도 때문에 독일 의사들이 다른 나라에 비해 상대적으로 가난한 것은 사실이다. 많은 젊은 의사들이 미국으로 이민을 간다.) 오히려 더 가난한 나라, 영어를 못하는 나라 사람인 한국 의사들의 모습이 더 편안해 보인다.

하지만 뮌헨의 모습은 독일치고는 부드러운 편이다. 특히 북부 지역 레오폴드 거리를 중심으로 펼쳐진 슈바빙, 뮌헨의 몽마르트르라고 불리는 이 지역은 나름대로 아방가르드 문화의 냄새를 풍긴다. 뮌헨 대학과 더불어 주변의 카페와 학사주점, 골동품 가게 등이 학구적이면서도 자유로운 분위기를 만들어 내고 있다. 물론 대형 음식점과 카페가 주종을 이룬 현재의 모습은 수필 「그리고 아무 말도 하지 않았다」에서 전혜린이 묘사한 정겨운 모습과는 거리가 있다. 그래도 뮌헨 대학교 주변, 슈바빙의 자유로운 정신은 이 거리를 자유롭게 배회하는 듯하다.

19세기 말에서 20세기 초에 걸쳐, 기존 예술 세계에 대한 반항과 탐구 정신으로 뭉친 토마스 만, 릴케, 칸딘스키 같은 예술가들이 자주 모여들던 곳도 바로 이 슈바빙의 카페였다. 그런데 그 속에는 도무지 어울리지 않을 것 같은 사람이 한 사람 끼어 있었다. 바로 얼치기 예술가 아돌프 히틀러다.

아돌프 히틀러의 출현

제2차 세계 대전을 일으킨 아돌프 히틀러는 원래 미술 지망생이었다. 빈의 미술 아카데미에 두 번 낙방한 이 실패한 예술가는 홀로 뮌헨의 하숙집을 전전했고, 슈바빙의 카페에 자주 들렀다. 그는 항상 말이 없고, 다른 사람들과 잘 어울리지 않는 괴짜였다. 그에게 예술적 정신이 아주 없는 것은 아니었다. 하지만 히틀러는 게을렀고 계획을 세워 착실하게 일을 추진하지 못했다. 그의 생각은 언제나 현실과 동떨어져 늘 예술과 철학의 환상의 세계에 살고 있었다. 그렇다고 예술이나 철학에 탁월한 소양이 있는 것도 아니었다. 사실 예술이나 철학에 대한 그의 이해는 매우 설익고 환상적인 것이었다.

예컨대 『나의 투쟁』에 나오는 주장들, 독일인의 우월성, 유태인들의 속물 근성, 사회적 진화론 같은 이론은 이미 당시에 여러 독일 학자들이 주장하던 것이었고 전혀 새로운 이론은 아니었다. 하지만 이런 히틀러도 몇 가지 남다른 능력을 가지고 있었다. 우선 시중에 흘러 다니는 여러 학설을 나름대로 소화해서 자기 것인 양 포장하는 능력, 그리고 적어도 대중 연설에 발군의 능력이 있었다.

제1차 세계 대전이 끝난 후 정치적으로 혼란스러운 가운데 뮌헨에는 여러 군소 정당들이 자생했다. 하지만 제대로 된 정당이라기보다는 한 무리의 노동자들이 모여 맥주홀에서 불만을 털어놓는 수준이었다. 독일 노동자당에 가입한 그는 끈질긴 조직 활동으로 주도권을 잡았고, 특이하면서도 감동적인 연설을 통해 점차 청중들을 주변에 모았다. 앞서 말한 대로 그의 연설이 대단한 사상적 내용을 담은 것은 아니지만, 그는 대중의 심리를 예리하게 겨냥할 줄 아는 탁월한 연출가였다. 그는 몇 가지 단순한 주장, 예컨대 수치스러운 베르사유 조약의 부당성, 유태인에 대한 증오, 독일인의 위대함을 강조했다. 즉 당시 우왕좌왕하던 독일 대중들이 가장 듣고 싶은 내용을 쉽게 요약하고 단순하게 반복함으로써, 패전 이후 침울해진 독일인의 마음을 사로잡았던 것이다.

어느 정도의 추종자들을 거느린 히틀러는 나치당 당수가 된 후 맥주홀에서 쿠데타를 일으키는 등 바이마르 공화국을 전복시키려 했고, 결국 힌덴부르크 대통령이 사망하자 총통에까지 오르게 된다.

이런 히틀러의 성공에는 주변 정당이나 국가의 도움도 일조를 했다. 제1차 세계 대전 후 혼란한 와중에 유럽의 강국들이 가장 불안해했던 것은 볼셰비키 혁명이 성공한 러시아였다. 게다가 독일의 공산당도 상당한 대중적 지지도를 얻고 있었다. 독일의 보수자유주의자나 프랑스, 영국 같은 주변국들에게 가장 공포스러운 시나리오는 독일이 공산화되는 것이었다. 따라서 그들은 공산 정권보다는 차라리 민족주의를 지향한 히틀러의 파시스트 정권이 낫다고 보았다. 프랑스나 영국은 히틀러가 베르사유 조약을 어기며 군대를 정비하고 경제를 재건하는 데 일말의 불안감을 느꼈으나 히틀러의 야망을 과소평가하고 있었다. 히틀러가 잘 훈련된 기갑 부대를 앞세워 돌연 폴란드를 침공하기 전까지는 말이다.

히틀러의 병명은?

그런데 이처럼 나라 안팎으로 승승장구하고 전대미문의 세계 대전을 일으킨 히틀러도 여러 가지 괴로운 신체적 증세로 고생했다고 전해진다. 이런 증상들 중 가장 뚜렷한 것은 손 떨림이었다.

히틀러의 왼쪽 손 떨림은 그가 50대에 들어선 1941년경 시작된 것으로 생각된다. 증세는 날이 갈수록 점점 더 심해졌다. 젊었을 적 히틀러의 사진을 보면 왼손으로 오른손 팔목을 잡는 포즈를 취하고 있는데 1941년 이후에는 오른손으로 왼손을 잡는 포즈를 취하고 있다. 떨리는 왼손을 감추기 위해서였을 것이다. 1943년경부터는 그의 몸동작이 점점 둔해지지 시작했다. 걸음걸이가 느려지고, 발을 질질 끌었으며 말도 어둔해졌다. 1944년 히틀러의 국방장관이었던 슈피어는 이렇게 기록했다. "히틀러는 마치 늙은 사람처럼 몸을 떨었다. 그의 사지는 떨리고 허리는 꾸부정하게, 다리를 질질 끌면서 걸었다.

평소 깨끗하고 단정한 복장과는 달리 그의 제복은 떨리는 손 때문에 흘린 음식으로 지저분하게 더럽혀져 있었다."

이런 증세를 종합해 보면 히틀러는 파킨슨병을 앓은 것으로 생각된다. (파킨슨병의 특징은 손발 떨림, 몸동작 느려짐, 팔다리 근육 강직, 그리고 구부정한 걸음이다.) 그런데 히틀러의 의학적 기록에는 파킨슨병이라는 병명이 언급되어 있지 않으며 오랫동안 그의 주치의였던 모렐 박사의 기록에도 손 떨림이나 걸음걸이 이상에 대한 기록이 없다. 오직 히틀러가 사망한 이후에야 그를 생전에 진찰한 적이 있던 키에싱 박사가 히틀러의 팔에 경직이 있었다고 기록했다. 따라서 히틀러의 병명에 대한 의문은 그가 사망한 후 한참이 지난 1960년대 이후에야 히틀러의 행동에 대한 기록 및 다큐멘터리 필름을 세밀하게 조사한 레켄발트, 스토크, 기벨스 같은 학자에 의해 제기되었다. 아무튼 여러 정황으로 볼 때 히틀러가 파킨슨병을 앓았음은 의심할 바 없어 보인다.

파킨슨병과 2차성 파킨슨병

파킨슨병은 알츠하이머병과 더불어 비교적 흔한 퇴행성 뇌질환으로 중뇌의 흑질에 있는 신경 세포가 선택적으로 퇴화되는 병이다. 이 흑질의 신경 세포는 뇌의 깊숙한 곳에 있는 기저핵에 도파민이라는 신경 전달 물질을 공급한다. 결국 흑질 세포가 퇴화되어 도파민이 부족해지면 기저핵의 기능이 떨어진다. 원래 기저핵은 인간의 동작을 원활하게 조절하는 일을 하는데, 이런 동작의 조절이 잘 안되므로 손이 떨리고 행동이 느려지는 것으로 생각된다. 이처럼 중뇌 흑질이 퇴화되는 근본적인 이유는 현대 의학에서도 아직 정확히 밝혀져 있지 않다.

그런데 비교적 드물지만 기저핵을 손상시키는 다른 질환 때문에 파킨슨병 증상이 2차적으로 발생하는 경우도 있는데 이를 '2차성 파킨슨병'이라 부른다. (중뇌 흑질의 퇴화에 의한 파킨슨병은 '1차성 파킨슨병'이라 할 수 있다.)

2차성 파킨슨병의 중요한 원인 중 하나는 뇌졸중(뇌혈관이 막히거나 터지는 병)이다. 뇌혈관이 막혀 기저핵의 기능이 저하되면 마치 파킨슨병 환자처럼 동작과 걸음이 어둔하고 몸이 뻣뻣해지는데 이 경우는 1차성 파킨슨병에 비해서 손 떨림 증세는 적은 것이 특징이다. 그리고 기억력이 감소하고 손발 마비, 실어증 등과 같은 뇌졸중 병력 혹은 뇌졸중 후유증 증세가 남아 있는 것이 보통이다.

또 하나의 2차성 파킨슨병 원인으로 '중독'이 있다. 1980년대 이전에는 우리나라에 가스 중독에 의한 2차성 파킨슨병이 많았다. 가스 중독으로 뇌의 기저핵이 손상되어 파킨슨병 증세를 일으키는 것이다. 연탄 사용이 줄어들면서 이제 이런 환자를 보기는 매우 힘들다.

뇌염, 즉 뇌에 바이러스 같은 균이 들어와 염증을 일으키는 경우에도 기저핵이 손상된다면 파킨슨병 증상이 생길 수 있다. 일본 뇌염이 기승을 부리던 1970~1980년대에는 뇌염의 후유증으로 파킨슨병 증상이 나타난 환자들을 종종 볼 수 있었다. 물론 바이러스가 기저핵만 선택적으로 손상시키지는 않으므로 대부분의 환자는 파킨슨병 증세 이외에 의식 이상, 실어증, 마비 등과 같은 다른 신경계 증상도 나타낸다. 뇌염 백신의 개발로 1980년 중반부터 일본 뇌염이 급감했고 이후 뇌염에 의한 파킨슨병은 거의 볼 수 없다.

마지막으로 약물 중독도 2차성 파킨슨병의 중요한 원인이다. 가장 유명한 것은 정신과 약물이다. 정신 분열증 같은 병은 우리 뇌에서 도파민이 다른 물질에 비해 지나치게 높은 것이 특징이다. 따라서 많은 정신 분열증 약은 도파민 분비를 저하시키는 특징이 있고 이에 따라 파킨슨병 증세를 일으킬 수 있다. 다행히 최근 개발된 정신병 약들은 기저핵의 도파민에는 영향을 거의 주지 않아 파킨슨병 증상을 일으키는 경우는 드물다. 현재는 오히려 도파민을 저하시키는 몇 가지 위장약이 더 중요한 2차성 파킨슨병의 원인이다.

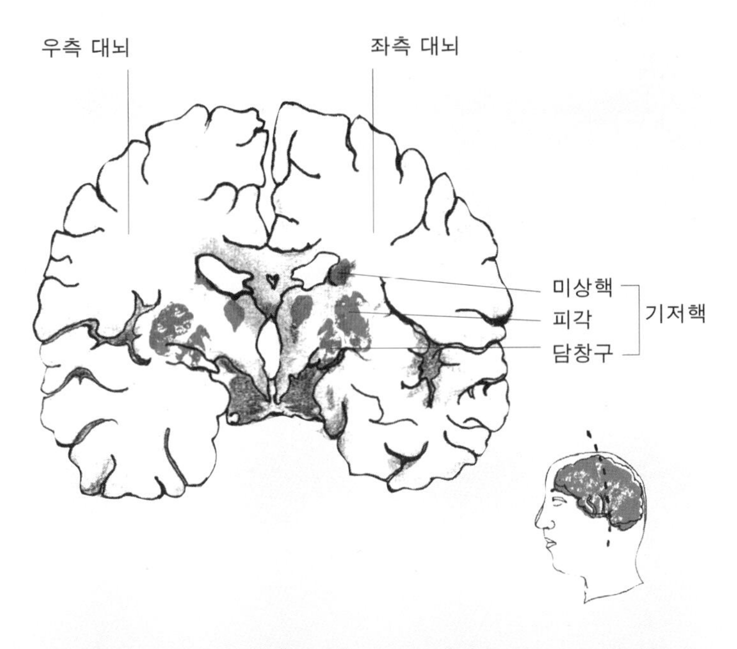

기저핵. 뇌의 깊은 곳에 있으며 미상핵, 남창구, 피각으로 이루어져 있다.

또 다른 의문

이미 말한 대로 히틀러의 손 떨림과 둔해진 동작은 파킨슨병으로 설명된다. 그렇다면 히틀러의 병명은 1차성 파킨슨병일까 다른 원인에 의한 2차성 파킨슨병일까?

손 떨림 이외 히틀러는 점차 다른 증세를 나타내기 시작했다. 독일에서 전권을 장악하고 폴란드를 침공할 때까지 그는 한치의 오차도 없는 치밀한 전략가였다. 필요한 충복들을 포섭했고, 많은 정적을 제거했으면서도 독일 대중에게 믿음을 줄 수 있었던 것도 그의 탁월한 계산과 연출력 덕분이었다. 하지만 1940년대에 들어 히틀러는 그답지 않은 판단 착오 증세를 보이기 시작한다. 이런 판단 실수와 이후 진행된 증세를 고려해 볼 때 히틀러의 인지 능력 장애가 의심스러워진다.

1940년 독일의 하인츠 구데리안 기갑 부대는 서쪽으로 진격해 네덜란드, 벨기에를 거쳐 프랑스를 침공했다. 그런데 한창 진격하고 있는 도중 히틀러는 이해할 수 없는 이유로 갑자기 부대의 진격을 멈추게 했다. 부관들이 만류해 다시 진격을 명령했으나 히틀러는 이후 다시 진격을 멈추게 했다. 이로써 히틀러는 프랑스를 완전히 초토화할 절호의 기회를 놓쳤고 프랑스로 하여금 재무장할 시간을 벌게 했다. 당시 히틀러의 우유부단한 태도는 그 전과는 판이한 것이었으며 어쩌면 뇌 인지 기능 저하의 증세 때문일 수도 있다.

1941년 소련 침공 때도 마찬가지였다. 부대는 상중하로 나뉘어 침공했는데, 이때 중간 라인에서 모스크바로 진격 중이던 폰 보크의

BASAL GANGLIA
Caudate Nucleus
utamen
Thalamus
Globus
allidus
PARKINSO
DISEAS

군대는 특별한 이유 없이 진격을 멈추고 다른 부대를 도와주라는 명령을 받았다. 덕택에 시간을 번 소련군은 정렬을 재정비할 수 있었고, 기회를 놓친 독일군은 러시아의 혹독한 추위 속에서 소련군에게 패퇴하게 된다.

이후 히틀러는 점차 심해지는 인지 능력 장애와 성격 이상 증상을 보였다. 1945년부터 과대망상, 우울증, 조증, 격노, 편집증, 충동적인 성향을 보였고 일에 대한 지나친 집착(부하에게 맡기지 않고 사소한 일까지 챙기려 들었다.), 조리 없는 사고(1944년부터는 연설 중 문장을 혼동하곤 했다.), 무모한 명령(별 이유 없이 죄수 전원을 처형하라는 명령을 내렸다.) 등이 관찰되었다. 히틀러는 심지어 있지도 않은 부대를 배치하고 연료 부족으로 출항이 불가능한 비행기로 물자를 수송하라 명령했다. 히틀러 자신도 자신의 문제를 인식한 듯하다. 그는 자신의 변호사 프랑크에게 "다른 이들이 눈치채지 못할 정도로 몇 년 동안 조금씩 미치는 것이 가능한가?"라고 물었다.

히틀러는 미증유의 치열한 세계 대전 한가운데에 있었다. 또한 적뿐 아니라 측근으로부터 끊임없는 암살 시도에 시달렸다. (암살 시도는 적어도 40번이 넘는 것으로 알려졌다.) 그리고 많은 시간을 컴컴한 지하 벙커에서 은신해 살았다. 이러한 과도한 정신적 스트레스가 그의 판단 장애와 성격 이상 증세를 초래한 것일까? 그렇지 않다면 그의 인지 능력 장애와 성격 변화를 초래한 다른 뇌질환이 있었던 것이 아닐까?

이런 점을 고려해 히틀러의 병이 중뇌가 퇴화되는 1차성 파킨슨병이 아니라 2차성 파킨슨병이라는 주장이 고개를 들었다. 예컨대 미국 배로 연구소의 신경과 의사 에이브러햄 리버맨은 히틀러가 뇌염의 후유증으로 파킨슨병을 앓았다고 주장했다. 특히 자율 신경 장애, 수면 장애, 우울증, 분노, 안절부절 못함, 반사회적 성격 같은 것이 뇌염의 후유증에 의한 대뇌손상 증세라는 것이다. 물론 파킨슨병을 일으키는 것으로 알려진 뇌염이 유럽에서 1919년경 유행했고, 히틀러가 이때 뇌염을 앓았다면 이 해석이 가능하다. 하지만 조사된 여러 연구에서 그가 뇌염을 앓은 병력은 나타나지 않았다. 게다가 뇌염 발생 후 특징적으로 나타나는 안구 운동 장애도 없었다. 무엇보다도 히틀러의 마지막 나날에 인지 장애 증세가 나타나기는 했지만, 그래도 오랫동안 살아오면서 치밀한 전략으로 권력을 탈취하고 반대파를 숙청할 정도의 지적 능력을 유지하고 있었다는 점은 그를 뇌염의 후유증을 앓던 사람이라고 보기 힘들게 한다.

히틀러의 증세는 약물 중독일 가능성도 있다. 말년의 그는 피부 질환, 위장 장애, 심장 두근거림, 호흡 곤란, 현기증, 두통, 이명증, 시력 장애 등 온갖 증세를 끊임없이 호소했고, 비타민, 남성 호르몬, 한약, 마약, 안정제 등 수많은 약을 무차별 복용했다. 그러나 히틀러의 파킨슨병이 약물 중독에 의한 것 같지는 않다. 정신과 약 같은 파킨슨병을 일으키는 약을 장기적으로 복용한 것 같지는 않기 때문이다. (정신과 약 중에는 뇌의 도파민을 저하시키는 약이 많으므로 파킨슨병을 부작용으로 일으킨다.) 다만 히틀러는 각성제인 암페타민을 자주 복용했으므로 암페타민 중독으로 안절부절 못하고 화를 잘 내는 증세가 생겼을 수는 있을 것이다. 즉 약물 중독이 인지 능력 장애나 성격 변화에 일부 기여했을 가능성은 있다. 그러나 암페타민이 직접적으로 파킨슨병 증세를 일으켰다고 보기는 어렵다.

마지막으로 대두되는 질문은 매독이다. 히틀러의 의학 소견 상 매독 반응은 음성으로 나온 것으로 전해진다. 하지만 매독이 잠복기에 있는 동안은 혈청 반응이 음성으로 나올 수도 있다. 히틀러는 피부 질환, 위장 장애 등에 시달렸는데 이 역시 매독의 증상일 수 있다. 히틀러의 주치의 모렐 박사는 최고의 권력자가 원하는 대로 약을 마구 처방한, 정치적인 의사인 듯하다. 그래서 여러 독일 의사들은 그를 돌팔이 취급했다. 그러나 모렐 박사는 피부 비뇨기계 질환, 특히 매독에는 조예가 깊은 의사이다. 이런 사람을 특별히 주치의로 모신 것은 히틀러가 매독으로 고생했기 때문이 아니겠느냐는 의견도 대두된다. 물론 히틀러의 인지 능력 저하나 성격 장애는 모파상이나 니체 같은 말기 대뇌 매독 환자 증세보다는 훨씬 더 경미했다. 하지만 히틀러는 자살로 생을 일찍 마감했기 때문에 심각한 뇌 매독 증세가 미처 나타나지 않았을 가능성도 있다.

아무튼 여러 정황을 보아 히틀러가 파킨슨병을 앓은 것만은 분명한데, 뇌염이나 다른 2차적 원인이라기보다는 퇴행성 질환으로서의 1차성 파킨슨병을 앓았을 가능성이 더 많다. 총통의 권력 속에서 안주했던 주치의 모렐은 정확한 병명을 몰랐거나, 혹은 이를 숨겼을 수도 있다. 그러나 병명을 알았다고 해도 당시로서는 별 수가 없었다. 파킨슨병에 가장 잘 듣는 약인 엘-도파는 히틀러가 사망한 후 오랜

마리엔 광장과 시청사

시간이 지난 1969년 미국의 코지어스 박사의 임상 연구를 거쳐 비로소 효과적인 약으로 사용되기 시작했기 때문이다. 엘-도파는 현재까지도 파킨슨병 환자에서 가장 많이 사용되는 약이다.

뮌헨의 두 얼굴

오전 11와 12시, 오후 5시만 되면 장난감 병정들이 일렬로 시계탑 주위를 도는 유명한 뮌헨 시청사. 이를 구경하러 마리엔 광장 주변을 어슬렁거리는 사람은 대부분 관광객들이다. 이곳으로부터 두 블록만 더 안쪽으로 들어가 음식점과 술집이 줄 지어 있는 암 피아츠 거리에 디디르면 천정이 높은 기다린 맥주홀 호프브로이 하우스를 반날 수 있다. 언제나 남자 종업원들이 활기차게 손님을 맞는 이곳은 떠들썩한 젊은이들이 삼삼오오 모여 앉아 맥주를 기울이는 평범한 장소이다. 나는 소시지와 더불어 옥토버페스트 맥주를 시켜 마셨는데, 혼자라서 그런지 배가 고프지 않아서 그런지 썩 맛있지는 않았다. 게다가 나는 커다란 동굴 같은 이 맥주홀에서 어쩐지 으스스한 느낌을 갖지 않을 수가 없었다.

히틀러의 『나의 투쟁』과 요아힘 페스트의 『히틀러 평전』에 따르면 1919년 나치의 전신인 독일 노동자당의 집회가 자주 이곳에서 열린 것으로 되어 있다. 히틀러는 바로 이곳에서 발군의 연설 실력으로 추종 세력을 불리고 당원을 장악했던 것이다. 인간에게도 누구나 천사 같은 모습과 사악한 모습이 있듯이, 지성과 감성을 잘 갖춘 남성 같은 뮌헨에도 음험한 모습은 구석에 숨어 있고, 호프브로이하우스는 그런 어두운 느낌을 내게 준 것이다.

이런 감정을 좀 더 강렬하게 느끼고 싶다면 뮌헨 근교의 다카우 유태인 수용소를 들르는 것도 좋다. 오랫동안 사용되지 않은 화학 공장을 개조해 만든 이곳은 1933년부터 독일이 패망한 1945년까지 유태인과 나치에 대항한 수많은 사람들이 갇혀 있었던 곳이다. 이곳에 20만 명 이상이 수용되었고 고문과 굶주림, 질병 등으로 죽어 간 사람만 3만 2000명에 달한다. 놀라운 것은 독일인들은 그때 벌어진 잔학 행위에 대한 모든 끔찍한 사진과 필름을 생생하게 관람객들에게 보여 주고 있다는 사실이다.

이런 사진을 보면 저절로 의문이 피어오른다. 19세기를 지나 막

20세기로 접어들 무렵 세상은 긍정적인 신념으로 가득 차 있었다. 무엇보다도 유럽에서는 프랑스 혁명과 산업 혁명을 거쳐 봉건주의 압제와 교조적인 신앙의 시대가 지나가고 인간의 지성과 능력에 대한 믿음에 한껏 고무되어 찬란한 미래를 바라보던 때였다. 그렇다면 어째서 이런 비극이 독일로부터 초래되었을까? 어떻게 전쟁광인 히틀러가 파쇼 정권을 수립하고 전대미문의 전쟁을 일으킬 수 있었을까? 괴테, 헤세, 칸트, 헤겔, 바흐, 헨델 같은 위대한 예술가와 철학자들을 배출한 독일이 말이다.

물론 해석이 전혀 안 되는 것은 아니다. 히틀러가 출현할 당시 독일은 매우 불안정한 상태였다. 제1차 세계 대전 패전 후 굴욕적인 베르사유 조약으로 인한 국가 위신의 추락, 심각한 경제 위기와 인플레이션, 그리고 볼셰비키 혁명이 성공한 소련 공산당이 커다란 위협으로 다가왔다. 게다가 독일 국민들은 프랑스처럼 피비린내 나는 여러 사건을 통해 민주, 자유, 평등 사상을 배우고 경험한 적이 없었다. 따라서 이러한 위기감에 대항할 정신적 체력이 없는 독일인들은 혼란 상태를 단순 명쾌하게 해결해 주는 누군가를 원했고, 그런 사람의 권위의 품에서 안주하고픈 욕구가 많았을 것이다. 이것이 히틀러의 전략과 맞아 떨어졌다.

아버지를 일찍 여의고 17세의 나이에 객지로 나가 밥벌이를 했던 고아 소년. 규칙적인 노동을 견디지 못하고 대신 바그너의 정열적인 음악과 루벤스의 퇴폐적인 화려함에 넋을 잃던 젊은이. 이런 히틀러였지만 그가 오랜 동안 중얼대던 우울한 독백이 현란한 현실로 뒤어

슈바빙의 카페 뮌헨

호프브로이 하우스

나올 때, 그 힘은 마치 바그너의 「로엔그린」처럼 외롭고 불안한 많은 독일인들을 순식간에 전염시켰던 것이다.

히틀러는 600만 명이 넘는 유태인들을 학살했다. 물론 히틀러와 비밀경찰들이 저지른 일이며 일반 대중은 이런 사실을 잘 몰랐을 수도 있다. 그러나 정말 그럴까? 이 전대미문의 사건을 대중의 집단 증오가 히틀러라는 한 사람을 통해 표출된 것으로 볼 수는 없을까?

이런 음울한 생각을 하며 뮌헨 대학 북쪽 거리를 걷다가 카페 뮌헨에 앉아 카푸치노를 주문했다. 종업원이 웃으며 다가오더니 이 집은 1600년대부터 운영해 온 역사적인 카페라고 자랑한다. 어쩌면 빈에서 돌아온 이후 한 동안 슈바빙의 하숙집에서 묵었던 히틀러도

베토벤의 생가

이곳 단골이었을지도 모른다. 카페의 이곳저곳에는 몇몇 젊은 독일인들이 앉아 있었다. 일부는 심각한 얘기를 하는 것 같고 일부는 깔깔 웃으며 맥주를 기울이고 있었다. 그들의 웃음 속에 인간의 희망을 보지만, 한편 히틀러의 망령도 얼핏 보이는 것 같다. 사실 우리 인간 모두는 그런 모순으로 가득 찬 존재이므로.

본, 베토벤의 도시

독일 의사들과 회의를 하러 독일 중부의 지겐을 잠시 방문한 적이 있었다. 그 김에 얼마 떨어지지 않은 본을 들르기로 했다. 본은 라인강변의 작은 도시이다. 주변에 쾰른처럼 우람한 성당이 있는 것도 아니고 뒤셀도르프 같은 금융의 중심지도 아니다. 별다른 특색이 없는, 그저 작고 심심한, 우중충한 도시이다. 이런 본이 그나마 유명해진 것은 통일 전 서독의 수도였기 때문일 것이다. 그런데 이 시시한 도시가 서독의 수도가 된 이유도 단순한데, 당시 수상이었던 아데나워가 살던 지방이었기 때문이라 한다. 하지만 실제 내막은 좀 더 복잡하다는 것이 정설이다. 당시 진보적인 노동자가 많이 살던 프랑크푸르트와 보수적인 가톨릭 신자가 많이 살던 본이 수도 후보지로 경쟁했는데, 보수파가 승리해 본으로 결정되었다는 것이다.

이런 한가한 도시지만 그래도 본 사람들은 나름대로 자긍심이 있다. 우선 명망 있는 본 대학 때문이다. 1781년에 쾰른 선제후의 궁전을 개조해 창립된 유서 깊은 이 대학은 당시 라인 지방 계몽 운동의 중심지였고, 마르크스, 하이네 등이 수학한 곳이다. 그러나 본 시민의 자긍심은 무엇보다도 이곳이 '악성' 베토벤의 출생지이기 때문일 것이다.

가을이 깊어 가는 어느 10월, 나는 열차를 타고 본 역에 내렸다. 루돌프 제르킨의 LP 음반을 통해, 그리고 음악을 전공하는 누이의 피아노를 통해 어릴 적부터 친근하게 듣던 베토벤. 대위법과 화성의 완벽한 조화, 그리고 인간의 근본적 고통을 상기시키는 격렬한 멜로디는 어릴 적부터 나의 내면의 울림과 잘 맞았다. 그래서 나는 이 작은 도시에서 베토벤의 흔적을 찾고 싶었다. 다행히 베토벤의 도시인 본에서는 어딜 가나 베토벤 생가의 방향이 표시되어 있다. 게다가 본 시내의 중심지라 할 수 있는 뮌스터 광장에서 예쁜 거리를 따라 10분만 걸어가면 된다.

정원에 베토벤의 두상 조각이 있었다. 사진 촬영은 여기서만 허용된다. 이어 건물로 들어가 삐걱거리는 계단을 올라가면 베토벤의 친필 악보, 피아노, 사진과 두상, 난청 증세를 해결하기 위한 보청기(요즘 보청기가 아니라 마치 트럼펫처럼 생긴 커다란 도구이다.)나 글로 써서 의견을 교환했던 메모지가 전시되어 있다. 생가를 정성 들여 복원하고 자료를 성의 있게 정리, 보관한 훌륭한 박물관이라 할 수 있다.

베토벤은 여기서 22세까지 살다 발트스타인 백작의 권유에 따라 빈으로 이주했다. 빈에서는 35년을 살았고 베토벤의 무덤도 그곳에 있다. 따라서 그의 위대한 음악이 이곳에서 탄생한 것은 아니다. 그리고 이제부터 말하려 하는 그의 복잡한 여러 질병도 그렇다. 그럼에도 불구하고 이 한가한 박물관에서 나는 베토벤의 험난했던 인생과 그가 앓았던 난청을 비롯한 여러 질병에 대해 찬찬히 생각해 보기로 했다.

베토벤의 병명은?

베토벤은 평소 자신의 신체 증세를 호소하는 편지를 많이 썼다. 따라서 이를 통해 병명을 짐작해 볼 수 있다. 특히 일반인에게도 유명한 것은 그의 청각 장애다. 생명과 직결된 문제는 아니겠지만 음악가로서는 가히 치명적인 증상이라 할 수 있다. 베토벤은 28세부터 좌측 귀부터 시작해 양쪽 귀 모두에서 난청과 이명 증세를 호소했다. 이런 증세는 3년 동안은 그런대로 숨길 수 있었으나 이후로는 주변 사람들도 알게 되었다. 1801년 그는 이렇게 썼다.

> 내 청력은 수년간 서서히 나빠졌다. 낮과 밤으로 귀에서는 윙윙거리거나 부스럭거리는 소리가 난다. 다른 직업을 가진 사람이라면 견딜 수 있을지 모르나 나 같은 사람에게는 치명적이다. 지휘할 적에도 잘 듣기 위해 오케스트라 쪽으로 몸을 기울여야만 하고, 특히 악기나 성악가의 고음을 잘 못 듣겠다.

1814년 그의 나이 44세 때 그는 거의 완전히 귀머거리가 되었고, 그때부터 요한 말젤이 만든, 앞서 말한 보청기를 사용하기 시작했다. 1822년부터는 지휘를 할 수가 없게 되었고 정상적인 대화가 불가능해 수첩을 사용해 글로 적어 대화를 했다.

1824년 초연된 그의 마지막 9번 교향곡은 미하엘 움라우프가 지휘했다. 귀머거리 베토벤은 연주가 끝난 사실을 알지 못했을 뿐 아니라 청중의 박수소리조차 듣지 못했다. 그러자 콘트라알토 카롤린 웅거가 베토벤의 손을 잡고 기립박수를 보내고 있는 청중을 향하게 했다는 일화는 유명하다.

하지만 난청은 베토벤이 호소한 수많은 증상의 일부에 불과했다. 베토벤은 관절통과 피부병을 수시로 호소했다. 더 큰 문제는 10대부터 간헐적으로 발생한 복통과 설사, 그리고 이와 교대해서 나타나는 변비 증상이었다. 복통은 간혹 격렬해서 복통을 잊기 위해 술을 마시기도 했다. 1821년부터는 복통, 구토와 더불어 황달 증세가 생기기 시작했다. 황달 증세는 1825년부터 더욱 심해졌고 베토벤은 신체적, 정신적으로 황폐해지기 시작했다. 게다가 간헐적으로 열이 나고 다리가 붓고 기침과 각혈을 했는데 간 기능 장애와 폐렴으로 진단되었다. 1827년 복수가 차올라 배가 불룩해지자 복수 천자를 여러 차례 했는데 나중에는 복수에서도 염증 징후가 나타났다. (여러 차례 복수 천자를 시행하는 중 복막이 감염된 것 같다.) 이후 베토벤은 점차 혼수 상태에 빠졌다. 그는 3월 24일 오후 6시에 사망했다.

베토벤이 사망한 후 부검 결과 심한 간경화가 발견되었다. 그리고 만성 췌장염도 있었다. 결국 베토벤은 간경화에 의한 간성 혼수, 그리고 여기에 병발된 복수 감염 증세로 사망했다고 볼 수 있겠다. 사실 여기까지는 학자들 간에 별다른 이견이 없다. 하지만 청각 장애는 그렇지 않다. 다시 청각 장애 문제로 돌아가 보자. 베토벤의 청각 장애의 원인은 무엇일까?

평소 귀에서 진물이나 고름이 나왔다는 기록이 없고, 귀에 통증을 호소하지 않은 점으로 보아 중이염 같은 귓병을 앓은 것은 아닌 것 같다. 청력 소실을 일으키는 비교적 흔한 병 중 하나로 메니에르병(99쪽 참조)이 있다. 이는 그리 드물지 않은 병으로 내이(안쪽 귀)의 림프액의 혈류 장애에 의해 반복적으로 찾아오는 심한 어지럼증과 이명증을 호소한다. 그러면서 청력이 서서히 쇠퇴해 간다. 그러나 베토벤이 메니에르병을 앓은 것 같지는 않다. 심한 어지럼증 발작을 호소하지 않았기 때문이다. 따라서 귀의 문제라기보다는 청신경의 문제가 있었던 것으로 해석된다. 고음역(high pitch)의 소리를 주로 듣지 못했다는 사실도 이에 상응한다. (청신경의 손상에 의한 청력 장애의 경우 저음보다는 고음을 더 못 듣게 된다.)

이쯤에서 베토벤의 부검 소견을 다시 한번 살펴보자. 부검 소견에 따르면 베토벤의 두개골의 두께는 평균 0.5인치로 보통 사람보다 두꺼운 것으로 기록되었다. 청신경은 매우 가늘어져 있고(왼쪽이 오른쪽보다 더 심하게) 청신경에 혈액을 공급하는 혈관(auditory artery)에는 동맥경화 소견이 있었다. 그러나 매독과 같은 만성 염증에 의한 혈관염 소견은 존재하지 않았다.

베토벤의 두개골의 두께가 두꺼웠던 점으로 미루어 파젯병(Paget disease)의 가능성을 제시하는 사람도 있다. 파젯병은 두개골의 뼈가 점차 두꺼워지는 병으로 두꺼워진 뼈가 청신경을 눌러 청각이 소실될 수 있다. 그러나 이런 청각 증세는 대개 나이가 들어 생기므로 20대에 벌써 청각 장애를 호소한 베토벤의 경우와는 잘 맞지 않는다. 게다가 베토벤의 두개골이 전반적으로 고르게 두꺼워진 점도 파젯병의 일반적인 소견과는 다르다.

아마 독자들 중에는 이미 이 책에서 여러 차례 나온 매독을 의심하는 분들이 있을 것이다. 매독은 당시에는 흔한 병이었고, 뇌를 침범한 매독은 뇌막이나 대뇌를 손상시키는 중요한 질병이었다. 그리고 매독으로 인해 청신경이 손상되어 난청이 생길 수도 있다. 그러나 청신경 손상은 대개 심각한 대뇌 매독 증세와 더불어 발생하는 것이 보통이다. 따라서 별다른 대뇌 이상의 징후가 없는 27세 젊은 청년의 청력 소실의 원인으로 생각하기는 어렵다. 물론 베토벤은 말년에 들어 성격이 급하고 과격해졌으며 종종 불같이 화를 내고는 했다. 그러나 이런 증세를 반드시 대뇌질환의 증상이라고 볼 수는 없다. 예컨대 귀머거리로 살아가야 하고 작곡까지 해야 하는 무거운 중압감 속에서, 그러지 않아도 예민한 성격의 베토벤이 자주 화를 내는 것은 그런대로 이해할 만하다. 어쨌든 대뇌 매독의 전형적인 증세인 치매 그리고 망상(43쪽 참조) 같은 증세는 나타나지 않았다. 게다가 베토벤이 자신의 조그마한 건강상의 문제도 지인들에게 적어 보내는 성미였음에도 성기에 피부병이 생겨 고민했다는 언급은 어디에도 없다. 마지막으로 부검 소견에서도 대뇌나 혈관에 매독에 의한 병변은 발견되지 않았다.

매독 이외에 청신경을 손상시킬 수 있는 만성 염증 질환으로 장티푸스나 결핵도 거론된다. 특히 결핵에 의한 뇌막염은 예전에는 청력이 소실되는 중요한 원인 중 하나였다. 베토벤의 경우 결핵 같은 병이 위장과 뇌막에 침투해 위장병과 뇌막염, 그리고 이의 합병증에 의한 청력 장애를 일으켰을 가능성이 있을까? 하지만 이 가정은 잘 맞지 않는 것 같다. 베토벤의 위장 증세는 간헐적으로 오랜 세월에 걸쳐 일어났는데 위장 결핵의 증세와는 잘 맞지 않는다. 게다가 결핵성 뇌막염이나 뇌염은 매우 심각한 병으로 귀가 전혀 안 들릴 정도로 청신경이 손상되었다면 다른 뇌손상 증상도 매우 심했어야 한다. 베토벤처럼 청각 감퇴 증세가 생긴 후 수십 년을 더 살았다는 점은 잘 맞지 않는다.

한편 베토벤의 머리카락을 조사한 결과 납 함량이 증가된 것이 발견되어 납 중독의 가능성도 거론된다. 만성적인 납 중독은 복통과 설사를 일으키고 뇌 증상을 일으키며 청신경도 손상시킬 수 있다.

베토벤의 머리카락에는 왜 납이 증가했을까? 매독설을 주장하는 사람들은 당시 중금속이 매독의 치료제로 사용되어 그렇게 된 것이라고 주장한다. 하지만 납은 매독이 아닌 다른 피부병에도 사용됐다. 이보다 가능성이 많은 것은 베토벤의 음주 습관 때문일 것이다. 베토벤은 술을 즐겼는데 주로 포도주를 마셨다. 정신적이든 육체적이든 괴로울 때는 무조건 포도주를 마셨다. 베토벤의 시대에는 흔히 포도주에 산화납(lead oxide)을 처리해 희석했는데 이렇게 해야 포도주가 달고 신선해지기 때문이었다. 베토벤 머리카락의 납 성분은 이런 음주 습관 때문일 가능성이 많지만 사실 머리카락의 납 성분만으로는 베토벤이 납 중독 상태였는지를 확실히 증명하지도 못한다. 납 중독 상태를 더 정확히 알려 주는 것은 뼈의 납 농도인데, 아쉽게도 베토벤의 뼈 속 납 농도는 분석되지 않았다.

마지막으로 최근 보스턴의 터프트 대학교 칼모디 박사 팀은 염증성 자가 면역 질환인 '염증성 위장 증후군(inflammatory bowel disease)'으로 베토벤의 모든 증세를 설명할 수 있다고 주장한다. 염증성 위장 증후군은 만성적으로 대장에 염증을 일으키는 일종의 자가 면역 질환인데 여기에 해당되는 대표적인 병에 궤양성 대장(ulcerative colitis)과 크론병(Crohn's disease)이 있다. 두 질환 모두 면역 체계 이상으로 인해 대장과 소장에 각각 염증이 생기는 질환으로 간헐적으로 복통과 설사 증상을 일으킨다. 이 경우 전신적인 면역 체계에 이상이 있으므로 장 이외의 다른 장기에도 손상이 생길 수 있다. 예컨대 피부병(erythema nodosum), 홍채염(uveitis), 관절염

박물관 정원의 베토벤 두상

(ankylosing spondylitis) 등이 생길 수 있다. 담도관에도 염증이 생겨 경화성 담도염(primary sclerosing cholangitis)을 일으킬 수 있는데 이것이 오래 진행되면 간경화로 발전할 수 있다. 뿐만 아니라 이들 환자에서 면역학적인 이상으로 청신경이 손상되는 경우도 보고되었다. 베토벤의 경우 만성 장염, 청력 저하와 더불어 관절염, 피부병을 모두 앓았고 말년에 간경화로 고생했으니 이 한 가지 병으로 베토벤의 모든 증세를 설명할 수 있다고 그들은 주장한다. 그러나 이 병 자체가 매우 희귀하기 때문에 증상의 조합만으로 베토벤의 질병을 진단하는 데는 주의를 요한다. 이 설의 진위 여부를 떠나 흥미로운 것은 베토벤 자신도 자신의 청각 장애는 위장 장애와 연관되어 있다고

생각했다는 사실이다.

내 생각에 베토벤은 술을 많이 했던 사람이므로 간경화는 이런 드문 병보다는 심한 음주 때문에 생겼을 가능성이 더 높다. 물론 베토벤이 과연 간경화를 일으킬 정도로 술을 많이 마셨는지에 대해서 논란이 있으며 부검소견도 알코올성 간경화에 특징적인 소결절성 간경화(microlobular cirrhosis)가 아닌 대결절성 간경화(macrolobular cirrhosis)인 점은 마음에 걸린다. 그러나 간염과 더불어 만성적인 음주는 간경화의 가장 흔한 원인임은 예나 지금이나 변함없는 사실이다. 베토벤의 경우 음주가 모든 질병의 원인이라 생각하기는 힘들지만, 위장 증세와 간 증세의 악화 그리고 말년의 정신적인 황폐함에 어느 정도 기여했음은 분명한 것으로 생각된다.

간성 혼수 혹은 뇌병증

간의 대표적인 기능 중 하나는 우리가 섭취한 음식물이 장에서 소화되는 과정 중 발생한 여러 독성 물질을 해독하는 기능이다. 간염, 간경화, 간암 등과 같은 만성 간질환이 있는 경우 장에서 간으로 들어오는 정맥의 혈액 순환이 나빠지므로 혈액이 간을 우회함으로써 혈액 속의 여러 독성 물질이 해독되지 못한 채 온몸을 돌게 된다. 이런 독성 물질이 뇌로 들어가면 대뇌가 전반적으로 손상되며, 환자는 혼돈, 성격 변화 등의 대뇌 기능 장애 증상을 일으킨다. 심한 경우 간질 발작을 하거나 의식을 잃어버린다. 이를 간성 뇌병증(hepatic encephalopathy) 혹은 간성 혼수(hepatic coma)라고 부른다. 여러 독성 물질 중 특히 암모니아는 뇌손상을 일으키는 데 결정적으로 기여하며, 간성 뇌병증 환자는 대체로 혈중 암모니아 수치가 증가되어 있다. 치료로는 혈중 암모니아 수치를 낮추는 여러 방법을 사용한다. 초기에 치료하는 경우 흔히 회복하지만 증세가 심한 경우 사망하기도 한다. 간경화, 간암 등의 질병이 근본적으로 완치되기 어려운 병이므로 이런 환자에서 간성 뇌병증 증세는 여러 차례 악화와 호전을 반복하는 경우가 대부분이다.

베토벤은 왜 인상을 쓰고 있을까?

베토벤 박물관을 모두 둘러본 후 다시 한번 정원으로 나와 베토벤의 두상을 바라본다. 그런데 이게 그리 편하지 않다. 베토벤은 얼굴을 찡그리고 있었고 이마에는 깊은 주름이 새겨져 있었다. 영원히 풀리지 않는 고뇌의 상징처럼 보였다. 그런데 사실은 베토벤의 삶 자체가 고뇌와 갈등의 집합이었다.

베토벤의 고뇌의 싹은 어릴 적부터 시작됐다. 베토벤의 할아버지는 존경 받는 음악인이었지만 정작 아버지는 실패한 음악가이며 알코올 중독자였다. 그러면서도 자기 아들만은 모차르트 같은 신동 음악가이기를 바랐다. 그러나 모차르트 같은 신동이 어디 흔한가? 아무리 베토벤이 악성이라지만 그도 어릴 적 음악적 재능으로 말하자면 도저히 모차르트를 따라갈 수는 없는 사람이었다. 실망한 아버지는 만취해 들어와 자고 있는 베토벤을 깨워 때리며 연습을 시키기도 하고, 베토벤이 연주를 할 때 신동인 것처럼 보이기 위해 일부러 나이를 더 어리게 기록하기도 했다. 그러나 어린 베토벤은 결코 모차르트가 될 수 없었다. 공교롭게도 베토벤이 빈으로 떠난 1년 후 아버지가 사망하자 이때부터 베토벤 특유의 음악적 재능이 피어나기 시작한다. 이런 점에서 어쩌면 아버지는 어린 베토벤을 엄청난 중압감으로 짓누르던 극복 대상이었을지도 모른다.

이런 가정에서 아버지와 어머니의 사이가 좋았다면 그나마 좀 상황이 나았을 것이다. 그러나 어머니도 알코올 중독자인 아버지와 불화가 심해 자식을 거의 하녀에게 맡긴 것으로 전해진다. 이런 환경에서 베토벤이 늘 열등생이었던 것은 충분히 이해된다. 그는 언제나 더러운 옷차림의 부랑자였고, 평생 덧셈 이외의 산수를 하지 못했다. 게다가 어머니조차 베토벤이 17세 때 결핵으로 사망해 베토벤은 알코올 중독자인 아버지를 대신해서 교사를 비롯한 여러 직업을 전전하며 세 동생을 돌봐야만 했다.

베토벤은 천성이 모차르트나 하이든 같은 궁정의 신사가 아니었다. 그는 귀족 계급이 아니었고(빈에서 그는 이름에 van 대신 von을 사용했다. von은 귀족 계급에 붙이는 칭호이므로 귀족처럼 보이기 위해 그랬다는 설이 유력하다.) 언제나 가난했다. 게다가 외모조차 귀족적이지 못했다. 키는 작고 뚱뚱하며 이마와 위턱이 앞으로 튀어 나왔다. 심한 곱슬머리에 얼굴은 천연두를 앓아 곰보였다. 이런 모습이니 여자에게 인기를 끄는 것은 거의 불가능했다.

베토벤은 평생 몇몇 여성을 좋아한 것으로 알려졌으나 이들은 이미 애인이 있거나 결혼한 상태였다. 여성 관계에게 자신이 없었던 베토벤은 이처럼 이미 실패가 예견된 삼각관계 속에서 이루어질 수 없는 사랑의 고통을 즐겼을지도 모른다. 또한 어릴 적 가정 생활이 불행했던 베토벤은 자신을 후원하는 귀족의 집에서 가정의 일원으로 지내려고 노력했던 것 같다. 그러나 감수성이 여리고 사교적이지 못한 베토벤은 항상 후원자들과의 관계가 원만치 못했고 결국은 파국을 맞았다. 빈에서는 후원자인 리히노프스키 공작 저택에서 기거했으나, 연주도중 자리를 박차고 나가는 등 괴테조차도 '전혀 예의 없는 인간'으로 부를 만큼 비사교적인 행동을 보였다.

그런데 이런 행동은 베토벤의 개인적 성격 탓이기도 하지만 한편 하이든, 모차르트로 이어지는 궁정 음악으로부터 개인적 낭만주의로 넘어가는 음악 사조의 충돌의 표상일 수도 있다. 귀족의 경제적 후원으로 살아가야 했던 당시 음악가들은 귀족들의 취향에 맞는 장식적인 음악을 작곡해야만 했다. 그러나 베토벤의 들끓은 열정은 자신의 개인적인 목소리를 내기를 원했고 이것이 충돌의 빌미가 되었을 것이다.

또한 이런 모습은 당시 혼돈된 사회의 표상일 수도 있다. 당시 본은 프랑스와 가까워 비교적 일찍이 프랑스 계몽 사상의 영향을 받았고 베토벤 역시 이 사상에 깊이 심취해 있었다. 하지만 프랑스가 투쟁적인 유혈 혁명을 일으키며 계몽 사상을 개인의 삶의 형태로 받아들인 데 반해 독일에서는 이런 사상을 일상생활에 적용하기보다는 관념적인 것으로 받아들였다. 즉 왕권이나 교권을 한편으로는 혐오하면서도 실제적으로는 어기서 떠나지 못하는 이중성이 있었던 것이다. 따라서 개인적 자유는 신적인 것과 대비되어 더욱 큰 갈등과 고뇌의 모습으로 나타났던 것이다.

이유야 어쨌든 이런 고뇌에 찬, 고독한 삶이 오히려 그로 하여금 예술 세계에 몰두하게 했고 오직 예술적 창조 속에서만 그는 자유와 기쁨을 누렸을 것이다. 자신의 내면의 소리를 적어 오선지에 그려내는데 그의 청력 소실은 별다른 문제가 되지 않았다. 베토벤은 스승인 하이든이나 살리에르에게도 비판을 서슴지 않았지만 대신 자기 자신에게도 철저하고 가혹했다. 한 작품마다 퇴고에 퇴고를 거듭하며 매달린 베토벤의 작품 수가 모차르트나 하이든에 비해 적은 것은 당연하다.

사실 9번 교향곡에서 우리는 고통을 초월해 다른 세상으로 들어가는 느낌을 받는다. 하지만 인간으로 살아가는 이상 우리는 결코 고뇌를 벗어날 수는 없다. 우리 인간은 결국 초월을 원하지만 이를 그리면서 고뇌 속에 살아가야 하는 것이다. 베토벤은 고독한 삶과, 청각 장애, 간경화에 시달렸고 혼수상태로 생을 마감했다. 이것이 우리 삶의 적나라한 모습이라면 아름다운 그의 모든 작품들은 우리가 염원하는 환희와 초월의 모습으로 우리 곁에 남아 있다.

베토벤 생가를 떠나 다시 본의 중심에 있는 뮌스터 광장으로 발길을 돌렸다. 그런데 빈에서는 베토벤을 벗어나기 힘든 것인지, 광장에도 베토벤의 조각상이 근엄하게 서 있었다. 이 조각을 세우는 데는 슈만이 많이 기여했다고 전해진다. 나는 조각상 바로 옆의 광장 카페에서 혼자 앉아 맥주를 마시면서 서서히 지는 석양을 바라보았다.

귀부인의 검은 망토처럼 저녁 하늘이 아늑하게 이 평화로운 광장을 덮기 시작했다. 날이 어둑해지니 종업원들이 바람막이를 겸해서 파라솔을 펼치고 테이블마다 노란 촛불을 켰다. 그러자 이 우중충한 도시도 나름대로 아늑한 매력으로 되살아났다.

그때 따가운 시선이 느껴져 돌아보니 베토벤처럼 덥수룩한 머리를 안 감은 남자가 혼자 앉아 무료한 표정으로 나를 바라보고 있었다. 그가 싱긋 웃으며 어디서 왔느냐, 뭘 하러 왔느냐고 말을 걸어온다. 한국에서 온 의사인데 회의하러 왔다고 하니 자기는 여기 사는 건축가라며 매일 저녁 이 카페에 와서 사람들을 구경한다는 것이다. 저쪽에 예쁜 아가씨들이 앉아 있는데 아가씨들이 화면에 함께 나오도록 사진을 찍어 주겠단다. 나중에 마누라한테 혼나면 책임지겠느냐며 손사래를 치자 껄껄 파안대소를 하며 자리를 떴다. 어지간히 무료한 사람인 것 같았다. 본은 그렇게 한가한 도시였다.

슈만과 클라라, 완벽한 커플?

본까지 온 김에 아예 슈만 박물관도 들르기로 했다. 참새가 방앗간을 지나칠 수 없듯, 본 시내에서 남쪽으로 15분 정도만 가면 들를 수 있는 이 박물관을 그냥 지나칠 수야 없지 않은가. 과연 얼마 지나지 않아 엔데니히 구역이 나타나고 초록색 건물이 조용한 모습으로 나를 마중했다. 그런데 베토벤 박물관과는 달리 이 2층짜리 건물이 슈만의 탄생지는 아니다. 슈만은 이곳에서 한참 떨어진 동부 독일의 츠비카우에서 태어났고 라이프치히에서 주로 활동을 했다. 이 건물은 본 선제후 막스 프란츠 때 재정국 고문관을 역임했던 요셉 카우프만의 별장이었는데 1844년 정신과 의사 리하르트 박사의 요양소로 사용되었다. 슈만이 이곳에서 멀지 않은 뒤셀도르프에서 음악 감독으로 일하고 있을 때 대뇌 이상 증상이 심해져 1854년 그의 환자로서 이곳에 왔고, 여기서 지내다 결국 1856년 사망했다. 이후 1926년 위생 고문관 켈러 박사가 주장해 이 건물이 슈만 박물관으로 거듭났다.

슈만과 부인 클라라는 둘 다 음악의 천재였다. 이 부부를 생각하니, 남편과 아내가 모두 천재적인 능력이 있지만 가정 생활은 불행했던 커플들인 아인슈타인 부부와 피츠제럴드 부부가 생각난다. 슈만과 클라라의 경우, 음악으로 합일된, 금슬 좋은 부부로 알려졌으나 역시 이런 문제가 없지 않았다.

그런데 신경과 의사가 보기에는 슈만과 클라라의 갈등은 발단은 단순하지만 음악가에게는 제법 치명적인 슈만의 질병 때문에 기인했을 가능성이 많다. 이제부터 그 이야기를 하려 한다.

로베르트 슈만은 1810년 서적상인 프리드리히 슈만의 5번째 아이로 태어났다. 어머니는 외과 의사의 딸로 명망 있는 가수였는데 슈만의 음악적 재능은 어머니로부터 물려받은 듯하다. 슈만은 7세 때부터 피아노를 배우기 시작했는데 몇 해 지나지 않아 피아노 선생으로부터 더 가르칠게 없다는 말을 들을 정도로 실력이 뛰어났다. 하지만 당시 아버지가 사망하고 어머니의 강력한 권유에 따라 슈만은 라이프치히에서 법률을 공부하기 시작했다.

하지만 여러 예술가들의 전력에서 보듯, 예술에 미친 사람에게 법학이 재미있을 리가 없고 공부가 제대로 될 리가 없다. 한 술 더 떠 마침 그의 법학 스승 티바우트도 역시 아마추어 음악가였다. 법률 공부보다는 피아노를 치면서 세월을 보내던 슈만은 결국 전문 음악가가 되기로 작정하고 유명한 피아노 교사인 프리드리히 비크의 문하로 들어갔다. 그런데 비크의 집에는 9세 된 딸 클라라가 있었다. 클라라는 어린 나이에도 이미 여러 차례 연주회를 개최한 경험이 있고, 괴테의 찬사를 받은 적도 있는 소위 피아노의 신동이었다. 이 소녀를 세계적인 음악가로 키우기 위해 아버지 비크는 혼신의 힘을 다하고 있었다.

여러 해 지나 클라라와 사랑에 빠진 슈만은 비크에게 딸과 결혼하고 싶다고 말했다. 하지만 딸의 음악적 성공에 모든 정열을 바쳤던 비크는 결사적으로 반대한다. 심지어 악의에 찬 중상모략을 하고 재정적 압박까지 가하며 딸의 결혼을 막으려고 애를 썼다. 비크 교수가 볼 때 슈만은 그의 소중한 자산이자 마지막 꿈인 딸을 앗아가려는 라이벌이었던 것이다. 그러나 세상 어느 곳에서나 결혼에 관한 한 아버지는 딸의 고집을 막기 어렵다. 오히려 극성스러운 아버지의 반대가 둘의 사랑을 더욱 견고하게 했고, 슈만과 클라라는 법정 소송을 하는 등 천신만고 끝에 결혼에 성공한다.

이처럼 많은 고생 끝에 이룬 소중한 결혼이었기에 누가 보기에도 이 가정은 예술과 사랑이 하나가 된 완벽한 가정이었다. 하지만 결혼생활 도중 하나 둘씩 문제가 불거져 나오기 시작했다. 원래 슈만의 꿈은 유럽 최고의 피아니스트가 되는 것이었다. 그런데 클라라는 언제나 슈만보다 더 유명한 피아니스트였고, 따라서 버는 돈도 더 많았다. 이것이 집안 갈등의 시초가 되었다. 한번은 네덜란드에서 클라라의 연주 여행 때 슈만이 동행한 적이 있었다. 초청자였던 프리드리히 왕자가 슈만에게 다가와 물었다. "당신도 음악을 하십니까?" 속이 몹시 상한 슈만이 "예."라고 대답하자 왕자는 또 이렇게 물었다. "그럼 어떤 악기를 다룰 줄 아십니까?"

당시 사회처럼 지독한 남성 위주가 아닌 현대를 사는 우리라 해도 슈만의 착잡한 기분을 충분히 짐작할 수 있다. 슈만과 클라라는 물론 서로 사랑하는 사이었고, 동료로서도 함께 의지하는 사이였다. 그러나 갈등 역시 서서히 깊어져 갔다. 클라라의 처녀 시절, 슈만은 클라라의 연주에 대해 입이 마르도록 칭찬하고는 했다. 하지만 결혼생활이 이어질수록 그녀의 연주에 대해 점차 날카로운 반응을 보였다. 한번은 연주회가 끝난 후 클라라가 이렇게 한탄했다. "그는 나를 지독한 우울에 빠뜨렸어요. 나는 그 어느 때보다 훌륭하게 연주했는데, 친절한 말은커녕 용기를 앗아가는 가혹한 비난을 받았어요. 난 이제 어떻게 연주해야 하나요?"

슈만은 왜 피아노를 중단했을까?

그렇다면 슈만이 클라라보다 연주를 못한 이유는 무엇일까? 슈만에게 소질이 없어서가 아니었다. 사실 어머니에게서 음악적 영향을 받은 슈만은 뛰어난 소질이 있었고 연습 또한 열심히 했다. 앞서 말한 대로 처음 피아노를 가르친 쿤치 선생이 몇 년 후 더 이상 가르칠 것이 없다고 하며 떠날 정도였다. 정작 슈만의 문제는 그의 손가락에 있었다. 20세경부터 연주 도중에 간혹 오른 손의 둘째, 셋째 손가락이 말을 안 듣기 시작한 것이다. 피아노를 치는 도중에 뻣뻣해 지거나, 저려서 힘을 줄 수가 없었다. 슈만은 주변 사람들에게 치료법을 물었고, 나름대로 손가락 힘을 강화시키는 장치를 만들어 사용하기도 했다. 방금 도살한 짐승의 배 안에 손을 넣거나 약초를 손가락에 둘둘 마는 방법도 사용해 봤다. 하지만 아무런 소용이 없었다. 그는 어쩔 수없이 아내의 성공적인 연주 활동을 바라볼 수밖에 없었다.

슈만의 손가락 문제에 대해서는 여러 학설이 있다. 우선 손가락을 다쳤거나 관절염을 앓았다는 학설이 제기되었다. (현재까지 대부분의 정보는 손가락을 다친 것으로 기록하고 있다.) 하지만 여러 기록을 종합해 보면 그렇지 않은 듯하다. 관절염이나 골 손상이 있었다면 통증이 심해야 한다. 그리고 통증이 어느 정도는 지속적이어야 한다. 그런데 슈만의 손가락 문제는 통증이 아니라 잘 움직여지지 않는 데 있었다. 게다가 그 증상은 피아노 연주 중에만 발생하며, 스트레스를 받으면 더 심해졌다. 이런 점으로 보아 슈만은 근육 긴장 이상 증세를 가진 듯하다.

근육 긴장 이상(dystonia)은 말 그대로 뇌(주로 뇌의 깊은 부분에 있는 기저핵 부분. 183쪽 참조.)의 문제로 인해 근육의 긴장이 잘못되어 뒤틀리는 병이다. 전신성 근긴장 이상보다는 특정한 근육에 근긴장 이상이 발생하는 경우가 더 많다. 예컨대 사경(목 근육의 긴장 이상에 의해 목이 돌아간다.), 안검경련(눈 근육의 긴장으로 눈이 과도하

슈만 박물관

게 감긴다.) 등이다. 드물지만 특정한 동작을 할 때만 근육 긴장 이상(task specific dystonia)이 생기는 경우도 있다. 예컨대 글쓰기 경련(writer's cramp)이라는 병이 있는데, 환자는 평상시는 완전히 정상이지만 일단 글을 쓰기 시작하면 손 근육이 뒤틀려 글씨를 쓰기 어려워진다. 슈만처럼 악기를 연주하는 동안만 근육 긴장 이상이 생기는 경우(연주가의 근육 긴장 이상, musician's dystonia)가 연주자들 가운데 종종 발생하는데, 환자의 일상생활에는 아무런 지장이 없지만 젊은 음악가를 좌절시킬 수 있는 중대한 문제가 된다.

최근 이런 종류의 근육 긴장 이상은 기저핵이 아닌, 대뇌의 감각 중추의 이상에 의한다는 의견이 제시되고 있다. 감각 중추는 두정엽

(마루엽이라고도 함. 161쪽 참조)이라는 곳에 있는데 이곳에는 손가락의 감각을 담당하는 부분이 비교적 크게 자리 잡고 있다. 예컨대 엄지와 집게 손가락을 담당하는 부위가 따로 있다. 그런데 '음악가의 근육 긴장 이상 증세'를 가진 환자에서는 이들 감각 중추가 섞여 있거나 지나치게 가까이 있다는 것이다. 따라서 각 손가락에 대한 정확한 독립적인 정보를 주지 못해(엄지와 집게 손가락에 동시에 신호가 간다면 두 손가락이 함께 붙어 버릴 것이다.) 손가락에 근육 긴장 이상 증세가 나타난다는 것이다.

이러한 음악가들의 근육 긴장 이상은 비교적 젊고, 신경이 날카로우며 완벽한 성향을 가진 남자에서 주로 많이 나타나는데 바로 슈만이 이런 부류에 속한다. 이 질환은 슈만의 시대에도 치료법이 없었지만 지금까지도 마땅한 치료 방법이 없는 난치병으로 남아 있다. 하지만 이런 질병으로 인해 슈만이 연주보다는 작곡가로 활동한 것이 우리에게는 오히려 다행스러운 일이다. 덕택에 우리는 그의 수많은 걸작을 감상할 수 있으니 말이다.

슈만이 손가락 문제 때문에 좌절하고 신경이 날카로워진 점, 그리고 결혼 생활에도 갈등이 생긴 점은 이해할 만하다. 그런데 슈만은 날이 갈수록 이보다 더 심각한 정신적인 문제를 드러내기 시작했다. 특히 말년의 슈만은 성격이 광포해지고 망상, 환각 증세를 나타내 클라라를 또 다시 괴롭혔다. 슈베르트의 음악이 들린다거나(환청) 폭력적으로 돌변해 소리를 마구 지르다가 갑자기 온순해지기도 (성격 변화) 했다. 심지어는 저녁 식사로 나온 포도주를 오줌이라며(환각) 난로에 쏟아 붓기도 했다. 누이가 정신 질환으로 자살한 병력이 있으므로 슈만도 정신 질환이 있었다고 사람들은 생각했다. 그러나 대뇌를 침범한 매독의 가능성도 끊임없이 제기되고 있으며, 내 생각에도 이 가능성이 더 높은 듯하다.

슈만은 1840년 클라라와 결혼했지만 이미 1831년부터 크리스텔이라는 여성과 관계를 갖고 있었다. 이 여성의 정체에 대해서는 알려진 바가 거의 없는데 아마도 클라라 집에서 일하던 하녀가 아닌가 추측된다. 이 당시 그의 일기에는 성기에 모종의 질병이 생겨 수선화를 우린 물에 담그는 치료를 했다고 적혀 있다. 이런 상태에서도 슈만은 크리스텔과의 관계를 계속 했다. 물론 크리스텔이 매독을 옮겨준 장본인이 아닐 수도 있다. 슈만은 이미 라이프치히에서 학창 생활을 보내는 동안 여러 여성과 관계한 것으로 알려졌기 때문이다.

슈만은 결혼 후 간헐적으로 불안, 초조, 두통 그리고 침울한 기분과 피로에 시달렸다. 언어 기능이 약해지고 간혹 발작, 불면증, 환청 증세가 생겼다. 이런 증세들이 점차 진행한 후 앞서 말한 심각한 대뇌 증세로 발전해 갔다. 따라서 슈만이 정신 분열증 같은 질환을 앓았다기보다는 매독 감염에 의해 대뇌가 손상되어 증세가 점차 심해졌다고 보는 것이 더 타당하다고 나는 생각한다.

앞서 말한 대로 슈만의 증세는 뒤셀도르프 음악 감독으로 재직하면서 악화되었다. 슈만은 환각과 망상에 시달렸고, 1854년에는 라인 강에 투신했다 구조되기도 했다. 클라라는 이제 더 이상 견딜 수 없었다. 그녀는 어쩔 수없이 그를 엔데니히 정신 병원에 입원시켰는데 브람스와의 염문 때문에 일부러 남편을 가두었다는 소문에 시달리기도 했다.

슈만 박물관에 들어서니 두 아주머니가 바쁘게 일하고 있었다. 의외로 입장료를 받지 않는다. 직원 뒤로 책장 속에 엄청나게 많이

근육 긴장 이상

근육 긴장 이상이란 비정상적인 근육 수축으로 인해 신체의 일부가 꼬이거나 비정상적인 자세를 취하게 되는 병을 말한다. 대부분의 근육 긴장은 어떤 행동이나 특정한 자세를 취할 때 나타나지만 경우에 따라 휴식 시에도 나타나 이상한 자세를 취하게 된다. 본문에 적은 대로 근육 긴장은 전신에 나타나는 경우도 있고 신체의 일부에만 국한되어 나타나는 경우도 있다. 전신적 증상이 있는 환자도 처음 증세는 다리 등에 국한되어 나타나는 것이 보통이다. 특히 근육 긴장 이상의 발생 연령이 낮을수록, 그리고 다리에서 증상이 시작한 경우 국소 증상이 전신으로 퍼질 가능성이 많다. 반면 어른에서 첫 증상이 나타난 경우 특히 목 부분에서 증상이 발생한 경우는 계속 그 부위에 국한된 증상으로 남는 경우가 많다. 최근 근육 긴장 이상 환자의 일부에서 DYT라 이름 붙은 원인 유전자가 밝혀졌다. 특히 20대 이하의 어린 나이에 증상이 발생한 환자에서 이런 유전자 이상이 자주 나타나므로 이런 환자는 유전자 검사를 시행해 볼 필요가 있다. 일반적으로 근육 긴장 이상 치료에는 항콜린제재를 사용하는데 증상이 심한 경우는 약물 치료만으로는 완전히 회복되기 어렵다. 증상이 일부 근육에 국한된 경우에는 보톡스를 주사하면 많이 호전된다. 증상이 심한 환자에서는 대뇌 심부자극술 등 수술적 치료를 시행하는 경우도 있다.

진열된 레코드와 CD가 보인다. 장서만 해도 4만 6000권에 달한다고 한다. 2층은 피아노가 있는 작은 콘서트홀로 꾸며져 있는데 여기서 슈만 곡의 연주회가 정기적으로 열린다고 한다. 한쪽 구석방이 바로 슈만이 기거했고 임종했던 곳이다. 이 방에는 슈만의 사진과 악보, 그가 연주하던 피아노와 즐겨 읽던 책들이 전시되어 있고 브람스나 요하임 등 슈만과 친분이 있던 여러 인물들의 사진도 걸려 있다. 이들은 슈만이 고통 속에 지내던 이 병동을 자주 찾아 준 사람이었다. 오히려 연주와 가정 생활을 병행해야 했던 클라라는 거의 이곳을 찾지 못했다. 1856년 7월 29일 오후 클라라가 마지막으로 방문한 후 슈만은 사망했다. 클라라는 슈만이 사망한 이후에도 한참을 더 살면서 피아니스트로서 활발하게 활동했다. 현재 슈만과 클라라는 본의 암 알텐 프리드호프 거리 공동묘지에 나란히 묻혀 있다.

이 건물을 나와 슈만이 뒷짐을 지고 걸었음직한 조용한 동네를 터벅터벅 걸어본다. 말년에 이 병동에 요양할 무렵 슈만의 정신 상태는 분명 비정상적이었다. 그는 자주 환각과 망상 증세에 시달렸다. 그런데 놀라운 것은 이런 상태에서도 슈만은 첼로 협주곡 같은 걸작을 여럿 작곡했다는 점이다. 그러고 보니 말년의 슈만의 곡에서는 뭔가 특이한, 광기가 섞인 냄새가 나는 것 같기도 하다. 정말 천재와 광기는 가까운 것인가 보다.

아프리카 대륙에서

마사이마라에서

케냐의 나이로비 공항에 내리니 새벽 4시. 적도 지방인데도 뼈에 한기가 들 정도로 춥다. 있는 옷을 죄다 끼어 입으니 좀 낫다. 공항에는 이미 지프차가 마중 나와 있었다. 검은 밤 공기만큼이나 검은 피부의 운전기사가 흰 이를 보이며 웃는다. "이제부터 8시간을 가야 합니다." 나는 아득했다. 이미 나는 인천 공항에서 태국까지 5시간을 비행했고 태국 공항에서 3시간 동안 기다렸다가 케냐까지 10시간을 더 비행했다. 뼛속 깊은 곳으로부터 피곤한 기운이 밀려온다. 당장이라도 다리 쭉 펴고 누워 있고 싶은데 8시간을 더 가야 한다니.

사실 내 최종 목적지는 케냐가 아니다. 남아프리카공화국의 케이프타운이다. 나는 지금 그곳에서 열리는 세계 뇌졸중 학회에 참가하기 위해 동료 몇 명과 함께 길을 나섰다. 그곳에서 나는 논문을 발표한다. 하지만 진짜 목적은 다른 데 있다. 얼마 전 벨기에에서 열린 뇌졸중 학회에서 2010년 세계 뇌졸중 학회는 아시아에서 개최하기로 합의되었다. 그리고 개최국의 최종 결정은 이번 케이프타운 학회에서 임원들의 투표로 결정된다. 임원들을 설득해 우리나라에서 개최권을 따야하는데 나는 그들 앞에서 발표하는 중책을 맡은 것이다.

4년에 한번 열리는 세계 뇌졸중 학회는 나와 인연이 깊다. 1989년 나는 일본 교토에서 열린 첫 번째 학회에 참석했다. 지금이야 대학생들이 배낭 여행 다니는 것이 흔하지만 당시만 해도 외국에 한번 나간다는 것이 보통 일이 아니었다. 군대 시절을 빼고는 태어나 줄곧 서울에서만 살던 내가 난생 처음 외국에 나갔던 곳이 바로 이 교토 학회였다. 그때만 해도 국제 학회 참석이 처음이라 그저 책에서만 접하던 유명한 교수들의 강의와 학자들의 발표를 열심히 듣고 배우는 것이 전부였다. 즉 나는 선진국 사람들로부터 배우는 피교육자였지 나서서 학회를 주도할 상황은 아니었다.

그로부터 8년 후 뮌헨에서 열린 제 3회 세계 뇌졸중 학회에서 나는 한 주제를 맡아 강연을 했다. 다시 4년 후 오스트레일리아 멜버른에서 열린 학회, 그리고 다음 밴쿠버 학회에서도 나는 역시 초청 강연을 할 수 있었다. 서양인의 무대인 세계 학회, 동양인이 좀처럼 초청을 받지 못하는 학회이지만, 세계 뇌졸중 학회만은 나에게 친숙한 무대였다. 하지만 이번에는 그런 정도가 아니다. 2010년 7차 학회는 아예 아시아의 한 나라가 통째로 맡아 개최하게 된 것이다. 벨기에 학회에서 아시아 개최가 결정된 후 중국, 대만, 싱가포르, 인도가 경합 신청을 했다. 우리(대한 뇌졸중 학회)도 물론 신청했다. 우리는 위원회를 만들어 지난 1년 동안 준비를 해 왔고 이제 2010년 학회를 왜 한국에서 개최해야 하는지 당위성을 임원들 앞에서 발표해야 한다. 나는 당시 뇌졸중 학회 부회장을 맡고 있었는데 발표장에는 회장인 L 교수와 부회장인 내가 들어간다. 그리고 실제 발표는 내가 한다!

말하자면 어지간히 무거운 짐이 내 어깨 위에 지워진 셈이다. 하지만 그렇다고 머나먼 아프리카까지 왔는데, 하는 생각이 들어 남아프리카공화국에 가기 전에 케냐에 잠시 들렀다. 어릴 적부터 야생 동물 다큐멘터리를 좋아했고 나이가 지긋하게 든 지금도 틈만 나면 다큐멘터리를 본다. 드넓은 야생에서 살아가는 동물들의 모습을 실제로 볼 수 있다는 것! 나로서는 너무나도 가슴 설레는 일이었다.

나이로비는 케냐의 수도이며, 중부 아프리카의 대표적인 도시이다. 하지만 어두운 새벽, 공항 주변은 마치 우리나라의 한적한 시골처럼 축 늘어진 듯 보였다. 변변한 건물도, 지나다니는 사람들도 없고, 다만 엄청나게 많은 새벽 별빛이 검은 하늘로부터 쏟아져 내렸다. 주변은 너무 조용해서 마치 지구상에 깨어 있는 사람은 나와 운전기사뿐인 것 같았다. 고단한 몸을 추스르고 우리는 이곳으로부터 8시간 거리인 마사이마라 보호 구역을 향해 출발했다.

그곳까지 처음 반은 포장도로, 나머지 반은 비포장 도로였다. 하지만 포장도로라고 여행이 더 편한 것은 아니다. 실은 그 반대이다. 왜냐하면 아스팔트 도로가 많이 파손되어 위험한 구멍이 군데군데 뚫려 있기 때문이다. 나는 겉옷의 깃을 잔뜩 여미고 지프 속에 웅크

초원의 누와 얼룩말 떼

렸다. 피곤한 눈을 붙여 보지만 도무지 잠을 잘 수가 없었다. 오히려 점점 더 머리가 또렷해졌다. 그럴 수밖에 없는 것이 너무나 심하게 의자가 들썩거려 거의 머리가 천장에 부딪힐 정도였기 때문이다. 가만히 보니 지프는 포장된 길을 가지 않고 오히려 포장이 되지 않은 옆 맨땅을 골라 달리고 있었다. 포장된 길에 오히려 아스팔트가 패인 위험한 구멍이 많으니 이를 피해 맨땅을 달리는 것이었다!

이렇게 한참을 비몽사몽 달리니 점점 날이 밝아 왔다. 그리고 주변의 키 큰 나무들이 점차 작아지고 건조한 너른 들판이 나타났다. 벌판을 걸어가는 사람들도 간혹 보였다. 분명 사람 사는 마을이 가까운 곳에 없는데도 어디로 가는 것인지. 이처럼 먼 길을 매일 걸어

누와 하이에나

다니니 케냐 사람들이 적어도 장거리 경주에서만은 세계를 호령하는 것이 충분히 이해됐다. 간혹 양이나 소 떼를 몰고 가던 마사이마라 소년 소녀들이 나를 향해 손을 흔들었다. 이렇게 순진하게 남을 향해 손을 흔들었던 게 언제던가?

마사이마라에 가까이 가자 멀리서 커다란 기린이 떼를 지어 우리를 바라보았다. 이어 마사이마라 입구의 검문소가 나타나고, 이 검문소를 지나면 이제부터는 보호령이다. 검문소 주변에는 커다란 나무가 있는데 여기에는 새집들이 하나 가득 매달렸고 주변에 이름 모를 작은 새들이 왁자지껄 떠들고 있었다. 마치 동물의 나라에 들어서 우리를 환영하는 것 같았다.

마사이마라에 들어서니 멀리서 물소 떼가 나를 바라본다. 물소들은 젊고 튼튼한 남성처럼 듬직하게 잘생겼다. 나는 여기 머무는 도중 다시 물소를 관찰할 기회가 있을 줄 알았지만 아쉽게도 물소 떼를 본 것은 이것이 처음이자 마지막이었다. 대신 어디를 가나 들판을 누비는 누와 얼룩말을 볼 수 있었다.

야생 동물과 어우러진 너른 벌판! 마사이마라는 아름다움의 극치였다. 이 환경에서 신기하게도 동물들은 언제나 적당한 배치로 화면을 채운다. 예컨대 왼쪽에 얼룩말 두 마리가 있으면 오른쪽에는 또 한 마리가 반대 방향으로 서 있다. 그리고 갈대들은 적당한 높이로 배경을 이루고 있다. 마치 그림을 그린 듯, 위대한 생명체들은 그렇게 아름답게 살고 있었다.

마사이마라 영내에는 호텔(라지)이 몇 곳 있는데, 이곳에 묵는 손님들은 대부분 유럽 사람들이었다. 저녁에 보니 라지 바로 앞 웅덩이 근처에 사슴들이 모여 있었다. 아마 사람들이 있는 곳이라 오히려 야수의 공격으로부터 안전하다고 생각한 것인지도 모른다. 사슴들은 밤새도록 이곳에 머물렀고 아침이 밝자 어디론가 떠났다.

새벽이 되면 어슴푸레한 벌판에 들풀이 반짝이고 새들이 울었다. 저녁에는 붉은 기운이 들판을 덮고, 하루 일과를 끝낸 동물들의 울음소리가 들려왔다. 새벽은 새벽대로 저녁은 저녁대로 마사이마라는 그 아름다움을 뽐내고 있었다. 아마 르누아르나 모네가 함께 왔다면 빛의 세기와 각도에 따라 시시각각 달라지는 대자연의 모습을 열심히 그렸으리라.

마사이마라 동물 구경은 지프를 타야 한다. 사자의 무리가 나무 그늘 밑에 쉬고 있었고, 치타 가족이 방금 잡은 임팔라를 먹고 있었다. 누의 시체에 모여 성찬을 즐기고 있는 독수리들도 보였다. 대부분 누런 벌판이지만 개코원숭이들이 무리지어 사는 돌 언덕 지역도 있고, 비교적 키가 큰 나무 숲 근처에는 몽구스 떼가 부지런히 뛰어다니고 있었다. 조심스레 들판을 건너가는 멧돼지 가족도 보이고, 언덕을 이룬 흰개미 굴은 어디서나 흔히 볼 수 있었다. 마라 강에는 하마들이 쉬고 있었고, 물속에 몸을 숨긴 커다란 악어들이 부주의한 초식 동물이 강물 안으로 들어오기를 기다리고 있었다. 어느 곳에서나 동물들은 열심히 살아가고 있었다.

그런데 이들은 관광 지프에 익숙한지 사람들의 존재를 별로 상관하지 않았다. 마치 돌이나 나무를 바라보듯 무표정하게 바라보고 있었다. 사실 진짜 야생 세계를 원했던 나로서는 이점이 약간은 실망스러웠다. 이 동물들이 관광 수입 때문에 이 지역이 보존되는 것을 알고 있는 게 아닌가 하는 의구심이 들었던 것이다.

또 한 가지 내가 생각했던 것과 다른 점이 있었다. 나는 마사이마라의 동물들은 먹이를 구하기 위해 필사적으로 투쟁하며 살고 있을 것으로 생각했다. 살아남는다는 것이 결코 만만치 않은 이 세상의 모습을 절실히 보여 줄 줄 알았다. 그런데 어찌 된 일인지 이곳 동물들은 너무 편해 보였다. 심지어 어제 사자에게 당한 누 시체는 신선해 보이는데도, 아무도 먹지 않은 채 그대로 들판에 늘어져 있었다. 배고픈 동물이 없다는 뜻이리라. 하지만 이는 게질 닷이기도 하나.

마사이마라에서

안내인의 말에 따르면 10월은 풍성한 달이기 때문에 동물들이 걱정이 없다고 한다. 누와 얼룩말이 세렝게티 쪽으로 이동하고 나면 이곳 육식 동물들의 고난이 시작된다고 한다.

그럼에도 불구하고 마사이마라는 진정 야생의 장관이었다. 그리고 이곳은 왠지 나의 고향인 것 같은 편안한 느낌이 들었다. 실제로 아프리카는 머나먼 우리의 고향이기도 하다. 그동안 인류의 기원에 대해서는 두 가지 설이 대립되었다. 여러 대륙에 살던 직립 인간 호모에렉투스가 각자 진화해 현생 인류가 되었다는 다지역 기원론과 아프리카의 한 조상으로부터 유래했다는 아프리카 기원론이다. 최근 아프리카 기원론이 더욱 유력하게 대두된 것은 분자생물학의 발

마사이마라 검문소의 새둥지

달 때문이었다. 미국 버클리 대학교의 앨런 윌슨 박사가 다양한 인종의 미토콘드리아 DNA를 분석한 결과 모든 현대 여성이 15만~20만 년 전 아프리카에 살았던 한 여성으로부터 기원했음을 밝힌 것이다. 정말 그렇다면 우리는 이브의 약 10만 대 후손에 해당한다. 그래서 이곳은 가슴이 저리는 영원한 우리의 고향인 것이다. 『킬리만자로의 눈』을 쓴 헤밍웨이가 아니더라도 아프리카를 방문한 사람이라면 누구나 그렇게 느낄 것이다.

그런데 나는 수십 년 전에, 바로 그런 느낌으로, 아프리카를 음미하고 사랑했던 한 여성을 떠올렸다. 바로 『아웃 오브 아프리카』의 주인공 카렌 블릭센이다. "나는 아프리카에 농장을 갖고 있었다. 느공 언덕의 기슭에서"라며 시작하는 책을 통해 그녀는 당시만 해도 전혀 알려지지 않은 미지의 세계였던 케냐를 전 세계에 소개했다. 1885년 덴마크 렁스테드에서 태어난 카렌은 그녀의 사촌이었던 브로르 본 블릭센 남작과 1914년 결혼하고 커피 농장을 경영하기 위해 케냐로 온다. 이곳에서 커피 농장이 망해 다시 덴마크로 돌아가는 1931년까지의 파란만장한 삶을 그린 자전적 소설이 바로 『아웃 오브 아프리카』다.

카렌 블릭센의 배가 아픈 까닭은?

예민한 감성을 가지고 있으며 글쓰기를 좋아한 카렌, 거대한 농장을 소유한 케냐에서 적어도 경제적으로는 아무런 문제가 없던 카렌에게도 두 가지 골치 아픈 문제가 있었다. 첫 번째는 남편이었다. 정략 결혼을 했기에 이 부부 사이에 처음부터 사랑하는 마음은 없었다. 그런데 결혼한 후 알고 보니 남편은 그야말로 아무하고나 자는 바람둥이였다. 다른 사냥꾼의 아내나 마사이 족 여성 들과 틈틈이 노는 데다가, 카렌이 유럽을 다녀오는 동안에는 아예 이들을 집으로 불러 함께 질펀하게 즐기고는 했다. 카렌이 남편에 대한 분노와 질투심 속에 살게 된 것은 말할 것도 없다. 게다가 카렌은 남편으로부터 매독을 옮는데, 1914년 결혼식을 올린 지 불과 2개월 후에 진단을 받는다. 현실적인 카렌은 일단 참고 살기로 했다. 그녀가 남동생에게 보낸 편지에 이런 구절이 있다. "너에게 솔직히 말할게, 요즘 같은 세상에 남작 부인이 될 수 있다면 사실 매독 정도는 아무것도 아니지 않니?" 이런 와중에 카렌은 야생의 아프리카를 닮은 사냥꾼 데니스를 사랑하게 되지만 데니스와 남편이 모두 죽고 카렌은 혼자 남아 커피 농장을 경영한다. 이런 사연은 로버트 레드포드와 메릴 스트립이 주연한 영화 「아웃 오브 아프리카」에 잔잔하게 펼쳐진다. 모차르트의 클라리넷 협주곡을 배경 음악으로 하면서.

카렌의 두 번째 문제는 식욕 부진, 그리고 때때로 발병하는 복통과 구토였다. 이 증세는 일생동안 카렌을 따라다녀 그녀는 언제나 작고 왜소한 여인이었다. (영화에서 메릴 스트립이 연기는 잘 했으나 체격만은 어울리지 않는 배우였다.) 나중에 위장을 수술할 정도로 심한 카렌의 복통, 그리고 식욕 부진의 원인은 무엇이었을까?

우선 신경이 날카롭고 체격이 매우 마른 점으로 보아 신경성 식욕 부진증(거식증이라고도 함)이 거론된다. 신경성 식욕 부진증에도 여러 원인이 있지만 가장 흔한 원인은 자기 자신의 신체에 대한 잘못된 인식이다. 사회문화적으로 마른 여성을 선호하는 분위기 속에서 분명 자기 몸이 정상인데도 뚱뚱한 줄 알고 지나치게 다이어트를 하다가 급기야 식욕 부진과 영양실조에 빠진다. 신경성 식욕 부진증의 사망률은 정상인의 무려 10배에 이르니 생각보다 무서운 병이다. 이미 여러 유명 연예인과 모델들이 이 병으로 목숨을 잃었다. 이런 환자들은 정신적 스트레스, 강박증 등 정신적 문제를 흔히 함께 가지고 있으며, 스트레스를 받으면 전혀 먹지 않거나 조금만 먹어도 배가 아프다고 한다. 위장에 무슨 이상이 생긴 줄 알고 내시경 같은 검사를 여러 차례 해 보지만, 물론 아무런 이상이 발견되지 않는다.

카렌의 경우 신경성 식욕 부진 증세는 분명히 있는 것 같은데 복통이 지나치게 심했던 점은 좀 이상하다. 일반적으로 식욕 부진증 환자는 이처럼 심한 복통을 호소하는 경우가 별로 없다. 따라서 다른 가능성을 생각해 봐야 한다.

두 번째 가능성으로 매독을 생각할 수 있다. 이미 말한 대로 카렌은 남편으로부터 매독을 얻었다. 따라서 카렌의 복통이 매독 증세일 가능성이 제기된다. 매독 원인설의 반대자는 카렌이 죽을 때까지 치매와 같은 대뇌손상 징후가 없었다는 사실, 즉 그녀의 지성이 정상이었음을 근거로 든다. 하지만 알퐁스 도데의 예에서 보듯 매독이 척수 신경만을 선택적으로 파괴하는 척수 매독(44쪽 참조)의 경우 치매 증세가 없다. 다만 척수 매독 환자는 도데의 경우처럼 대부분 팔, 다리에 통증이 오는 법인데 복통이 주로 오는 것이 좀 이상하기는 하다. 하지만 드물기는 하지만 척수 매독이 복통과 구토를 주 증세로 나타나는 경우도 있다. (이를 'gastric crisis'라고 부른다.) 또한 주증상은 간헐적인 복통이었지만 카렌이 발꿈치, 손, 귀 등 여러 곳에 흡사한 통증을 느낀다고 기록한 적이 있다.

카렌은 덴마크에서 척수 매독 진단을 받은 적이 있고 이에 따라 통증 완화를 위한 척수 수술(cordotomy)을 받은 적도 있다. 반대자들은 또한 매독 반응 검사 결과를 내세운다. 매독에 걸린 초기인 1914년, 카렌은 혈청에서 매독 반응이 나타났다. 하지만 복통에 시달리던 중 카렌은 무려 일곱 차례나 척수액을 뽑아 매독 반응을 검사했는데, 한번도 매독 반응이 양성으로 나오지 않았다. 확실히 이

Heavy Metal Poisoning
Anorexia Nervosa

점은 매독 진단을 의심스럽게 만든다. 하지만 매독이 척수 신경을 손상시킨 후 잠복기에 들어가면(비록 증상은 계속되더라도) 척수액에 매독 반응이 나오지 않는 경우도 있다. 이를 '다 타 버린 매독(burnt out syphilis)'이라 부른다.

세 번째로 수은이나 비소 같은 중금속 중독의 가능성이 제기된다. 처음에 나이로비에서 카렌의 매독을 진단한 영국인 의사는 1년치 수은을 처방하고 이젠 치료를 그만해도 되겠다고 했다. 그러나 매독에 대해 걱정이 많았던 카렌은 의사의 말을 듣지 않았다. 그녀는 다시 파리나 코펜하겐의 전문의를 찾아 치료를 계속했는데 이번에는 수은 이외에 비소 치료도 받았다. 치료를 받는 동안 탈모 증세가 심해지는 등 중금속 중독 증세를 나타냈다. 따라서 카렌의 식욕부진과 복통이 매독으로 인한 것이 아니라 중금속 중독 증세일 가능성도 있다. 작은 체구의 카렌으로서는 수은이나 비소 중독 증세가 보통 사람보다 더 심했을 것이다. 다만 공식적으로는 1919년 이후 수은 치료는 중단된 것으로 알려졌으므로 말년까지 지속되는 위장통증을 모두 설명하기는 좀 곤란할 것 같다.

마지막으로 덴마크의 소가드 박사에 따르면 식욕 부진증에 걸린 카렌이 살을 빼기 위해 의사 몰래 지속적으로 지사제를 사용했고, 식욕을 없애기 위해 담배를 피우고 암페타민을 복용했다고 한다. 이런 약들 때문에 카렌의 위장이 상했고 이로 인한 복통과 구토가 발생했다는 것이 그의 주장이다.

원인을 정확히 모르는 상태로 심한 복통을 호소하던 카렌은 결국

1956년 위 수술을 받았는데 위궤양 이외에 별다른 소견은 발견되지 않았다. 이러한 위궤양이 카렌의 모든 증세를 다 설명할 수 있을 것 같지는 않다. 나는 카렌의 병은 신경성 식욕 부진증과 더불어 중금속 및 수많은 약을 지나치게 많이 복용한 데 따른 부작용이 겹친 현상인 것으로 생각한다. 복통의 주 원인이 매독일 가능성은 적다.

1959년 카렌은 아메리카를 여행했으나 너무나 쇠약해 돌봐 주는 사람이 항상 동행해야 했다. 점차 쇠약해진 카렌은 1962년 9월 77세의 일기로 세상을 떠났다. 평소 가벼운 몸이 더욱 가벼워진 말년의 카렌은 이렇게 말했다. "이제 내겐 아무 것도 남지 않았어요. 본래 나는 세상에서 가장 가벼운 존재가 되어 사라져야 할 운명이었어요." 매독에 걸린 사실을 안 카렌이 평소 가장 걱정했던 것은, 모파상이나 니체 같은 치매 상태에 이르는 것이었다. 이런 점에서 카렌이 대뇌 매독에 걸리지 않고 죽을 때까지 명료한 정신 상태를 유지한 점은 다행이었다. 문학적 소양이 많았던 그녀는 개성적인 문체로 『아웃 오브 아프리카』 등 많은 소설을 썼고 1954년과 1957년 각각 노벨 문학상 후보로 거명되기도 했다. 하지만 카렌은 운이 나빴다. 경쟁자들이 너무나 쟁쟁했던 것이다. 노벨상은 어니스트 헤밍웨이와 알베르 카뮈에게 각각 돌아갔다.

현재 나이로비에서 카렌이 살던 집은 박물관으로 개조해 일반인들에 개방되었다. 이제는 많은 관광객들이 그녀를 기억할 것이고, 그녀는 더 이상 외롭지 않을 것이다.

신경성 식욕 부진증과 식사 장애

식사 장애 질환에는 신경성 식욕 부진증(anorexia nervosa), 신경성 대식증(bulimia nervosa) 그리고 폭식 장애 세 가지가 있으며 이 세 가지가 서로 중복되어 나타나기도 한다.

신경성 식욕 부진증은 한 마디로 먹지 않는 병이다. 환자는 자신이 살이 찌는 것에 대한 강한 두려움을 가지고 있으며 실제로 자신의 체중과는 관계없이 살이 쪘다고 생각한다. 가장 흔한 행동은 굶거나 식사를 줄이는 것이지만 구토 유도나 설사제 복용 등으로 체중을 빼기도 한다. 심한 식욕 부진에 의해 체중이 감소하는 것은 기본이고, 저혈압, 빈혈, 무월경, 어지럼증, 탈수증, 및 영양 불균형에 따른 여러 합병증이 생길 수 있다. 앙상하게 말랐으면서도 칼로리 섭취를 거부해 결국 죽음에 이르게까지 하는데 사망률이 5~10퍼센트에 달하니 결코 만만한 병이라고 할 수 없다. 식욕 부진증에 걸린 학생은 영양 결핍에 의한 집중력 저하로 인해 공부는 열심히 하지만 성적은 오르지 않는다.

식욕 부진증 환자의 90퍼센트는 여성이며 대부분 12~18세 소녀에서 발생한다. 이 시기 여성들은 날씬해지고 싶은 사람이 대부분인데 왜 어떤 사람은 발생하고 어떤 사람은 발생하지 않는가에 대해서 아직 분명하게 알려지지는 않았다. 심리적, 성격적, 문화적, 가정적 요인 이외에 유전적 요인도 있을 것으로 생각되나 아직 이 병과 연관된 유전자 이상은 밝혀지지 않았다.

신경성 식욕 부진증 환자들 중에는 다른 사람들이 자신에게 기대하는 대로 맞추어 살아온 모범생이 많다. 매사에 불평이 없고 순응적이며 주위를 기쁘게 해주려 노력한다. 학업성적은 중상위권이며 자신을 끊임없이 몰아 부치고 자신에 대해서 비판적이다. 이들은 자신의 능력을 과소평가

하고 불안해 하는데, 이들의 완벽한 모범적인 행동은 오히려 자신의 모자란 능력에 대한 불안감의 반영이라고 할 수 도 있다. 즉 자신의 무능력을 보상하기 위해 점점 더 완벽하고 열심인 모습을 남에게 보여 주는 것이다. 식욕 부진증 환자는 비록 자신은 먹지 않지만 음식이나 외모에 관심이 많다. 자신은 먹지 않으면서도 다른 사람을 위해 식사를 준비하고 다른 사람이 먹는 것을 보면서 대리 만족을 느낀다.

신경성 대식증은 짧은 시간 내에 많은 음식을 섭취하는 것이 특징이다. 그러나 많이 먹은 후에는 곧 자신에 대한 수치심과 죄책감이 생겨 먹은 것을 제거하고 싶은 강한 충동을 느낀다. 따라서 구토 유발, 설사제 복용, 이뇨제 복용, 지나친 운동, 다이어트 등으로 체중을 줄이려 노력한다. 이러한 폭식과 제거 행동의 반복은 스트레스가 높을 때 더 심해진다. 예컨대 대학 입학 시험을 본다거나 혼자 가족으로부터 떨어져 있어야 하거나, 이성 친구와 헤어질 경우 등이다. 대식증 환자는 과체중인 경우도 있으나 오히려 저제충인 경우도 많다.

폭식 장애 환자는 스트레스가 있을 때마다 음식을 먹어 해결하는 타입으로 흔히 비만 체형이 된다. 신경성 식욕 부진이나 대식증이 대부분 여성에서 발견되는데 비해 폭식 장애는 오히려 남성에서 더 많이 나타난다.

이런 식사 장애 증세는 일생의 어느 한 기간에만 나타날 수도 있지만 일생동안 계속될 수도 있다. 증세와 개개 환자의 상황에 따라 정신적, 내과적 치료를 병행해야 한다.

코리네가 견딜 수 없었던 이유

마사이마라 보호 구역을 막 나오니 한 무리의 마사이 족이 접근한다. 돈을 조금만 주면 마사이 족이 사는 집을 보여 주겠다고 한다. 마사이 족들은 붉은 옷을 좋아한다. 그리고 남자가 오히려 더 멋있는 옷을 입고 치장도 많이 한다. 이들의 체격은 날씬하고 피부는 반짝반짝 윤기가 난다. 눈매는 순하고 어딘가 그윽한 데가 있다.

그러자고 하니 마사이 전사들 10명 정도가 나란히 선다. 그러더니 후룩후룩 하는 소리를 내며 창을 들고 춤을 추며 마당을 몇 바퀴 빙빙 돈다. 이어 모두들 앞을 보고 선 후 하늘로 높이 뛴다. 우리가 디스코를 추며 즐기듯 이런 '높이뛰기'가 그들이 즐기는 춤이었다.

이런 높이뛰기 춤을 보다가 나는 사슴의 전략을 떠올렸다. 사슴들은 포식자로부터 사냥당하는 동안 흔히 높이뛰기를 한다. 포식자로부터 도망가기 위해서는 높이뛰기가 아닌 멀리 뛰기를 해야 더 유리할 텐데 말이다. 이런 현상을 '스토킹'이라 하는데 여기에는 나름대로 이유가 있는 것으로 생각된다. 대개 포식자들은 무리를 이룬 초식 동물 중 약한 놈을 선택해 쫓아간다. (그래야 사냥 성공률이 높기 때문에) 따라서 사슴들은 출중한 높이뛰기 실력을 보여 줌으로써 자신이 사냥감으로 찍히는 것을 미리 피하는 전략을 사용한다는 것이다.

마사이 족 남자들의 높이뛰기 춤도 적이나 혹은 여성들에게 그들의 체력을 과시하기 위해 발전했을 것 같은데, 과연 그들의 높이뛰기 실력은 대단했다.

그런데 이런 마사이 족 남자들을 가까이서 바라보니 코리네 호프만이 쓴 논픽션『하얀 마사이』가 생각났다. 앞서 말한 카렌은 아프리카를 사랑했지만 아프리카 인과 결혼하지는 않았다. 그녀는 끝까지 아프리카의 이방인이었고 관찰자였다. 이런 점에서 아프리카 인과 결혼을 하고, 그들의 오두막집에서 살면서, 아프리카 인이 되기 위해 노력했던 코리네야말로 진정 아프리카를 사랑한 여인일 것이다.

잘나가던 스위스 여성 사업가인 코리네는 남자 친구와 함께 마사이마라를 찾았다가 백인들 상대로 춤을 추며 살아가는 르케팅가라는 한 마사이 남자를 만나 한 눈에 반해 버린다. 그녀의 표현은 이렇다. "나는 그 남자에게서 더 이상 눈을 뗄 수가 없었다. 거기 그렇게, 지는 석양빛 속에 앉아 있는 그의 모습은 마치 젊은 신처럼 보였다."

그러고 보니 지금 바라보는 마사이 남자들도 대부분 잘생겼다. 우선 키가 크고 군살이 전혀 붙어 있지 않다. 엄청나게 많이 걸어 다니기 때문인지 몸들이 모두 늘씬한 것이다. 코리네가 묘사한 대로 이들은 '마치 땅 위에 떠다니는 사람'처럼 걷는다. 게다가 이들은 모두 붉은색 옷을 입고 얼굴에도 색칠을 하고 색색 빛나는 귀걸이, 목걸이, 팔찌를 하고 있다. 노랗게 빛나는 장식과 붉은색 옷이 검고 반질반질한 몸과 대비되어 강렬한 야성의 아름다움을 선사한다. 무엇보다도 그들의 눈빛은 그윽하고 순수하다.

하지만 아무리 그렇다고 해도 세계 최고 부국인 스위스 여자가 최빈국 마사이 남자에게 순식간에 반해서 결혼까지 하고 살 수가 있는 것일까? 어쩌면 도시의 혼탁한 문명에 찌든 주인공이 인류의 고향인 아프리카에, 그리고 순박한 눈매의 마사이 족에 빠져 버린 것

마사이 족

일까? 즉 르케팅가가 매혹적이었다기보다는 혼탁한 문명을 떠나고 싶은 마음이 더 크게 작용한 것이 아닐까? 물론 이런 해석은 주의해야 한다. 사람 사이의 관계, 특히 남녀 간의 관계는 신조차 정확히 알 수 없는 일이다. 게다가 사랑의 신 큐피드는 엄청 장난이 심한 소년이 아닌가?

요란한 춤을 마친 마사이 전사들은 집을 구경시켜 준다. 집은 흙과 나무로 엉성하게 만들어져 있고 진흙과 소똥을 이용해 벽을 만들었다. 나처럼 키가 작은 사람도 구부정하게 허리를 굽히고 다녀야 할 정도로 천정이 낮으니 마사이 전사들은 물론 심하게 구부리고 다닐 수밖에 없다. 게다가 집 안에 들어가 봐야 기껏 서너 평 밖에 안 되는 공간이다. 수도나 배수구가 없는 것은 물론이고 한 쪽에 초라

마사이 족의 주거지

하게 걸린 냄비 아래에 타다 남은 나뭇가지들이 놓여 있다. 아마 식사 때가 되면 여기에 물과 식사 재료를 넣고 끓일 것이다. 이들은 염소나 소를 방목하며 다니지만 실제로 이들을 잡아먹는 것은 축제 때나 한단다. 대신 우유 그리고 염소의 피를 내서 마시는 것이 이들이 단백질을 보충하는 유일한 방법이다. 이부자리가 깔려 있기는 하지만 바닥의 울퉁불퉁한 굴곡이 이불 위에서도 보일 정도이다. 마사이 사람들 말로는 2개월 만에 이동을 해야 하기 때문에 집을 튼튼히 지을 필요가 없단다. 하지만 그래도 그렇지, 그들이 사는 환경은 지나치게 열악했다.

책에 따르면 하얀 마사이 코리네가 살던 집도 쓰러져 가는 오두막이었다. 이 비좁은 집, 시어머니가 손에 닿을 듯 가까이 누워 있는 거리에서 코리네는 조심스럽게 남편과 섹스를 하고는 했다.*

마사이 족과 헤어져 다시 나이로비 공항을 향했다. 케냐와 이별할 시간이 가까워서 그런지 길가의 작은 도시들까지 눈에 확실하게 들어온다. 간간이 호텔이라고 쓰인 건물이 있지만, 쓰러져 가는 건물에 지저분한 간판만 걸어 둔 모습이다. 도무지 그 안에 수세식 화장실이 갖추어져 있을 것 같지는 않다. 이 동네는 건조 지대라 물이 매우 귀하다고 한다. 동물들도 물을 두고 싸우고 사람들도 마찬가지다. 대체로 1주일에 한 번만 몸을 씻는다고 한다. 세수와 목욕, 그리고 편안한 배변은 우리의 기본적인 욕망인데 말이다.

『하얀 마사이』에서 코리네는 목욕을 하기 위해 동물들이 어슬렁거리는 강까지 나가고, 숲 속에서 배변을 해결해야 하는 상황을 그리고 있다. 이런 불결한 생활에 익숙하지 않은 유럽 여자가 말라리아와 설사병, 그리고 모기의 공격에 시달리는 것은 당연하다. 하지만 이런 괴로움도 아프리카 인이 되고 싶은 그녀의 염원을 막지는 못했다. 코리네는 르케팅가와 결혼하고 아들을 하나 둔다. 하지만 결국 그녀는 아프리카를 떠날 수밖에 없었다. 이유는 아프리카의 가난도, 불편함도, 말라리아도 아니었다. 그것은 바로 '질투'였다. 결혼한 후 르케팅가는 끊임없이 코리네를 질투하고 의심했고 코리네의 아이도 남의 자식이라고 윽박질렀다. 스위스와는 전혀 다른 아프리

* 책에 따르면 마사이 족은 연인 사이라도 키스를 하면 안된다. 입은 신성하게 음식을 먹는 부위이기 때문에 다른 용도로 사용하면 안된다는 것이다. 아래 부분을 손으로 만지지도 못하며, 섹스에 '전희'라는 개념은 아예 없다. 야생 동물처럼 짧은 삽입으로 관계는 끝난다.

카의 관습(일부다처제)도 문제였다. 숨 막히는 생활 끝에 결국 코리네가 검은 대륙으로부터 도망치는 것으로 이 책은 끝난다.

이제 나는 남아프리카공화국으로 가야 한다. 나이로비 공항을 향해 덜덜거리며 돌아가는 우리의 지프를 얼룩말과 누 떼가 무심한 표정으로 배웅한다. 경상도 넓이만한 이 너른 마사이마라 평원에 숨쉬는 태곳적 자연, 마사이 족의 가난하지만 천진한 삶. 이곳은 분명 우리 모두의 고향이다. 나와 비슷한 마음을 가진 카렌은 케냐의 자연을 사랑했고, 코리네는 야성의 남성을 사랑했다. 하지만 두 여성의 경우에서 보듯 이곳은 문명화된 인간을 쉽게 받아들이는 곳은 아니다. 우리는 가난한 고향으로 돌아가기에는 너무 멀리 떠나간 것이다. 결코 돌아갈 수 없는 고향 마사이마라를 떠나면서 나는 많은 생각과 감회에 젖었다.

세계 뇌졸중 학회

망망대해를 표류하던 바르톨로뮤 디아스가 희망봉*을 발견했을 때 그 환희가 어땠을까? 남아프리카공화국을 향하는 비행기에서 나는 희망봉을 상상하고 있었다. 하지만 나는 결국 희망봉을 보지 못했다. 앞서 말한 대로 이번 학회는 제7차 세계 뇌졸중 학회의 개최국을 결정하는 결전지이다. 그러니 나로서는 꼼짝없이 학회장 안에 붙들려 있는 수밖에 없었던 것이다.

* 디아스는 이곳을 폭풍의 곶(Cabo Tomentoso)이라 명명했다. 이후 이곳을 거쳐 인도로 향하는 항로가 개척되었고 포르투갈 국왕에 의해 '희망봉'이라 개명되었다.

우리는 그동안 대한 뇌졸중 학회 임원과 행사 대행 회사 직원 그리고 관광청 소속 직원으로 구성된 유치 위원회를 결성해 학회 유치를 위해 노력해 왔다. 유치에 대한 최종 결정은 남아프리카공화국 학회에서 국제 뇌졸중 학회의 주요 임원 약 20명으로 구성된 위원회의 투표로 결정된다.

이미 우리는 정중한 편지와 함께 한국을 소개하는 간단한 소책자를 임원들에게 부친 바 있다. 하지만 다른 나라도 이 정도는 할 것이다. 뭔가 더 있어야 한다. 뇌졸중 학회의 C 교수의 아이디어에 따라 우리는 USB에 한국을 소개하는 동영상을 넣어 보내기로 했다. 만일 USB만 보내면 뇌물처럼 보일 것이다. 하지만 한국에 대해 미리 봐 두시라는 의미로 보낸다면 그렇게 생각하지 않을 것이다. 우리는 USB를 전통 자개함에 넣어 임원 한사람 한사람에게 보냈다. (나중에 임원들에게 물어보니 USB가 아니라 이 자개함에만 관심이 있었다.) 학회가 시작되기 전 모든 임원들은 이미 USB를 받았다. 몇몇 임원들은 감사하게 받았다는 정중한 메일을 보내오기도 했다.

이제 결전장인 학회에 왔으니 몸으로 때우는 수밖에 없었다. 우선 나와 당시 대한 뇌졸중 학회 회장인 L 교수가 임원들에게 일일이 찾아가 인사를 하기로 했다. 하지만 수천 명이 참석한 학회에서 이 사람들을 찾아내기란 쉽지 않다. 따라서 이들이 좌장을 하는 세션에 참석해서 앉아 있다가 끝나는 순간 찾아가 인사를 하기로 했다.

이 때문에 나는 정작 듣고 싶은 강의를 들을 수 없었다. 게다가 세션이 끝난 후 좌장에게 쫓아가 인사할 생각을 하니 강의 내용도 머릿속에 들어오지 않는다. 어쨌든 이런 방식으로 나는 남아프리카공화국의 F 교수, 스웨덴의 N 교수, 텍사스 대학교의 Y 교수 등에게 인사를 했다. 분명 미리 USB를 보낸 것은 효과가 있었다. 적어도 이야기의 실마리가 되어 주었으니까. 모두들 "예쁜 자개함와 USB 고마웠습니다. 저는 한국을 지지하며 아마 잘 될 겁니다."라고 했다. 하지만 사람의 말과 행동은 다를 수 있다. 이들이 다른 경쟁 상대국에게도 그렇게 말할 수 있으므로 우리는 경계를 늦추지 않기로 했다.

우리는 가능한 모든 임원들을 찾아가 인사하기로 했지만 그러기는 쉽지 않았다. 한번은 임원 중 하나가 프랑스 어로 하는 로컬 세션에서 강의와 좌장을 하는 것을 알았다. 이 양반에게 인사를 할 기회

테이블 마운틴

는 이 세션밖에 없었다. 우리는 물론 프랑스 말을 할 줄 모르지만 일단 세션에 들어가 보았다. 들어가 보니 프랑스 국적의 백인과 흑인들 몇 명이 앉아 있을 뿐이었는데, 웬 동양인 남자 둘이 들어오니 모두들 무슨 일인가 하는 표정으로 우리를 쳐다봤다. 얼굴이 뜨거워진 우리는 맨 뒷자리에 자리를 잡고 앉았다. 무슨 말인지 하나도 알 수 없으므로 지루하게 세션이 끝날 시간만 기다리면서. 그런데 문제가 생겼다. 이 세션은 자기네 나라 말로 하는 편한 회의라 그런지 사람들이 전혀 시간을 지키지 않는 것이었다. 20분 동안 예정된 강의가 40분이 지나도 끝나지 않았다. 거기에 앉은 누구도 이런데 개의치 않고 다들 시간이 충분하다는 듯 느긋한 표정이었다. 결국 세션 종료 예정 시간을 30분을 넘겨도 전혀 끝날 기미가 보이지 않으니 회의가 끝나기를 기다려 좌장에게 인사를 하려던 계획은 포기할 수밖에 없었다. 어쩔 수 없이 우리는 따가운 눈초리를 뒤통수에 느끼며 조용히 옆문을 통해 밖으로 빠져 나갔다.

이렇게 매일을 긴장 속에 보내던 중, 투표 바로 전 날인 27일 저녁에 경쟁 국가 중 하나인 인도가 기권했다는 소식이 들려왔다. 사실 우리는 인도를 경계했다. 왜냐하면 학회 참가자 수가 경쟁 국가들 가운데 가장 많았기 때문이다. 우리도 70명 참가로 나름대로 세를 과시했지만 인도에서는 수백 명이나 참가했다. 다만 대부분의 인도 의사들은 학회장이 아닌 관광 버스 안에 앉아 있는 것으로 보아 그들의 주 목적은 학회가 아닌 관광이었던 것 같다. 아무튼 그들이 기권한 이유가 무엇인지는 몰라도 잘 된 일이다. 하지만 아직도 세 나라(중국, 대만, 싱가포르)가 남아 있다.

드디어 28일, 우리는 아침 9시에 학회장에 도착했다. 나는 사실 특별히 긴장되지는 않았는데 다른 동료들의 굳은 얼굴 표정을 보니 나도 자꾸만 긴장이 되려 했다. 10시 30분에 발표 리허설 시간이 있었다. 리허설 시간은 각 팀마다 15분 정도로 이미 경쟁 국가들이 주변에 모여 있었다. 가까이 가서 보니 홍콩의 W 교수가 중국인 몇 명과 함께 서 있는 것이 보였다. 우리는 그때에서야 중국을 대표해 W 교수가 발표한다는 사실을 알았다. 어제까지만 해도 W 교수는 자신은 중립적이어서 아시아 어느 곳에서 개최되든지 개의하지 않는다고 했는데, 정말 중국 사람들은 속을 알 수 없는 것 같다.

12시에 발표장인 G홀로 이동했고 추첨에 의해서 중국(베이징), 대만(타이베이), 싱가포르, 그리고 우리로 발표 순서가 결정되었다. 중국에서 발표에 앞서 홍보 책자 및 선물을 학회 임원들에게 돌리는 모습이 보였다. 역시 학문의 세계에도 약간의 뇌물은 필요한 법인가 보다. 싱가포르는 좀 더 색다른 뇌물을 쓰고 있었다. 늘씬한 금발 미녀인 관광청 관리의 지휘 하에 7~8명의 젊고 예쁜 여성이 꽃과 칵테일(싱가포르 슬링인 것 같았다.)을 임원들에게 돌리고 있었다. 이미 발표를 마친 중국 대표단 7~8명은 밖에서 기다리고 있었는데 모두 얼굴색이 달라져 있었고 W교수는 식사도 하지 않고 발표장을 계속 들락날락거렸다.

오후 1시 40분경 나는 발표를 시작했다. 보통 때 나는 영어 발표를 잘 한다고 칭찬 받는 편이지만 나름대로 약점도 있다. 성질이 급해 그런지 말을 너무 빨리 하는 것이다. 한국말보다 못한 영어, 심지어 초보 수준인 일본어를 말할 때조차 말을 빨리 하는 한심한 버릇이 있다. 나는 나름대로 천천히 말하고자 했으나 주어진 시간이 짧아 그럴 수도 없었다. 발표 시간 10분이 어떻게 지나갔는지 모르겠다.

아무튼 발표를 마치고 우리는 밖으로 나왔고 20~30분가량 임원들의 투표가 이어졌다. 침이 마르는 시간이 지나가고 있는데 뜻밖에 이스라엘 의사인 B교수가 밖으로 나왔다. 아마도 다른 일이 있어 투표가 끝나자마자 미리 나가는 것일 것이다. 그런데 이 사람은 우리에게 엄지손가락을 들어 보였다. 우리가 된 것을 짐작할 수 있었다. 얼마 후 임원 회장인 일본의 Y 교수가 우리더러 마이크 쪽으로 가까이 가라고 해 우리가 선정되었다는 것을 확신할 수 있었다. 이어 Y 교수

테이블 마운틴의 도마뱀

는 차기 대회가 서울에서 열리는 것으로 결정되었다고 발표했다. 우리는 감사의 말을 전했고 이제껏 치열했던 경쟁 국가의 대표 및 임원들은 진심으로 우리나라의 개최를 축하해 주었다.

갑자기 엄청난 피로가 몰려왔다. 학회장 밖으로 나가 찬바람을 쐬고 싶어졌다. 귀국 비행기를 타야 할 시간이 얼마 안 남았지만, 남아프리카공화국의 명물이라는 테이블 마운틴 위에 오르면 가슴이 탁 트일 것 같았다. 다행히 택시를 타면 20분밖에 안 걸린다고 한다. 테이블 마운틴으로 가 케이블카를 타고 오르니 과연 테이블처럼 넓은 정상이 나온다. 울퉁불퉁한 검은 돌 밖에 없는 듯하지만, 돌 틈 사이로 진기한 열대 식물들이 자라고 있고, 특히 도마뱀들이 많이 돌아다닌다. 산 위에 포송포송하게 얹힌 구름이 마치 카푸치노 거품 같

테이블 마운틴을 흘러내리는 구름

은데, 이곳 사람들은 이를 테이블보라 부른다. 정말 산 위의 흰 구름이 테이블보처럼 산을 감싸며 내려오다가 바람과 부딪혀 공중으로 사라지는 것이 보였다.

세상이라는 게 참 이상하다. 세계 뇌졸중 학회 개최는 우리가 오랫동안 소망했던 일이다. 하지만 막상 목표를 달성하고 보니 즐겁고 신나기보다는 그냥 나른하고 피곤하다. 나의 친구이기도 한 홍콩의 W교수와 싱가포르의 C 교수의 축하 웃음 속에 숨어 있는 쓸쓸한 미소를 생각하니 미안하기도 했다. 나중에 알고 보니 우리와 마지막까지 경쟁한 나라가 바로 싱가포르였다. 하지만 세상에는 어쩔 수 없이 승패가 있는 법이다. 게다가 우리가 안됐다면 얼마나 기분이 찜찜할 것인가. 어쩌면 우리는 기쁘기 위해서가 아니라 기분 나쁘지 않기 위해 사는 것인지도 모르겠다.

2010년 세계 뇌졸중 학회 개최지로 한국이 선택된 이유는 결코 내가 발표를 잘 해서는 아닐 것이다. 그만큼 한국을 세계에서 인정하고 있기에 이것이 가능했다고 생각한다. 이런 점에서 나는 남아프리카공화국에서 우리나라의 희망을 보았다. 비록 희망봉을 보지는 못했지만.*

* 2010년 10월 13일에서 16일까지, 우리는 드디어 제7차 세계 뇌졸중 학회를 코엑스 컨퍼런스 홀에서 성공적으로 개최했다. 전 세계 86개국에서 무려 3000명가량의 학자가 참여한 최대 규모의 회의였다. 이곳에서 수많은 학자들이 학문적 교류와 친분을 나누었는데 이 책에 내가 언급한 모든 외국 학자들이 참여했음은 물론이다. 한국 의학계가 높은 학문 수준을 과시하고 세계 무대로 발돋움한 뜻깊은 학회였다.

마오쩌둥의 그림자

베이징 학회

베이징 탄탄(千千) 병원의 L 교수로부터 제4차 세계 두개강내 동맥경화 학회 강의 초청 이메일을 받았을 때 나는 염려스러웠다. 우선 중국에서 열리는 국제 학회는 대부분 베이징에서 열리기 때문에 나는 벌써 이곳을 세 번이나 다녀왔다. 그런데 베이징은 갈수록 매연이 심해져, 1년 전 방문했을 때는 뿌연 거대한 막을 두른 도시로 변해 있었다. 이런 지독한 스모그를 뚫고 올림픽 경기장을 구경하러 30분 이상 인파를 헤치며 걸어다니고서 오랫동안 목구멍의 통증과 가래에 시달렸다.

하지만 더 걱정했던 이유는 예전에 중국에서 열린 탄탄 세계 뇌졸중 학회에 참가했을 때가 생각났기 때문이다. 원래 초청 강의를 하는 경우는 참가 경비와 강의료를 초청한 측에서 부담하는 것이 관례이다. 물론 세계적으로 명성이 높은 학회에서는 이곳에 와서 강의를 하는 것만 해도 영광이므로 강의료를 주지 않는 경우가 있기는 하다. 하지만 학문의 수준이 결코 높다고는 할 수 없는 중국에서 개최하는 학회니 당연히 여행 경비와 강의료를 주려니 생각했다. 그런데 학회 날짜가 가까울수록 주최 측에서 아무런 연락이 없어 궁금해졌다. 그제야 초청 메일을 확인해 보니 학회 장소와 시간만 적혀 있을 뿐 여행 경비 지원에 대해서는 전혀 언급이 없다.

체면 구기는 일이지만, 나는 L에게 이메일로 비행기 삯은 어떻게 되는 거냐고 물어보지 않을 수 없었다. 그러자 그녀에게서 답이 왔다. "다른 초청자들은 경비 지원을 안 해드려도 알아서 오시는데요? 선생님은 돈이 모자라세요? 정 그렇다면 저희들이 회의를 해서 도와드릴 방법을 찾아드릴게요." 나는 기가 막혔다. 매연이 가득한 베이징, 이 후진 학회에 내 돈 내고 갈 생각은 전혀 없었다. 하지만 학회가 임박했으므로 내가 안 가면 그들이 곤란할 것이다. 게다가 이제 와서 갑자기 못 간다고 할 이유도 궁색하고, 경비를 달라고 우기자니 체면 상하는 일이었다. 어쩔 수없이 쓴 웃음을 지으며 그곳에서 강의했던 기억이 있다.

하지만 이번에 초청 메일을 자세히 살펴보면서 나는 저절로 미소를 지었다. 이번 메일에는 정확하게 숙박료, 비행기 값은 물론이고 강의료까지 주겠다고 적혀 있었다. 나는 이제 중국이 막무가내식에서 벗어나 국제 학회 개최에 필요한 세련미를 갖게 된 것이라 생각했다.

베이징에는 사실 볼 만한 것이 별로 없다. 매번 중국 사람들에게 이끌려가는 곳은 자금성과 천안문 광장이다.

천안문에는 언제나 많은 사람들이 어슬렁거린다. 복장들이 초라해서 그렇지 그들의 한가한 걸음걸이를 눈으로 따라가 보면 나름대로이 자유로운 분위기를 느낄 수 있다. 하지만 그들 속에 간간히 바싹 마른 제복의 군인들이 사나운 눈빛을 하고 서 있어 관광객들의 심기를 불편하게 한다.

사실 이보다 더 나를 씁쓸하게 하는 것은 천안문에 걸린 커다란 마오쩌둥의 사진이다. 광장에서 뒤를 돌아보면 거대한 마오쩌둥 기념관도 눈에 들어온다. 결국 천안문 광장에 서 있는 사람들은 마오쩌둥에게 앞뒤로 포위된 것이나 다름없다. 마오쩌둥 기념관에 들어가 보지는 않았으나 방부 처리된 마오쩌둥의 시신이 누워 있을 것이다. 마치 모스크바의 붉은 광장 옆에 레닌의 묘가 있듯이.

사실 자금성과 천안문은 일찍이 명나라 때 만들어진 것이지만, 거대한 천안문 광장, 그리고 혁명 건물은 마오쩌둥이 만든 것이다. 그러니 천안문 광장이라기보다는 오히려 마오쩌둥 광장이라 부르는 게 더 나을 것도 같다.

이 거대한 광장에 설 때마다, 나는 문화 혁명 당시 마오쩌둥을 향해 열광하던 수십 만 홍위병들의 광적인 외침이 들리는 듯하다. 청나라의 황제들의 뒤를 이어 마오쩌둥은 세상에서 가장 큰 나라를 철저하게 통치했던 사람이었다. 공산주의는 마오쩌둥의 사상이었지만 동시에 이러한 철권 통치를 가능케 한 수단이기도 했다. 서구에서 봉건적인 지주와 황제의 권력에 대항해 시민 혁명이 일어나는 동안, 마오쩌둥은 공산주의를 무기로 한 탁월한 정치 전략으로 세계에 유례가 없는 자신만의 왕국을 세웠던 것이다.

이처럼 무소불위의 권력을 휘두르던 마오쩌둥도 몇 가지 병 때문에 고생했는데 나는 이제부터 이에 대해 말하려 한다.

우선 독재자가 대개 그렇듯 마오쩌둥도 여성 관계가 복잡했다. 마오쩌둥을 돌보았던 젊은 간호사들은 흔히 밤 시중도 들었고, 자주 열리는 댄스 파티는 마오쩌둥으로 하여금 하룻밤을 지낼 여성을 선택할 수 있는 기회를 제공했다. 조금이라도 청렴하지 않거나 부르주아적인 행동을 하면 혹독한 자아비판을 피할 수 없던 문화 혁명의 와중에도, 마오쩌둥만은 누구의 비판도 받지 않고 마치 황제처럼 여성들과 즐기며 지냈다. 그러니 성병에 걸리지 않을 수가 없다. 기록에 따르면 한 때 트리코모나스에 걸렸다고 되어 있으나 이 병은 남성에게는 별다른 증세를 일으키지 않는다. 한번은 음경에 수포가 났다고 한 점으로 보아 헤르페스 성병에도 걸린 듯하다. 하지만 매독과 같은 심각한 병에 걸리지는 않은 것 같다.

두 번째 병은 수면 장애이다. 마오쩌둥은 보통 사람과는 달리 아무 때나 자고 아무 때나 일어나고는 했다. 그러나 주로 밤에 깨어 책을 읽거나 업무를 보다가 새벽에 필요한 사람을 호출하는 스타일이었다. 그러고는 아침에 잠이 들어 오후 늦게까지 자고는 했다. 그는 불면증 때문에 과도한 수면제를 상습적으로 복용했는데 아마도 불안증 등 정신적 이유에 기인한 불면증도 있는 것으로 생각된다. 하지만 일단 늦은 시간에 잠을 자면 점차 수면 주기가 늦어진다는 기록이 있는 점으로 보아 수면의 주기와 리듬이 잘못된 지연 수면 위상 증후군(delayed sleep phase syndrome) 증세일 가능성도 많다. 요즘은 이런 환자를 멜라토닌이나 광치료 같은 것을 사용해 치료한다.

세 번째 병은 폐와 심장 질환이다. 1970년대에 들어와 마오쩌둥은 기침과 가래 증세가 자주 있었으며 특히 신체적으로 고단하면 폐렴이 발병하고는 했다. 이러한 폐 질환은 아마도 오랜 흡연과 연관된 듯하며, 젊을 때 걸린 폐결핵의 후유증도 영향을 주었을 것으로 생각된다. 마오쩌둥은 심장도 안 좋았는데 말년에 다리가 붓거나 숨이 찬 증세를 자주 호소했다. 이는 심장 질환에 기인한 울혈성 심부전증 때문인 것으로 생각된다. 마오쩌둥은 평소 기름진 고기만 좋아했고 담배를 무척 많이 피웠다. 이 둘은 심장혈관의 동맥경화를 일으키는 중요한 요소이다.

마오쩌둥은 심장 질환을 일으킬 요인을 한 가지 더 가지고 있었다. 그는 평소 칫솔질을 전혀 하지 않았다. 대신 중국차를 입에 넣고 헹구는 것으로 대신했는데 이는 중국 시골 사람들의 습관이었다. 마오쩌둥의 주치의 리즈수이*는 마오쩌둥의 혈액의 백혈구 수치가 올

* 마오쩌둥이 사망한 후 미국으로 망명해 『마오쩌둥의 사생활』을 쓴 리즈수이는 마오쩌둥의 신임을 받아 20년 넘게 마오쩌둥 곁에서 주치의로 지낸 의사이다. 북경 출신의 리즈수이는 장세스 아래서 국민당 고위 간부로 일한 아버지에 반발해 공산당 사상에 심취했다. 화서 종합 대학 의학원에서 의학을 공부를 마치고 난징 종합 병원에서 잠시 일한 후 홍콩으로 건너갔다. 그곳에서 오스트레일리아의 오리엔탈 회사에 취직해 뉴질랜드와 오스트레

라가 있는 것을 발견했다. 만성적으로 어딘가에 염증이 있다는 신호였다. 조사해 보니 잇몸에 염증이 아주 심했다. 평소 이를 닦지 않으니 당연한 일이다. 서양 의학을 믿지 않는 마오쩌둥을 간신히 설득해 발치와 염증 치료를 한 후 백혈구 수치는 정상으로 돌아갔다. 그러나 마오쩌둥은 그때 잠시 칫솔질을 했을 뿐 결국은 다시 차로 입헹구기를 택하고 말았다. 이처럼 만성적인 잇몸의 염증은 관상동맥질환과 같은 혈관 질환을 일으키는 요인이 될 수 있다. 혈류에 증가된 염증 세포가 혈관 벽 속으로 들어가 동맥경화를 만드는 것이다.

이런 병들을 가지고 있음에도 불구하고 마오쩌둥은 의사와 서양의학 자체를 무시하고 믿지 않았다. 일반적으로 마오쩌둥처럼 평소 책을 많이 읽고 이를 나름대로 소화시킨 사람들은 의학적인 지식이 많다. 하지만 그 책들은 대개 진짜 의학 책이 아닌 잡서들이므로 그 지식이 설익은 것이 보통이다. 게다가 이런 사람들은 이런 지식에 자신의 생각을 적당히 엮어 나름대로의 의학에 관한 정돈된 철학을 가지고 있는데 바로 이것이 문제이다. 환자는 무조건 전문가의 말을 듣고 따라야 하는데, 이런 사람은 자기 생각을 절대 굽히지 않는다.

예컨대 마오쩌둥은 몸이 몹시 부었을 때도 다른 약은 다 먹겠으나 이뇨제(소변을 촉진시켜 부종을 완화시키는 약제)만은 절대 먹지 않겠다는 둥 말도 안 되는 고집을 부린다. 이런 환자들을 지금도 종종 만나게 되는데, 나뿐만 아니라 대부분의 의사들을 곤혹스럽게 한다.

일리아 사이를 오가는 배의 선의로 근무했다. 1949년 베이징으로 돌아와 마오쩌둥의 주치의가 된 후 오랫동안 마오쩌둥을 가장 가까이에서 관찰한 사람이 되었다.

中
主席
Lou Gehrig's Diseas

물론 이런 설익은 지식과 개인적 고집 때문에 손해 보는 것은 환자 자신이다.

하지만 마오쩌둥의 독선적인 생각 때문에 더 큰 손해를 본 사람은 따로 있었다. 바로 철저한 마오쩌둥의 심복이며 유능한 행정가인 저우언라이였다. 저우언라이는 이따금 소변에 피가 섞여 나오는 증상을 보였고 결국 방광암으로 진단받았다. 물론 의사들은 신속히 수술을 할 것을 권했다. 그때 마오쩌둥은 이렇게 말했다. "암은 치료될 수 없어. 치료를 받는다는 것은 고통과 정신적 번뇌만을 야기할 뿐이야. 환자를 그대로 둬서 여생을 행복하게 보내도록 해야 해. 내가 암에 걸렸다고 해도 난 절대로 치료 받지 않을 거야."

믿기 힘든 이야기지만, 당시 베이징 정치국원들의 치료는 마오쩌둥의 허락을 받아야만 가능했으므로 저우언라이는 수술을 받을 수 없었다. 마오쩌둥은 저우언라이의 수술을 허락하는 대신 저우언라이를 대신할 사람을 찾기 시작했다. 실각했던 덩샤오핑이 복귀된 것이 이 때문이다. 저우언라이는 소변에서 매일같이 피가 쏟아져 나오는데도 아무런 치료를 받지 못하다가 1974년 6월이 되어서야 그의 부인이 마오쩌둥이 애지중지하는 여성 연구원 리에게 부탁해 수술 허가를 받을 수 있었다.

그러나 모든 암 수술은 일찍 해야 성공률이 높은 법이다. 저우언라이의 방광암은 수술 후 재발했고, 두 번째 수술을 진행할 수밖에 없었다. 소식을 듣고 마오쩌둥은 반성하기는커녕 이렇게 말했다. "그것 봐, 내가 수술 받지 말아야 한다고 말했지? 그렇지만 그는 고집을 피웠지. 그는 죽을 때까지 세 번, 네 번 수술을 받을 거야. 대부분 병이라는 것은 얼마 후 저절로 낫게 돼. 만일 그렇지 않다면 그 병은 치료될 수 없다는 것을 의미하는 거야. 의사라도 어쩔 수가 없어." 저우언라이는 결국 1976년 1월 사망했다.

하지만 마오쩌둥 역시 점차 병세가 악화되고 있었다. 말년에 발을 질질 끌며 TV에 나타난 마오쩌둥을 본 사람들은 마오쩌둥이 다리가 흔들거리는 나무 막대기 같다고 했다. 말년의 마오쩌둥에게는 모종의 심각한 신경과 질환이 진행되고 있었던 것이다.

마오쩌둥의 마지막 병

1971년 오랜 동안 마오쩌둥의 충복이며 한 때 마오쩌둥의 후계자로 지명되었던 국방부 부장 린바오는 쿠데타를 계획하다 의심을 받자 비행기로 베이징을 탈출한다. 그러나 기체 결함과 연료 부족으로 외몽고에 추락해 사망한다. 리즈수이의 『마오쩌둥의 사생활』에 따르면 이 당시부터 마오쩌둥의 시력이 나빠지고, 근력도 약해져 점차 걸음걸이가 힘들어졌다고 기술되어 있다. 이유를 잘 알 수가 없었던 리즈수이는 마오쩌둥에게 신경과와 안과 전문의에게 진찰을 받으라고 권했다. 그러자 마오쩌둥은 버럭 소리쳤다. "자네는 다른 사람에게 자네의 책임을 전가시키려고 하는가!"

이러던 중 1972년 한때 심장병과 폐렴으로 인해 마오쩌둥은 맥박이 140까지 뛰며 혼수상태에 빠져 베이징 병원의 의사들을 긴장시켰다. 하지만 건강한 체질을 타고난 마오쩌둥은 금방 회복했고, 역사적인 닉슨 대통령과의 회담도 이루어졌다. 그러나 마오쩌둥은 점차 힘이 빠졌고 1973년 들어서는 말하는 것조차 힘들어 했다. 단순한 행동을 해도 숨이 찼으며 입술은 잿빛이 되고는 했다.

리즈수이의 기록에 따르면 1974년부터 마오쩌둥의 발음이 나빠져 무슨 말인지 알아듣기 힘들었다고 한다. 마오쩌둥은 혀를 뜻대로 놀릴 수 없었고 안면 근육의 힘이 빠져 입을 다물지도 못해 벌리고 있었으며, 항상 침을 흘리고 있었다. 팔다리 근육의 위축 현상도 심해졌다. 시력도 많이 나빠져 눈앞에 있는 손가락조차도 셀 수 없었다. 전문의의 진찰을 받아 보라는 리즈수이의 진언에 폭언만 퍼붓던 마오쩌둥은 그제야 안과와 신경과 의사의 진찰을 허락했다. 안과적으로는 마오쩌둥의 병은 비교적 단순했다. 그는 노인에게 흔한 백내장을 앓은 것으로 진단되어 한쪽 눈을 수술 받았다.

하지만 신경과적 병을 진단하기는 쉽지 않았다. 마오쩌둥의 부름을 받은 베이징 대학교와 상하이 대학교 신경과 의사들은 처음에는 뇌졸중이나 파킨슨병을 생각했다. 이것이 노령의 나이에 생기는 비교적 흔한 병이기 때문이다. 그런데 마오쩌둥의 경우는 좀 이상했다. 근육이 마르고 위축되었던 것이다. 뇌졸중(159쪽 헨델 참조)이나 파킨슨병(180쪽 히틀러 참조)이 심하게, 오래 지속된 경우 오랫동안 움직이지 못해 근육이 위축될 수는 있다. 하지만 마오쩌둥의 경우 뚜렷하게 팔다리 마비와 같은 뇌졸중 증세가 생긴 적이 없었다. 또한 파킨슨병의 특징인 손발 떨림, 사지의 경직도 확실치 않았다. 결국 신경과 의사들은 마오쩌둥이 근위축성 측색경화증(ALS)에 걸린 것으로 진단했다.

의사들은 고민했다. 근위축성 측색경화증은 신경과 병 중에도 악명 높은 불치병이며 이 병에 걸리면 불과 몇 년 정도밖에 살지 못한다. 이를 액면 그대로 마오쩌둥에게 보고할 것인가? 결국 그들은 병명을 보고하기는 했다. 하지만 몇 년 못 가 사망하는 병이라는 이야기는 차마 하지 못했다.

근위축성 측색경화증

우리나라말로는 '근위축성 가쪽경화증'이라고도 하는 ALS(amyotrophic lateral sclerosis)는 미국의 야구선수 루 게릭이 걸려 미국에서는 '루게릭병'으로도 통용된다. 우리 몸의 근육은 운동 신경(motor nerve)이 지배하는데 이 운동 신경은 뇌의 운동 중추로부터 출발해 척수를 따라 내려온다.(여기까지를 중추 신경이라 부른다.) 운동 신경은 이 척수의 옆쪽에서 시냅스를 이룬 후(여기서부터 말초 신경이라 부른다.) 각 근육으로 연결되어 근육의 운동을 가능케 한다.

ALS는 척수의 운동 신경이 선택적으로 퇴화하는 대표적인 퇴행성 질환이다. 10만 명당 1~10명 정도 발생하는 드문 병이지만 신경과 병동에서는 종종 볼 수 있다. 대개 45세를 넘어 발병하며 남성이 여성보다 약간 발병 빈도가 더 높다. 손발의 근육이 점차 약해지며 위축되어 바싹 마르게 된다. 손발 움직임과 걸음걸이가 나빠지며 혀나 인두 근육에도 문제가 생기므로 발음이 어눌해지고 삼키는 것도 힘들게 된다. 가슴의 호흡 근육의 힘이 약해지면 호흡 곤란이 생겨, 호흡 정지, 폐렴들이 병발해 사망하는데 발병부터 사망까지의 경과는 평균 3~4년 정도이다. 그러나 일부 환자에서는 이 병이 상당히 오랜 기간 지속되는 만성적인 경과를 취하기도 한다. 영국의 물리학자 스티븐 호킹 박사가 대표적인 예다.

ALS의 원인에 대해서는 여러 가설이 있는데 유전적 소인, 독성, 산화 독성, 면역 기전 이상, 감염, 신경 성장 인자 부족, 환경 이상, 호르몬 이상 등 수많은 가설이 있다. 이처럼 가설이 많다는 것은 실은 병의 원인을 정확히 모른다는 이야기가 된다.

원인을 모르니 근본적인 치료법도 없다. 수많은 연구가 진행되고 있으나 마땅한 치료법은 현재까지도 없다. 다만 신경독성을 일으키는 글루타민산의 영향을 약화시키는 약 리루졸(riluzole)이 개발되어 임상에서 사용되고 있다. 그러나 이 약의 효과는 매우 미약해 평균 수명을 3개월 정도 더 연장시켜줄 뿐이다. 이보다는 오히려 보존적인 치료가 더 중요하다. 신체 기능이 점차 나빠지므로 적절한 재활 치료가 필요하다. 그리고 삼킴 장애가 심해지면 영양 상태가 나빠질 수 있으므로 영양 공급을 위해 코나 위장에 관을 넣어 영양 공급을 충분히 해 주어야 한다. ALS 환자의 생명과 가장 직결되는 것은 호흡 장애인데 주기적으로 폐 기능 검사를 해 환자의 호흡 상태를 점검해야 하고, 상태가 아주 나빠지기 전에 인공 호흡기를 장착해야 한다.

과연 ALS였을까?

그런데 마오쩌둥의 병을 ALS로 진단하기에는 약간 석연치 못한 점이 있다. 중국 의학은 오랫동안 전통 의학에 의존해 왔고 당시는 서양의학이 보급된 지 얼마 지나지 않은 때였다. 중국에서 가장 권위자라는 상하이 대학의 신경과장도 30년 의사 생활 동안 ALS 환자를 딱 2명밖에는 본 적이 없다고 했다. 그러니 그들의 진단이 틀릴 수도 있다.

내가 보기에 이상한 점은 마오쩌둥의 나이다. ALS는 45세를 넘으면 어떤 나이에든 걸릴 수 있다. 하지만 나를 비롯한 여러 신경과 의사의 경험에 따르면 이 병은 대체로 50~70세 정도의 나이에 발병하며 이후에 발생하는 경우는 드물다. 마오쩌둥의 경우 ALS를 진단받은 것은 1974년도이니 81세의 나이였다. 마오쩌둥의 고집 때문에 진단이 늦은 것을 감안해도 70대 후반이 되어서야 증세가 시작되었다는 이야기인데 아무래도 미심쩍은 부분이 있다. 따라서 다른 유사 질환의 가능성도 생각해 보자.

우선 척수가 아닌 운동 신경 자체에 문제가 생기는 말초 신경 질환을 감별해야 한다. 그리고 다른 근육 질환(예컨대 inclusion body myositis)도 간혹 ALS와 비슷하게 증상이 나타나므로 감별해야 한다. 이런 병들을 진단하기 위해서는 근전도 검사*를 해야 한다. 혹은 근육 조직 검사도 도움이 된다. 하지만 당시 중국에서 이런 검사는 가능하지 않았으니 현재 우리가 더 이상 논하기는 힘들다. 다만 말초 신경 질환의 경우 사지 근육의 힘이 빠지는 것은 사실이지만 손발의 근육이 '위축'되는 경우는 별로 없다. 또한 근육 질환도 이처럼 노인에게서 발생하는 경우는 거의 없다. 따라서 마오쩌둥이 이러한 질병을 앓았을 가능성은 별로 크지 않다.

둘째로 드물지만, 일부 악성 종양이 ALS와 비슷한 증세를 일으키

* 여러 근육에 전극이 연결되어 있는 바늘을 꽂아 근육의 전기적 신호를 조사하는 진단 검사이다. 그 결과를 가지고 말초 신경 질환, 근육 질환, ALS 등의 질환을 감별해 낼 수 있다.

는 경우가 있다. 악성 종양이 항체를 만들어 척수의 신경 세포를 파괴하는 것이다. 대개 폐암, 신장암, 림프종 등이 원인이 되는데 이런 경우 암을 치료하면 ALS 증세가 좋아지기도 한다. 하지만 마오쩌둥의 경우 이 가능성은 적다. 악성 종양에 의한 ALS 환자의 경우, 대부분은 암이 먼저 발견된 후 ALS 증세가 나타난다. 마오쩌둥은 의사들의 주의 깊은 검진에도 불구하고 사망할 때까지 악성종양이 없었던 점으로 미루어 이 가능성은 생각하기 어렵다. 다만 마오쩌둥은 폐기흉, 과거의 폐결핵 등의 폐 질환을 가지고 있었으므로 X선 촬영 결과 폐가 지저분했을 것이고, 사망하기 전까지 그 속에 숨어 있던 폐암이 진단되지 못했을 가능성이 아주 없는 것은 아니다.

마지막으로 ALS가 치매 증세와 함께 진행되는 특이한 병이 있다. 특히 전두엽-측두엽 치매* 환자에서 ALS 증세가 동반된 경우를 볼 수 있는데, 일반적으로 ALS 환자의 약 5퍼센트에서 전두엽-측두엽 치매가 증세가 함께 나타난다고 한다. 따라서 노인에서 ALS 증상이 나타날 때 이 병을 의심해야 한다. 마오쩌둥에게 전두엽-측두엽 치매 증세가 있었을까? 말년의 마오쩌둥은 종종 다른 사람이 자기를 살해하려 한다고 했고, 혹은 자신을 살해하려는 수상한 목소리가 들린다고 하며 거처를 옮기기도 했다. 그리고 불같이 화를 내는 등

* 알츠하이머병과 비슷한 치매 질환인데, 특이하게 전두엽과 측두엽이 다른 곳에 비해 더 일찍, 광범위하게 손상된다. 주된 증세가 치매 증세인 점은 비슷하지만 알츠하이머병 환자가 주로 기억력 감퇴를 제일 먼저 호소하는 것과는 달리 전두엽-측두엽 치매 환자는 성격 이상, 판단 이상 등 전두엽 기능 장애 증세가 주로 나타난다.

정서 장애도 나타냈다. 하지만 내 생각에 이는 마오쩌둥의 원래 성격이 편집적인 데다가 린바오의 쿠데타 등 실제적인 위험이 많았기 때문에 생긴 현상이며, 치매의 증상은 아닌 듯하다. 특히 ALS 가 진행되어 말도 제대로 못하고 간신히 글로 의사 표현을 하는 와중에도 정확하게 덩 샤오핑을 지지하는 인사 개혁을 마무리한 것을 보면* 결국 사망하기 직전까지도 마오쩌둥의 정신 상태와 판단력은 비교적 온전했던 것으로 생각된다. 따라서 유난히 나이 들어 병이 생긴 점이 좀 이상하기는 하지만 마오쩌둥을 ALS로 진단한 중국 의사들의 진단은 정확했던 것으로 생각된다.

하지만 ALS는 예후가 지극히 나쁜 병이니 오히려 정확한 진단을 원망해야 한다. 예상대로 마오쩌둥의 상태는 점차 나빠졌다. 1974년, 마오쩌둥은 여행을 고집했고 마오쩌둥의 고향 창사에 다다랐다. 마오쩌둥은 여기서 수영을 하겠다고 나섰다. 말을 하기도 삼키기도 숨쉬기도 불편한 가운데 자신의 병을 자력을 치료하겠다고 했으며 운동을 통해 체력을 증진시킬 수 있다고 주장했다. 당시 마오쩌둥의 인후 근육이 마비되었으므로 수영 중 조금이라도 물을 들이키면 그대로 질식하거나 폐렴에 걸릴 수 있다. 게다가 사지 근육이 위축되어 수영을 할 기력도 없는 상태였다. 모두들 말렸지만 마오쩌둥의 고집을 꺾을 사람은 아무도 없었다. 경호원들이 삼엄하게 지키고 있는

* 마오쩌둥의 말년에, 마오쩌둥의 처인 장칭을 중심으로 한 극좌파 4인방과 저우언라이, 덩샤오핑이 주도하는 개혁 세력이 주도권을 두고 심하게 다투었다. 병세가 심각한 중에도 마오쩌둥은 저우언라이, 덩샤오핑 파를 지지해 성공적으로 권력을 이양했다.

가운데 마오쩌둥은 물속에 들어갔다. 하지만 물속에 얼굴을 집어넣을 때마다 숨이 막혀 수영을 할 수 없었다. 얼굴이 빨개져 헐떡거리는 마오쩌둥을 경호원이 간신히 구출했다. 평소 수영을 좋아했던(마오쩌둥은 아예 수영장에서 집무를 하는 경우가 많았다.) 마오쩌둥에게는 이것이 마지막 수영이었다.

일반적으로 ALS 환자는 근육이 점차 약해지고 따라서 호흡이 곤란해진다. 가래를 뱉기도 힘드니 기도가 막히거나 폐렴에 걸려 사망한다. 정신이 멀쩡한 상태에서 이런 호흡 곤란 증세를 경험하게 되니 환자로서는 여간 고통스러운 일이 아니다. 지금은 포터블 인공 호흡기를 장착해서 호흡을 도와주면 환자는 훨씬 더 오래 생존할 수 있지만 마오쩌둥의 시대에는 물론 이런 치료를 하기 어려웠다. 그런데 마오쩌둥의 경우 죽음은 예상보다 더 자비롭게 다가왔다. 1976년 7월 마오쩌둥은 몇 차례의 심근경색 증세를 일으킨 후 혼수상태에 빠졌다. 그는 9월 9일 숨을 거두었다. 그리고 이때부터 장칭을 중심으로 한 4인방과 현실주의자 덩 샤오핑 간의 치열한 권력 쟁탈전이 시작됐다.

마오쩌둥은 선진국을 따라잡자는 구호를 외치며 대약진 운동을 시도 했으나 애초부터 불가능한 일이었고, 내막을 들여다보면 사실은 일종의 정치 쇼였다. 마오쩌둥이 시찰하는 철길 주변에는 언제나 풍성한 곡식이 물결쳤고 제철 산업을 일으킨다는 명목으로 만든 동네 용광로가 붉은 연기를 열심히 뿜어내고 있었다. 하지만 그 곡식들은 가장 잘 자란 곡식을 철로 변으로 옮겨 심은 것이다. 게다가 동네에서 제철을 한다고 자기네 집안의 냄비와 식칼을 용광로에 넣고 철물을 만들었으니 이것이 무슨 소용이란 말인가. 이런 쇼를 하기 위해 젊은 남자들은 용광로에 붙어 있을 수밖에 없었고, 농경지는 피폐해지고 농작물 생산은 저하될 수밖에 없었다.

마오쩌둥은 통이 큰 인물이고 개인적으로는 매력이 있는 사람이었다. 그리고 중국의 역사와 정치에는 정통한 사람이었다. 하지만 마치 청나라 말기의 서태후가 그랬듯, 중국 바깥 세계에는 눈을 돌리지 않았고 급변하는 세계 속에서 나라를 부강케 하는 방법을 몰랐다. 실제로 대약진 운동의 실패로 수천만 명에 이르는 중국인들이 아사했다. 그런데도 마오쩌둥은 건재했다. 오히려 그에 대한 충성심은 높아져 문화 혁명이라는 광적인 자아비판의 물결 속에서도 마오쩌둥만은 황제처럼 군림할 수 있었다. 실은 문화 혁명은 마오쩌둥이 조절하기에는 너무나 세력이 커진 류사오치와 덩샤오핑을 반혁명 분자로 몰아 축출하려는 목적으로 자행된 거대한 연극이었다. 마오쩌둥의 궁극적인 관심은 오직 모든 중국인이 자기 혼자만을 우러러보도록 하는 것이었고, 적어도 이런 점에서 그의 작전은 가히 천재적이었다. 다만 이런 목적을 이루기 위해서 겪어야 했던 중국 국민들의 불행은 너무나 컸다.

아직도 천안문 광장에 있는 마오쩌둥의 사진은 광장에 모인 군중을 바라보고 있고, 군중 역시 매일같이 그를 바라보고 있다. 마오쩌둥, 그리고 마오쩌둥이 만들어 낸 희한한 중국의 역사, 여기에 대해 그들은 과연 어떻게 생각하고 있는지 나는 갑자기 이들을 붙들고 묻고 싶어졌다.*

중국, 거대한 약물 실험장

이번 학회는 그런대로 괜찮았다. 우선 초청된 사람들이 수준 높은 강연을 했고, 중국 학자들도 몇 개 주목할 만한 연제를 발표했다. 하지만 아직도 국제 학회라 말하기에는 미숙하고 엉성한 점이 많았다. 일반적으로 국제 학회에서, 참가자들은 양복 정장에 넥타이를 매는 것이 보통이다. 하지만 중국 학회는 그렇지 않다. 참가자들이 양복을 입는 경우도 있지만 대개는 작업복을 대충 입고 온다. 심지어는 강연자들조차 복장이 그렇다.

게다가 영어가 안 통하고 진행이 미숙해 원래 스케줄보다 느려지기 일쑤이다. 한번은 이런 적도 있었다. 한 나이든 중국 의사가 논문을 발표를 하는데 영어 발음 자체는 괜찮으나 엄청나게 말이 느렸다. 아마 중국어를 할 때보다 5배 이상 더 느렸을 것이다. 발표 시간은 10분인데 서론을 말하다가 벌써 시간이 다 지나가 버렸다. 15분이 되자 초조해진 좌장이 "좀 빨리 진행해 줄 수 없겠어요? 시간이 다 돼서요."라고 자기의 시계를 가리키며 말했다. 그러자 연단에 서 있던 발표자가 갑자기 사라져 버렸다. 시간이 됐으니 그만하라는 말인

* 실제로 나는 학회장에서 만난 중국 의사들 몇 명에게 마오쩌둥에 대해 어떻게 생각하느냐고 물은 적이 있다. 놀랍게도 대부분은 마오쩌둥을 외세로부터 갈가리 찢긴 중국을 통일하고 독립시킨 위인이라 생각하고 있었다. 독재와 대약진 운동 실패 등 여러 가지 문제점은 인정하지만 과보다는 공이 더 큰 사람이라고 그들은 이구동성으로 말했다.

자금성

줄 알고 황급히 자리로 돌아가 버렸던 것이다. 이제 막 서론을 끝냈을 뿐인데.

신경학자로서 말하자면, 중국은 아직은 세상이 놀랄 만한 혁신적인 연구 결과를 발표하지 못한다. 하지만 아주 많은 환자를 대상으로 연구를 한다는 강점이 있다. 다른 나라에서 몇백 명 단위의 환자를 대상으로 연구한다면 중국은 몇천 명 혹은 몇만 명을 대상으로 한다. 이 점에서 중국은 오랫동안 다국적 제약 회사의 관심의 대상이 되어 왔다. 신약이 개발되었을 때 이의 효과와 부작용을 확인하기 위해서는 많은 수의 환자를 대상으로 검증하는 과정이 필요하다. 이때 제약 회사로서는 최소한의 연구비를 들여 최단 시일 내에 연구를 끝내고 싶어 한다. 중국의 노동력은 아주 싸다. 게다가 손쉽게 많은 환자를 모을 수 있다. 그러니 다국적 제약 회사가 중국에 군침을 흘리는 것은 당연하다.

중국에 관심을 갖는 것은 이런 제약 회사뿐만이 아니다. 자신의 개인적인 연구를 위해 중국을 이용하는 서양학자들도 종종 볼 수 있다. 한 예로 내가 친하게 지내는 오스트레일리아 시드니 대학교의 A 교수가 있다. 우리나라에도 몇 번 온 적이 있는 이 양반은 노래방에서 노래 부르는 것을 몹시 좋아한다. 함께 식사를 한 후 "어디 가서 맥주를 한잔 할까 아니면 노래방이나 갈까?"라고 물어보면 싱긋 미소를 띠며 이렇게 대답한다. "한국 사람들은 노래방 가는 거 좋아하지 않습니까?" 이렇게 해서 노래방에 데리고 가면, 이 양반은 절대 마이크를 놓지 않고 미친 듯이 노래를 부른다.

아무튼 이 A 교수는 중국의 특성을 잘 이용하는 사람이다. 그는 아예 베이징에 시드니 대학교 부설 연구소를 차렸다. 베이징 중심가에 위치한 커다란 건물의 한 층을 전세 내어 쓰고 있는 이곳을 방문해 보니 여기서 일하는 사람은 거의 대부분은 젊은 중국 사람이었다. A 교수의 작전은 이렇다. 오스트레일리아 병원에는 환자가 적고 연구비가 많이 들어 연구하기도 힘들다. 따라서 연구 디자인을 잘 설계한 후 베이징 대학교나 상하이 대학교 같은 중국의 유수한 대학의 유명 교수들과 협조하자고 하면 이들은 중국 전역의 대학에서 열화 같이 환자를 모아 준다. 베이징 연구소는 바로 그런 일을 하기 위한 장소이다.

하지만 중국에서 이루어지고 있는 거대한 임상 연구를 보면 나는 무척 혼란스럽다. 수많은 대학에서 일사불란하게 연구 환자들을 모으는 것이 한 편으로는 대단하다는 생각이 들지만 다른 한 편으로는 좀 의아한 생각도 든다. 임상 실험이란 중요한 것이지만 항상 효과가 없거나 부작용이 나타날 위험이 도사리고 있다. 따라서 환자들에게 이러한 이득과 위험을 정직하게 설명해야 한다. 많은 환자들이 이를 동의해 실험에 참여하지만 그렇지 않은 환자들도 많다. 따라서 많은 수의 환자를 등록하기란 언제나 쉽지 않은 법이다. 뿐만 아니다. 이 실험에 대해 반대하거나 관심이 없는 의사들도 있으므로 모든 병원이 연구에 참여하게 되는 것도 아니다. 요컨대 중국에서 너무나 일사불란하게, 너무나 쉽게 임상 연구가 진행되는 것이 나로서는 오히려 의아하게 여겨지는 것이다.

게다가 중국에서 이루어지는 연구의 질 또한 문제가 제기되고 있다. 얼마 전 《임상연구》 저널에서 임상 연구에 있어 '불완전하거나 부정확한 데이터 입력', '부적합한 약물 복용 기록', '오류가 있는 데이터를 삭제하는 것' 등 부적절한 행위에 대한 빈도를 국가별로 조사해 발표한 적이 있다. 이에 따르면 모든 조사에서 가장 완벽했던 나라는 핀란드였으며 중국은 가장 오류가 많은 나라였다. 다시 말해서 많은 환자를 빠르게 등록하기는 하지만 연구의 질은 많이 떨어진다. 즉 중국의 데이터는 아직은 '신뢰'하기 힘들다는 결론을 내릴 수밖에 없다.

일사불란하게 진행되는 임상 연구를 보면, 이 나라는 환자 개인이

나 담당 의사 각자의 의지에 의해 참여한다기보다는 베이징이나 상하이의 '중앙' 부처의 명령 하달에 따라 온 나라에서 열화와 같은 열정으로 동참하고 있는 듯한 인상이다. 물론 이것이 중국의 강점일 수도 있겠지만 내 생각은 다르다. 좀 세상이 삐걱거리더라도 개인적인 다양한 목소리를 내는, 그리고 그만큼 각각의 책임이 분명해지는 이런 사회로 중국도 결국 나아가야만 하는 것이 아닐까?

매번 중국을 방문할 때마다 느끼는 것은 중국의 의학 수준도 점점 나아진다는 점이다. 앞서 말했듯 국제 학회의 일원으로서의 태도도 세련되고, 발표 수준도 향상되고 있다. 특히 젊은 신경과 의사들의 패기 있는 연구 발표가 늘고 있고, 이들의 영어 구사도 점점 나아지고 있다. 이들이 자신들의 선배와 달리 다양한, 개성적인 목소리를 낼 수 있다면 중국은 달라질 것이다. 더욱 놀라운 것은, 이런 젊은 의사들의 수가 상상을 초월할 정도로 많다는 사실이다. 나는 펠로우 2명을 데리고 연구를 하지만 탄탄 대학 병원의 신경과장 W는 대학원생만 무려 60명을 데리고 있다. 중국은 정말 무서운 나라다.

프로방스 산책

생라자르 역에서

2008년 가을, 나는 연구자 회의 때문에 다시 파리에 들렀다. 신경과 의사의 여행기는 계속된다. 파리의 북서부에 위치한 생라자르 역은 파리에서도 가장 오래된 역이다.

노르망디, 아르장퇴유, 루앙 등 북쪽 지방으로 가는 기차가 여기서 출발한다. 오후에 연구자 회의가 있어 적어도 오후 3시까지는 파리에 돌아와야 한다. 그래서 나는 아침 일찍 호텔을 출발해 지하철을 타고 여기 생라자르 역에 도착했다. 오전 8시 반이었다.

생라자르 역은 보통 지하철역과는 다르다. 지하철 이외에 국철이 함께 있는 탓에 여러 층이 복잡한 계단과 에스컬레이터로 연결되어 있다. 각 층마다 엄청나게 많은 파리 사람들이 걸어 다니고 때론 위로부터 쏟아져 내려오기도 한다. 출근 시간이기 때문인지 모두들 걸음이 빨라 거의 경보 선수 수준이다.

하지만 급할 것도 없는 여행객, 이 많은 사람 중에 거의 유일한 동양인이며, 아마도 가장 한가한 인간일 나는 도저히 빨리 걸을 수가 없다. 도대체 이 복잡한 장소 어디에서 파리 교외로 나가는 국철을 타는지 도무지 모르겠기 때문이다. 지나가는 사람을 붙들고 물어보고 싶지만 너무나 바쁘게 걷는 그들을 붙잡을 용기가 없었다. 게다가 파리 사람들 중에는 영어를 못하는 사람들이 아주 많다. 그런데 불현듯 내 머릿속에 기차가 막 출발하는 생라자르 역을 그린 모네의 그림이 떠올랐다. 그림에서는 생라자르 역에서 하늘이 보인다. 그렇다면 교외로 나가는 기차를 타려면 당연히 하늘이 보이는 맨 위층으로 올라가야 하지 않겠는가? 이런 생각을 하며 역의 제일 위쪽으로 올라가 보니 과연 모네의 그림 같은 기차역이 눈 앞에 펼쳐진다.

모네는 이곳에서 생라자르 역의 모습을 여러 차례 그렸다. 그가 생라자르 역을 자주 그린 이유는 무엇보다 역 근처의 몽세 가 17번지에 그의 스튜디오가 있었기 때문이겠지만, 인상파의 태두였던 그는 시시각각 빛에 따라 변화하며 흩어지는 기차 연기의 모습을 여러 가지 다양한 방법으로 묘사하고 싶었을 것이다. 이때 그린 여덟 점의 생라자르 연작은 1877년 제3회 인상파전에 출품되었고 현재는 오르세 미술관과 마르모탕 미술관에 소장되어 있다.

물론 지금 증기를 뿜는 기차는 없다. 대신 적어도 30대 이상의 대형 전차가 역을 가득히 메우고 있었다. 기차에서 수많은 인파가 한꺼번에 쏟아져 나오고 있었는데 아마 대부분은 파리 근교에 살며 시내로 출근하는 사람들일 것이다. 그런데 이 복잡한 곳에서 루앙행 기차표를 사는 것조차 나에겐 쉽지 않았다. 안내 간판이 있어 가 보았지만 거기 앉아 있는 남자는 전혀 영어를 하지 못했다. 루앙이 그려진 지도를 보여 줘도 노, 노 하면서 손을 좌우로 휘젓기만 했다. 그렇다면 루앙 가는 기차가 여기서 떠나지 않는다는 말인가? 분명 책에는 생라자르 역에서 타라고 적혀있는데?

한참을 두리번거리다가 역의 맨 구석에 기차표를 파는 곳을 발견했고 나는 결국 기차를 타는 데 성공했다. 1시간 10분 동안, 루앙으로 가는 기차 여행은 이렇게 정신없이 시작됐다. 하지만 일단 기차를 타니 기분이 좋았다. 이른 아침에 파리로 들어오는 사람은 많지만 나가는 사람은 별로 없는지 너른 기차에 사람들이 띄엄띄엄 앉아 있었다. 기차는 아침 햇살을 받으며 파리 근교의 넓고 아름다운 곡창지대를 달렸고, 그때 나는 잠시 무거운 눈꺼풀을 붙일 수 있었다.

루앙의 플로베르

센 강 하구에 위치한 루앙의 역사는 장장 로마 시대로 거슬러 올라간다. 또한 그 이후에도 노르망디 공국의 수도로서 번영을 누리던 도시이기도 하다. 하지만 현재는 파리와는 비교가 되지 않는 인구 약 11만 명의 자그마한 도시에 지나지 않는다. 구시가지 거리는 더욱 작고 단순한데 역으로부터 출발하는 잔 다르크 거리를 따라 웬만한 볼거리는 근처에 다 모여 있다. 10분쯤 걸어가면 왼쪽으로 웅장한 법원 건물을 만나게 되고 지도에 적힌 대로 오른쪽으로 방향을 트니

곧 재래식 시장과 음식점들이 모여 있는 구시가 광장이 나타난다. 그리고 한가운데에는 묘한 삼각형 지붕의 특이한 모습의 교회가 서 있다. 교회 앞에는 한 무리의 서양인들이 안내인을 둘러싸고 설명을 듣고 있는데 일부는 경건한 모습으로 기도를 하고 있다. 이곳이 바로 잔 다르크가 처형된 곳이다. 15세기 영국과의 백년전쟁이 한창일 때 프랑스를 승리로 이끌었던 잔 다르크이지만 결국 마녀로 간주되어 불과 19세의 나이에 이곳에서 처형을 당하고 말았다. 이를 기념하기 위해 세운 교회가 바로 이 잔 다르크 교회이다. 하지만 내 관심은 플로베르였기에 교회를 지나 라만느 거리를 질러 플로베르의 아버지가 근무했던 철창문이 웅장한 커다란 시립 병원 건물을 찾았다. 이 병원의 왼쪽 한 끝이 바로 플로베르가 살던 집이자 현재의 박물관이다.

플로베르는 의사 가문에서 태어났다. 아버지는 이 시립 병원의 외과 과장이었고 동생도 의사였다. 그래서인지 플로베르 자신도 해부학, 외과학 같은 공부를 많이 했다. 플로베르 박물관 내부에도 당시 사용하던 의학서가 많이 전시되어 있다. 이러한 의학 공부를 통해 그는 치밀하게 인간을 관찰하는 태도를 배웠고, 이는 곧 그의 사실주의 소설의 밑거름이 되었다. 어린 시절, 그는 문학에 심취해 10대에 이미 여러 편의 소설과 자전적 에세이를 발표한 바 있다. 그러나 가족들은 그가 법조인이 되기를 희망해 그는 21세에 파리 법과 대학에 등록했다. 하지만 애초에 법학에 흥미가 없었던 플로베르는 공부보다는 가장 친한 친구인 막심 뒤캉과 노는 데 더 정신을 팔았다.

24세 때인 1844년, 플로베르는 지긋지긋한 법학 공부를 하지 않

생라자르 역

아도 될 절호의 기회를 맞이한다. 동생과 함께 마차를 몰고 가다가 갑자기 발작을 일으켜 마차에서 떨어지고 말았던 것이다. 이 사건으로 플로베르는 법학 공부를 포기하고 루앙으로 돌아와 칩거 생활을 하며 자신이 좋아하는 소설 쓰기에 몰두한다. 얼마 후 출간된 『성 앙투안의 유혹』에 이어 그에게 세계적인 명성을 안겨 준 『보바리 부인』이 그렇게 탄생하게 된 것이다.

플로베르가 발작한 이유는?

앞서 말한 낙상 사고 후 플로베르는 3주 동안 4차례 간질 발작을 일으켰다. 법관이 될 것을 기대했던 가족, 특히 아버지의 낙담은 이루 말할 수 없었다. 명색이 의사인 아버지는 아들을 고치기 위해 많은 노력을 기울였다. 하지만 당시의 간질 치료는 한심한 수준이었다. 아버지는 나쁜 피를 제거하기 위해 주사기나 거머리를 사용해 피를 뽑아내는 '사혈 요법'을 시행하기도 했고, 끓는 물을 플로베르의 손에 붓기도 했다. 하지만 2도 화상을 입힌 것 이외에는 아무 소용이 없었고 이 후로도 간간히 계속된 간질 발작은 평생 그를 괴롭혔다.

그런데 이러한 플로베르의 간질 발작에 대해서는 의학적으로도 많은 논란이 있다. 우선 플로베르가 친구 뒤캉에게 묘사한 그의 증세를 들어 보자.

> 나는 갑자기 머리를 번쩍 들고 창백해지네. 마치 유령이 그 앞을 지나가는 것 같아. 내 눈은 걱정과 공포로 크게 떠지고 이때 왼쪽 눈

에 불빛이 번쩍이네. 수초 후에는 오른쪽 눈에 불빛이 번쩍이고, 이제는 모든 것이 금빛으로 변하는데 이런 상태가 몇 분 정도 지속되네. 나는 이때 침대로 돌아와 누워 버리지. 나는 신음소리를 내고 사지를 부들부들 떤 후 탈진해 깊은 잠에 빠진다네.

촛불이 내 눈 앞에서 춤을 추지, 그러면 나는 사물을 정확히 볼 수가 없네. 환각 속에서 나는 고삐를 쥐고 말을 몰고 있는데, 종소리가 들리네. 아하, 저기에 여관의 등불이 보이네.

이상에서 볼 수 있듯이 플로베르의 경련 발작의 시작은 주로 '시각적' 증세였고, 이의 대부분은 촛불이 일렁이는 것 같은 증상이었다. 이러한 시각적 증세가 그 자체로 끝나는 경우도 있지만 대부분은 얼마 후 전신 발작으로 이어지고 이어 깊은 잠에 빠진다.

의학적으로 간질 발작이란 대뇌신경 세포가 지나치게 흥분하는 현상이다.(118쪽 참조) 이렇게 되면 그 신경 세포가 담당하는 신체 부위가 발작적으로 떨게 된다. 흔히 흥분은 뇌의 일부 신경 세포에서 발생한 후 다른 곳으로 퍼져 나가게 된다. 신경 세포의 흥분이 전체 뇌로 퍼져 나가면 환자는 전신 발작과 더불어 의식을 잃게 된다. 많은 경우, 환자의 증세를 자세히 들어 보면 신경 세포가 최초로 흥분하는 장소를 짐작할 수 있다. 예컨대 오른손이 잠시 떨리다가 전신 발작에 이른다면 신경 흥분이 발생한 곳이 오른 손을 움직이는 운동 중추임을 짐작할 수 있다. 플로베르의 경우 우리는 후두엽(뇌의 맨 뒷부분)의 신경 세포가 흥분하기 시작하고 이후 흥분 진류가 전체 대뇌신경 세포에 퍼져 전신 발작 증세를 일으킨다고 해석할 수 있다. 우리는 눈으로 사물을 보지만 사실 본다는 것은 후두엽의 신경 세포들이 담당하고 있기 때문이다. (시각 중추라고도 한다. 62쪽 모네 참조) 그러나 플로베르의 증세가 과연 간질이었는가에 대해 아직도 많은 논란이 존재한다.

우선 플로베르의 증세는 간질이 아니라 편두통이라는 주장이 있다.(30쪽 퐁파두르 부인 참조) 편두통은 간헐적으로(일반적으로 한 달에 한두 차례), 일정 기간(수시간에서 수일) 지속되는 박동성 두통이

잔 다르크 교회

루앙 시립 병원

박물관 내부의 플로베르가 작품을 쓰던 거실

다. 약 20퍼센트의 환자에서는 두통이 발생하기 직전 소위 전조 증세가 생기는데 대부분 시각 증세이다. 즉 환자는 눈앞에 뭔가 번쩍거리거나 캄캄해지거나 커튼이 쳐진 듯이 느끼고 그 이후 심한 두통에 시달리게 된다. 이런 점에서 플로베르의 증상이 편두통과 비슷한 점이 있기는 하다. 하지만 플로베르의 증세를 모두 편두통으로 해석하기에는 무리가 있다. 플로베르가 심한 두통을 호소했다는 편지가 있지만 대부분의 경우 플로베르는 시각적 전조 증세 이후에 두통이 아닌 전신 발작 증세를 일으켰기 때문이다. 게다가 대부분의 편두통 환자에서 시각적 전조 증세는 모호한 지그재그 빛 혹은 컴컴해지는 형태로 나타나며 플로베르의 경우처럼 촛불이나 사람의 형태로 구체적으로, 그리고 천연색으로 보이는 일은 거의 없다.

둘째로 플로베르의 증세는 진짜 간질 발작이 아니라 단순한 정신적 히스테리에 의한 증상이라고 주장하는 의사들이 있다. (이를 정신적 발작(psychogenic seizure), 히스테리 발작(hysteria), 혹은 가성 발작(pseudoseizure)이라고 부름) 플로베르의 증상이 일반적인 간질 발작 증세로 간주하기에는 아무래도 무리가 있다는 것이다. 우선 전형적인 전신 간질 발작 증세인 혀를 깨물거나 소변을 쌌다는 기록이 전혀 없다. 또한 의식이 소실되는 환자가 발작의 증세를 지나치게 자세히 기억한다는 것도 이상한 점이다. 플로베르 입장에서 몸에 중대한 병이 생기는 것이 하기 싫은 법학 공부를 중단하기 위한 가장 손쉬운 길이었을 것이며 따라서 의학 지식이 풍부한 그가 교묘하게 가짜 발작을 일으켰을 가능성도 없는 것은 아니다. 심지어 일부 정신과 의사들은 플로베르의 무의식 깊은 곳에 숨어 있는 아버지에 대한 증오가 히스테리 발작을 일으켰다고 분석하기도 한다. 이런 점에서 또 한 가지 이상한 사실은 간질 발작을 소설의 소재로 자주 썼던 도스토예프스키와는 달리 플로베르의 소설에는 간질 발작 증세를 가지고 있는 환자에 대한 묘사가 없다. 그렇다면 가짜 발작을 일으킨 플로베르가 간질 자체를 심각하게 생각하지 않은 탓일까?

그러나 나를 포함한 대부분의 신경과 의사는 여전히 플로베르의 증세는 진짜 간질인 것으로 생각한다. 왜냐하면 시각적 증상 이후의 전신 발작, 그리고 깊은 잠에 빠지는 기본적인 패턴은 간질 환자의 증세에 대체로 잘 들어맞기 때문이다. 또한 플로베르가 스트레스가 많은 환경에서 지낸 것은 사실이나, 히스테리성 발작을 일으킬 만큼 심각한 정도는 아니었고, 그의 성격 또한 히스테리적이라는 증거는 없는 것 같다.

그렇다면 이렇게 간질을 일으킨 원인은 과연 무엇일까? 어떤 원인이든(감염, 종양, 뇌손상, 뇌졸중 등) 뇌신경 세포가 손상되면, 이 부위는 과흥분되어 간질 증세를 일으킬 수 있다. 플로베르의 경우 문제가 있다면 아마도 후두엽일 텐데 과연 무슨 문제가 생긴 것일까?

우선 마차에서 낙상 사고가 났을 때 후두엽에 뇌손상이 생겼고 이 때문에 간질 발작 증세가 생겼을 수가 있겠다. 하지만 이 가능성은 낮다. 우선 플로베르는 낙상 사고 이후 간질이 생긴 것이 아니라 간질 발작 때문에 마차에서 굴러 떨어진 것이므로 원인, 결과의 순서가 맞지 않는다. 또한 간질을 일으킬 정도의 심각한 뇌손상이 후두엽에 생겼다면 적어도 사고가 난 초기에는 뇌손상의 후유증, 즉 의식 혼탁, 시야 장애 등 심각한 증세가 나타났어야 한다.

플로베르의 후두엽에 뇌종양이 생겼을 수도 있겠지만, 이 가능성 역시 희박하다. 종양 세포의 성질에 따라 정도가 다르기는 하겠지만, 종양이란 일반적으로 계속 커지고 악화되는 병이기 때문이다. 그렇다면 플로베르가 60세까지 사는 동안 악성 종양이 간헐적인 간질 이외에는 아무런 다른 증세를 일으키지 않았다는 것은 생각하기 힘들다.

이런 점으로 보아 아마도 악화되지는 않으나 그렇다고 없어지지도 않는 모종의 질환이 후두엽에 오랫동안 자리 잡고 있었을 가능성이 많다. 예컨대 그의 후두엽에 동정맥 기형 같은 혈관 기형이나 기생충 같은 것이 자리 잡고 있었다면 플로베르의 증상을 이것으로 설명할 수 있을 것 같다. 요즘 같으면 CT나 MRI를 찍어 쉽게 진단했을 것이나 플로베르의 시대에는 이런 검사가 불가능했으니 아쉽게도 현재로서는 공론에 그칠 뿐이다.

동정맥 기형

우리 몸의 혈관에는 동맥과 정맥이 있는데 그 사이에는 모세혈관이 있다. 선천적인 문제로 인해 모세혈관이 제대로 발달하지 않고 동맥과 정맥이 혈관 덩어리로 뭉치면서 그대로 연결되는 기형을 '동정맥 기형'이라고 부른다. 동정맥 기형은 뇌에서도 간혹 관찰되며 CT나 MRI를 찍으면 혈관 덩어리가 비정상적인 음영으로 나타난다. 이러한 뇌동정맥 기형은 전체 인구의 약 0.1퍼센트에서 나타난다.

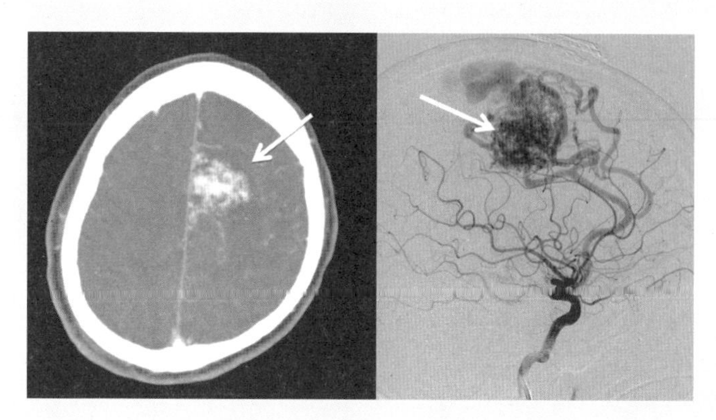

동정맥 기형. 좌측: CT 사진에서 희게 보이는 부분(화살표)
우측: 혈관 조영에서 검은 덩어리로 보이는 부분(화살표)

뇌동정맥기형이 있어도 아무런 증상이 없이 일생동안 지낼 수 있다. 그러나 일부 환자에서는 문제를 일으키는데 그 대표적인 것이 뇌출혈(동정맥 기형이 터짐)과 간질(동정맥 기형이 주변의 뇌 조직을 간혹 흥분시키기 때문)이다. 전자는 동정맥 기형 환자의 30~55퍼센트 정도, 후자는 15~40퍼센트에서 나타난다. 이 질환은 선천성 질환이지만 어린 나이에 증상이 나타나는 경우는 드물고 대체로 20~50세 정도에 뇌출혈을 일으킨다. 고혈압에 의한 뇌출혈에 비해서는 비교적 이른 나이이므로 젊은 환자가 뇌출혈을 일으켰을 때는 반드시 동정맥 기형의 가능성을 생각해야 한다.

동정맥 기형은 외과적으로 수술하거나, (동정맥 기형의 크기가 작은 경우) 감마나이프 같은 방사선 치료를 해 제거한다. 혹은 혈관의 안쪽으로 물질을 집어넣어(색전술) 제거하거나 크기를 줄이는 방법도 있다. 동정맥 기형에 의해 간질 증상이 생긴 경우는 간질 발작을 조절하는 약물을 복용해야 한다.

혹시 매독?

플로베르의 뇌손상 원인의 마지막 가능성으로 나는 매독을 제기하고 싶다. 이런 위대한 작가를 생각하면서 매독 같은 질병의 경로를 탐구한다는 것은 결코 내키지 않는 일이다. 하지만 일반적으로 위인은, 특히 예술가는 여성 관계가 복잡한 법이며, 플로베르도 결코 예외가 아니었다. 사실은 항상 검은색 정장과 흰 타이를 즐겨 입는 멋쟁이 플로베르야말로 어지간히 지저분한 뒷모습을 가진 사나이였다. 플로베르는 이미 15세의 어린 나이에 집안의 하녀와 관계를 갖고 이성에 눈을 떴다. 이후 파리 유학 중 그는 매음굴을 전전했는데 이때(1842년 경) 매독에 걸리고 말았다. 언젠가 그는 "행복이란 마치 매독과 같다. 순식간에 감염되어 몸을 부숴 버린다."라는 글을 남겼는데, 바로 그대로 된 것이다. 이후 한동안 매음굴 방문이 뜸했지만 성욕을 주체할 수 없었던 그는 얼마 후 똑같은 생활에 빠져 버렸다.

현재까지도 플로베르의 간질이 매독과 관련이 있는가는 논란으로 남아 있다. 그런데 재미있는 것은, 열심히 의학 공부를 했던 플로베르는 자신의 두 가지 병, 매독과 간질이 깊은 연관이 있다고 믿어 의심치 않았다. 1849년 에르네스트 슈발리에에게 보낸 그의 편지에는 이렇게 쓰여 있다. "자네 친구가 매독으로 쇠약해지고 있네. 병은 나았다가도 때때로 증상이 나타나네. 죽기 전에 고칠 수 있을지 모르겠네. 지금 고통 받고 있는 간질 증상도 그 때문이라네."

독자들은 이미 모파상이나 니체의 예에서 매독이 뇌를 손상시킬 수 있으며 치매를 일으킨다는 사실을 알고 있을 것이다. 그렇다면 과연 플로베르의 간질이 뇌를 침범한 매독 때문일까? 하지만 여러 증거로 볼 때 플로베르는 모파상이나 니체와 같은 치매나 망상 증세를 보이지 않았으며, 플로베르가 간질 발작을 일으킨 때가 24세였는데 대뇌 매독(general paresis)이 생기기에는 너무 젊은 나이인 점이 맞지 않는다.

하지만 매독이 대뇌를 손상시키는 또 다른 기전이 있다. 매독은 뇌혈관에 혈전을 일으켜 뇌졸중을 일으킬 수 있다. 매독에 의한 뇌졸중은 일반적인 대뇌 매독에 비해 더 어린 나이에 발생하는 것이 보통이다. 실제로 항생제가 발견되기 이전까지 매독에 의한 뇌졸중은 적지 않았으며 미국의 길로이 박사가 쓴 옛 신경과 교과서에도 "매독은 젊은이의 뇌졸중의 가장 흔한 원인이다."라고 적혀 있다. (물론 현재는 이것이 전혀 틀린 말이다.) 그렇다면 플로베르의 매독이 후두엽에 뇌졸중을 일으켰고, 이로 인해 손상된 뇌신경 세포가 간헐적으로 간질 발작을 일으켰을 가능성은 없을까?(이처럼 뇌졸중이 발생한 후 손상된 뇌조직에서 간질 발작이 간헐적으로 일어나는 경우를 '뇌졸중 후 발작'이라고 부르며 이는 뇌졸중 환자의 약 10퍼센트 정도에서 나타난다.)

그러나 나는 이 가능성은 적다고 생각한다. 일반적으로 뇌졸중은 심각한 뇌손상을 일으킨다. 만일 플로베르의 후두엽에 뇌졸중이 생겼다면 그는 후두엽 손상에 의해 지속되는 시야 장애에 시달렸어야 한다. 플로베르의 경우 후두엽의 손상에 의한 증세라기보다는, 뇌신경 세포가 자극되는 발작 증세에 시달렸고, 그렇다면 뇌졸중보다는 뇌손상 후유증이 덜한 다른 병, 예컨대 동정맥 기형 같은 것이 존재했을 가능성이 더 많은 것이다.

그럼에도 불구하고 평생을 두고 플로베르에게 매독은 언제나 심각한 질환이었다. 그는 중년 이후까지 지속적으로 성병에 감염된 것으로 보인다. 예컨대 1849년 플로베르는 건강을 회복하기 위해 뒤캉과 함께 중동 지방과 남부 유럽을 여행한 적이 있는데, 그 둘은 여행지에서 점잖치 못한 생활을 했던 것 같다. 당시 플로베르가 쓴 편지에는 이렇게 적혀 있었다. "베이루트에 도착해 보니 환부가 모두 7개로 늘었네, 그러던 것이 나중에는 하나로 합쳐지더군. 참 신기하지. 붕대로 감아야 할 정도로 상처투성이인 음경이 별다른 처리를 안 해도 저절로 낫기도 하더군. 그런데 이 병은 기독교 교회에 다니던 여인에게 옮은 것일까 아니면 키가 자그마했던 터키 여인한테 옮은 것일까? 어느 쪽이 범인일까?"

이처럼 오래 지속된 매독과 간질 발작으로 지치고 지친 중년의 플로베르는 급속히 쇠약해졌다. 1880년 5월 플로베르는 목욕을 하던 중 극심한 현기증을 느꼈고 소파 위에 쓰러져 버렸다. 그때 그의 피부에는 검은 반점이 가득했다.

소식을 듣고 루앙으로 달려온 모파상은 만신창이가 된 플로베르의 모습을 이렇게 그렸다. "희미한 불빛 아래, 커다란 소파에 그는 누워 있었다. 불그스름하게 부어 오른 목과 창백한 얼굴. 마치 쓰러진 거인처럼 무서운 모습이었다." 모파상과 주치의가 지켜보는 가운데 플로베르는 곧 숨을 거두었고 장례식에는 300명의 조객이 줄을 이

대시계 거리

었다.

유명인사였던 만큼 플로베르의 사인에 대해서도 논란이 많다. 한때 병 때문에 죽은 것이 아니라 욕실에서 목을 매 자살했다는 설도 있었으나 가능성은 희박하다. 심한 발작을 하다가 죽었다는 주장도 있다. 하지만 내 생각에 마지막 날 플로베르를 강타해 죽음에 이르게 한 질병은 뇌졸중일 가능성이 가장 크다. 어지럼증을 느끼며 갑자기 쓰러져 버린 점으로 보아 그렇다. 그런데 뇌졸중을 일으키는 원인은 다양하다. 우선 앞서 말했듯 뇌졸중도 매독이 원인일 수 있으니 그의 마지막 뇌졸중도 이 지긋지긋한 병 때문일 수 있겠다. 그러나 그는 평소 애연가였고 나이도 이미 60세에 이르렀으므로 뇌 혈관의 동맥경화에 의해 혈관이 막힌 뇌졸중(뇌경색)일 가능성이 더 많다고 본다. (이것이 가장 흔한 뇌졸중의 원인이므로.) 마지막으로 뇌 안에 커다란 동정맥 기형이 있었다고 가정한다면 그 기형이 터져 버려 뇌출혈로 사망했을 가능성도 없는 것은 아니다. 하지만 이럴 가능성은 적다고 생각한다. 동정맥 기형은 더 젊은 나이(30~50대)에 터지는 것이 보통이기 때문이다.

플로베르의 간질의 원인, 사망 원인을 이제 와서 정확히 진단하기야 어렵겠지만, 아무튼 낭만주의 소설의 효시, 현란한 애정 소설 보바리 부인을 세상에 남긴 천재 작가는 이렇게 쓸쓸하게 그의 고향 루앙 시에서 죽어갔다.

플로베르의 집을 뒤로하고 한결 따스해진 북프랑스의 태양을 받으며 나는 잔 다르크 교회를 거쳐 반대 방향으로 걸었다. 내 머릿속에는 골방에 앉아 보바리 부인을 쓰고 있는 플로베르, 그리고 말년에 쓸쓸히 죽어 가는 그의 모습이 오랫동안 겹쳐졌다.

> 저녁 어둠이 깔리고 있었다. 옆으로 비낀 햇빛이 나뭇가지 사일 비쳐들어 그녀는 눈이 부셨다. 그녀 주위의 여기저기, 나뭇잎들 속에, 혹은 땅 위에, 마치 벌새 떼가 날아오르면서 깃털을 흩뿌려 놓은 것처럼 빛의 반점들이 떨리고 있었다. 사방이 고요했다. 감미로운 그 무엇이 나무들에서 새어 나오는 것 같았다. 그녀는 자신의 심장이 다시 뛰기 시작하고 피가 몸속에서 젖의 강물처럼 순환하는 것을

느끼고 있었다. 그때 아주 멀리, 숲 저 너머, 다른 언덕 위에서, 분간하기 어려운 긴 외침 소리가, 꼬리를 길게 끄는 목소리가 들려왔다. 그녀는 말없이 귀를 기울였다. 그 소리는 마치 무슨 음악처럼 그녀의 흥분한 신경의 마지막 진동에 한데 뒤섞였다.

남편과의 지루한 결혼 생활 중, 로돌프와 사랑에 빠져 숲 속에서 처음 정사를 가진 엠마(마담 보바리)의 내면을 묘사한 글이다. 이 순간이 그녀 인생에서 가장 큰 환희의 순간이었지만, 동시에 몰락의 시작이었다. 플로베르가 보기에 우리 인생에 있어 환희와 고통은 서로 떼어 낼 수 없는 한 덩어리인 것이다.

15분 정도 걸으니 양쪽에 음식점과 아기자기한 부티크가 즐비한 예쁜 길이 나온다. 16세기에 만들었다는 대형시계를 아치로 한 이 아담한 거리를 대시계 거리라고 부르는데 길이 끝나는 곳에 광장이 나오고 여기에 엄청나게 커다란 성당이 앞을 가로막는다. 노트르담 대성당이다. 서둘러 사진을 찍는데 어디선가 갑자기 남루한 여인이 튀어나오더니 프랑스 말로 뭐라고 호소하듯 이야기한다. 무슨 소린지 전혀 못 알아들었지만 아마도 내 사진에 자신의 모습이 찍혔으니 돈을 달라고 하는 것 같았다. 하지만 마침 잔돈이 전혀 없는 나로서는 무슨 말인지 모르겠다고 하며 점잖게 자리를 피하는 수밖에 없었다.

성당 벽에 장식된 정교한 조각은 참으로 세밀하고 아름답다. 하지만 성당의 인상은 한마디로 너무나 장엄하다고 표현할 수밖에 없다.

장대한 사각형 건물에 수없이 하늘을 향해 뻗은 152미터에 달하는 뾰족탑들이 눈에 가득하다. 너무나 웅장한 이 성당은 인간이 도저히 뛰어 넘을 수 없는 세계를 표상하며, 인간의 죄를 응징하는 듯 근엄하다. 이런 점에서 비인간적인, 무서운 느낌이 든다. 사실 나 같은 온순한 사람에게는 그저 온화한 부처님의 미소와 부드러운 어깨선이 더 친근하다.

물론 대화가 모네가 반할 만한, 너무나도 아름다운 성당인 점만은 인정하지 않을 수 없다. 바로 이곳에서, 모네는 시간에 따라 변하는 교회의 다양한 색채를 놓치지 않고 그렸고 지금 그 그림들은 마르모탕 미술관, 오르세 미술관, 대영 박물관 등 여러 유명 미술관에서 관람객들을 기다리고 있다.

광장 돌의자 위에 앉아 잠시 젊은 날의 모네가 되어 샌드위치를 사서 먹는데 이게 너무나 맛있다. 어디선가 비둘기 몇 마리가 날아와 주변을 종종걸음하며 나그네를 반긴다. 어느새 12시가 넘었으니 오후 회의 시간에 맞추어 돌아가야 한다. 그러고 보니 오늘 여정은 생라자르 역에서 루앙 성당까지, 모네로부터 시작해서 모네에서 끝이 났다. 프랑스의 옛 향기에 취해 휘청거렸던 하루였다.

몽포르 라모리에

파리에서 연구자 모임을 마친 다음날, 나는 일드프랑스의 드넓은 평야를 달리는 기차에 몸을 싣고 있었다. 비둘기가 제집처럼 드나드는 몽파르나스 역을 아침 일찍 출발했던 것이다. 창밖으로 펼쳐지는 10월 가

루앙 대성당

을 하늘은 푸르렀고, 끝없는 평야에 펼쳐지는 누런 곡식의 물결이 아름다웠다. 기차에는 승객도 별로 없어 한적한데다가 우리나라처럼 휴대폰을 쓰는 사람이 없어 주변이 조용했다. 뭔가를 골똘히 생각하며 내 앞에 앉은 금발의 소녀는 수첩에 깨알 같은 글씨로 뭔가 열심히 적고 있었다. 정말 세상은 평화로웠다. 약 40분 후 몽포르 라모리에 역에 닿을 때까지는 말이다.

내가 이 한적한 이 프랑스 시골 마을을 방문한 이유는 모리스 라벨의 자취를 찾기 위해서였다. 라벨이 말년에 거처한 저택을 르 벨베데르라고 부르는데 바로 이 몽포르 라모리에라는 작은 도시에 있다. 대부분 사람들은 '벨베데르' 하면 오스트리아의 벨베데르 궁전(오이겐 왕자의 여름 별장으로 지어진 궁전으로 「키스」, 「유디트」 같은 클림트의 작품을 소장한 것으로 유명하다.)을 떠올리겠지만 벨베데르는 고유명사라기보다는 '좋은(bel) 전망(vedere)의 옥상 테라스'라는 이탈리아 건축 용어에서 유래된 이름이다. 그러니 그의 집을 이렇게 부른다고 상관할 일은 아닐 것이다.

라벨에 있어 음악은 음악이라기보다는 그림이고 시였다. 고전주의와 낭만주의를 훌쩍 뛰어넘은 탈형식적 음악은 라벨의 인상주의에 이르러 절정에 이르게 되고, 후일 현대 음악의 초석이 된다. 하지만 라벨이 처음부터 기상천외한 곡을 작곡한 것은 아니다. 그가 사용한 화성법은 전형적인 인상주의 작곡가의 그것이지만, 그는 사실 대위법을 비롯한 고전적인 형식미에도 두각을 나타냈다. 즉 라벨은 전통적인 음악을 마스터한 후 이를 깨고 넘어 새로운 세계를 바라본 것이다. 그런 라벨의 삶은 어떠했을까. 이것이 바쁜 스케줄에도 불구하고 나의 발걸음을 이곳으로 이끌었던 이유였다.

몽포르 역은 아주 작은 역이었고, 이곳에 내리는 사람은 나밖에 없었다. 그런데 역에 내리자마자 나는 암담해졌다. 나는 역 근처에 바로 마을이 있거나 적어도 마을이 시야에 들어올 줄 알았다. 하지만 들판 한가운데 역 하나만 달랑 있을 뿐 도대체 주변에 사람도, 집도 없었다. 그저 누런 옥수수가 물결치는 평야만 끝없이 펼쳐져 있었다.

그제야 어제 전화 예약을 할 때(르 벨베데르를 방문하려면 반드시 예약을 해야 한다.) 나에게 길을 일러 준 안내자 아주머니 말이 생각났다. 그녀는 몽파르나스 역에서 드루 방향으로 기차를 타고 몽포르 역에 내려야 한다고 말했다. 그런데 전화를 끊으려 하자 잠깐 기다리라고 하더니 역에서부터는 어떻게 올 거냐고 묻는 것이었다. "물론 걸어가죠."라고 하니 걱정스러운 목소리로 "한 3킬로쯤 되니 혹시 이쪽으로 오는 사람이 있으면 함께 차를 타고 오시죠."라고 하는 것이었다.

그런데 역에 내려 보니 이 모양이다. 도대체 사람 사는 곳이 보이기라도 해야 그 방향으로 걸어가지 않겠는가? 역에서 물어보려 했지만 이른 아침이라 그런지 근무하는 사람이 하나도 없었다. 그런데 앞 쪽 언덕을 내려가니 주차한 차들이 몇 대 보이고 그 앞에 호박, 당근, 오렌지 같은 농작물을 파는 간이 가게가 있었다. 어떻게 알고 왔는지 여러 사람이 차를 몰고 와 두 젊은 주인 청년에게서 과일을 사

몽포르 역 근처의 옥수수 밭

고 있었다. 바쁜 사람들에게 그냥 물어보기 멋쩍어 나는 2유로짜리 오렌지를 하나 사들고 중 한 청년에게 르 벨베데르가 어디냐고 물어봤다. 그러나 그는 프랑스 말로 모르겠다고 하며 퉁명하게 고개를 젓는 것이었다. 다시 "모리스 라벨 하우스!"라고 외쳤으나 그는 여전히 고개를 갸우뚱하고 있었다. 나는 괜히 2유로를 버린 것이다!

가게 뒤에 마침 허름한 레스토랑이 보여 들어가 보니 주인 할머니 한 분이 몹시 심심한 표정으로 앉아 있었다. (알고 보니 이 레스토랑은 오늘 문을 닫은 상태였다.) 다행히 이 할머니는 르 벨베데르에 대해 알고 있는 것 같았다. 하지만 문제는 영어를 전혀 못한다는 것이다. 할머니는 프랑스 어로 손짓 발짓을 하며 내게 설명했는데, 한 손으로 반원을 그리더니 안으로 깊숙이 다른 손을 집어넣었다. 나는 어렴풋이 이해할 수 있었다. 고가도로 밑을 통과한 후 한참 똑바로 가라는 것 같았다.

역시 바디 랭귀지는 훌륭한 의사 소통 수단이다. 좀 걸어나니 과연 고가도로가 나오고 밑으로 죽 뻗은 길이 보였다. 너른 벌판을 가로지르는 외길을 나는 한참 걸어갔다. 한 3킬로미터쯤 걷자니 개미새끼 한 마리 안보이던 들판 맞은편에서 한 청년이 걸어오고 있었다. 내가 "몽포르?"라고 외치니 그는 오던 길을 가리키며 "깐띠누, 깐띠누!"라고 한다. 계속 가라는 얘기인 것 같았다. 아무튼 내 생각에 거의 5킬로미터는 걸은 것 같은데 그제야 작은 마을이 나타나기 시작했다. 그곳에서 어떤 아저씨에게 길을 물어보니 "아직도 한 3킬로미터 가야 합니다."라고 하는 것이었다. 넋 나간 표정을 지은 내가 많이 지친 것을 눈치챘는지 그가 웃으며 다시 말했다. "어쩌면 그보다는 덜 걸릴 수도 있겠죠. 한 2킬로미터쯤?" 어쨌든 나는 분명 역으로부터 7킬로미터 이상을 걸어갔다. 옥수수 밭이 끝도 없이 펼쳐진 한적한 프랑스 시골길을 터덜거리며……

죽은 왕녀를 위한 파반느

드뷔시와 더불어 근대 프랑스 음악의 양대 기둥으로 평가되는 라벨은 1875년 3월 7일 에스파냐 국경에 위치한 바스크 지방에서 태어났다. 어머니는 바로 바스크 출신이었으며 아버지는 스위스 국적을 가진 철도 기관사로 평생 음악가의 꿈을 간직하고 살아온 사람이었다. 그래서 그런지 라벨은 에스파냐, 아랍 혹은 아시아 음악에 대한 관심이 많았고 그의 음악에는 프랑스를 넘어 좀 더 코스모폴리탄적인 요소가 있다. 예술에 관심이 많았던 라벨의 아버지는 아들의 교육을 위해 좋은 음악 교사와 학교가 있는 파리로 이주했다. 라벨은 7세에 당대의 최고의 피아노 선생이었던 앙리 지스에게 레슨을 받았고, 이후 에밀 드 콩브를 사사했으며 약관의 나이 14세에 파리 음악원에 입학했다.

하지만 라벨의 앞날은 순탄치 않았다. 키가 160센티미터밖에 안 되는 그는 피아니스트로서 매우 손이 작아서 옥타브 연타의 어려움이 많았다. 사실 나는 라벨의 고민을 잘 이해할 수 있다. 나는 중학교 때부터 클래식 기타를 배웠는데 선천적으로 약한 손톱 때문에 내가 원하는 소리를 내기 힘들다. 바쁜 것도 이유였지만 그것이 최근 10여 년 동안 기타를 장롱에 넣어 두고 꺼내지 않은 주된 이유이다. 아마추어인 나도 그정도인데 프로인 그의 고민은 오죽했겠는가? 게다가 그는 화성학 과목에서 3년 연속 낙제하고 피아노 경연 대회에서도 여러 차례 낙선했다. 실망한 그는 음악원을 잠시 떠났다가 다시 들어오기도 해 무려 16년간 음악원에 적을 둔 한심한 학생이었던 것이다. 그러나 1879년 파리 음악원에 재입학했을 당시 라벨은 가브리엘 포레에게 작곡을, 앙드레 제달스에게 대위법을 사사하면서 많은 발전을 이루었다. 또한 에스파냐 출신의 음악가인 비네스와 샤브리에게서 음악적 상상력과 조언을 얻었으며, 림스키코르사코프와 보로딘을 통해 배운 러시아 음악의 화려한 관현악법을 도입해 자신의 빼어난 관현악 기법을 완성했다.

피아노로 출발한 작곡가답게 그의 첫 작품은 피아노곡인 「그로테스크한 세레나데」였고, 처음으로 대중적인 인기를 획득한 작품 역시 6분 동안 연주되는 피아노 소곡인 「죽은 왕녀를 위한 파반느」였다. 라벨이 24세 때 작곡한 이 곡은 그가 다니던 살롱의 여주인이었던 에드몽 드 폴리악이라는 공작부인에게 헌정된 것이다. 비교적 우리에게 유명한 곡이지만, 라벨 자신은 이 곡을 그다지 좋아하지 않았다. 특히 연주자들이 이 작품을 지나치게 감정적으로 연주하는 것을 싫어했다.

사실 이 곡에서 '죽은 왕녀'의 모델은 공작 부인이 아니라 합스부르크의 테레사 여왕이다. 프라도 미술관이나 루브르 박물관에는 벨라스케스가 그린 테레사 여왕의 어릴 적 모습을 볼 수 있다. 이 소녀는 에스파냐 왕 펠리페 4세의 딸로 에스파냐에서 자라는 동안 궁정화가 벨라스케스의 모델이 되었다. 정략적인 이유로 그녀는 불과 2세 때 삼촌이자 장차 신성 로마 제국의 황제가 될 레오폴드 1세와 약혼이 이루어졌다. 이 테레사 여왕은 어머니 이외에는 별로 여자를 가까이 하지 않았던 라벨의 정신적 연인이었다는 주장도 있다.

라벨은 그 후 「물의 희롱」 같은 피아노곡을 발표했다. 리스트의 「빌 데스테의 물의 희롱」에서 제목을 차용한 이 곡은 화려하게 반짝이는 물의 이미지를 폭넓은 음역을 사용하는 아르페지오 기법으로 그려 음악의 회화화에 성공했다. 그 자신도 이 곡에 대해 자신감을 피력해 "이 곡에는 앞으로 내 작품에서 나타날 피아노 작곡법상의 모든 아이디어들이 들어 있다."라고 말했다.

음악을 인상주의 화가의 그림처럼 생각했던 라벨은 강렬한 메시지와 엄격한 규격이 있는 베토벤이나 바그너의 음악을 좋아하지 않았으며 늘 창조적인, 혁신적인 변화를 꿈꾸었다. 언젠가 미국 작곡가 조지 거슈윈이 라벨에게 프랑스 음악을 배우고 싶다고 말했을 때 라벨은 이렇게 비꼬았다. "당신은 1류 거슈윈이 되지 왜 2류 라벨이 되려 하십니까?"

이런 점에서 라벨은 평범한 음악도로 시작했으나 점차 주변의 여러 가르침을 받아들이고 여기에 라벨 특유의 창조적인 실험을 가미해 독특한 그만의 세계를 구축했다. 개성 있는 그의 음악들은 점차 그에게 명성을 가져다 주었고 미국 등 여러 나라의 순회 연주는 거의 언제나 성공적이었다.

일생을 독신으로 지낸 라벨에게는 별다른 여자가 입에 오르내리지 않는다. 중년 나이가 되도록 그에게 가장 중요한 여인은 바로 어머니였다. 제1차 세계 대전이 터졌을 때 160센티미터, 50킬로그램의 라벨은 징집이 면제되었다. 그러나 친구들이 자원해서 전장으로 가는 것에 자극 받아 자신도 자원했는데, 체격이 왜소한 그는 전투병이 아닌 운전병으로 일했다. 하지만 전쟁이 벌어진 장소에 무기를 나르는 일을 주로 했으므로 여러 차례 죽을 고비를 넘겼다. 이때 늘 라벨이 걱정했던 것은 어머니였다. 어머니는 건강하실까? 내가 죽으면 누가 어머니를 모시고 사나 하는 걱정이었다. 나중에 어머니가 세상을 떠나자 실의에 빠진 라벨은 그로부터 3년 동안 한 편의 작품도 쓰

르 벨베데르

지 못한 적도 있다.

라벨의 수수께끼

여기까지 걸어오기가 힘들어 그렇지 몽포르 라모리에라는 마을은 이름처럼 아름다웠다. 좁고 아기자기한 골목들 사이로 작은 집들이 늘어서 있고 집들의 창문 양쪽에는 빨간 꽃이 핀 화분들이 햇살을 받아 사람들을 유혹하고 있었다. 여느 프랑스의 작은 도시처럼 마을의 중앙에는 교회가 있고, 여기서 언덕을 따라 좀 더 오르니 왼쪽으로 고색창연한 건물이 보이는데 라벨이 간혹 입원했던 몽포르 시립 병원이다. 이 병원 위쪽으로 좀 더 걸어가니 좁은 언덕길이 나오고 왼쪽으로 드디어 라벨의 저택 르 벨베데르가 나타난다.

나는 여기서 잠시 걸음을 멈추고 생각했다. 이 집에 들어갈 것인가 말 것인가? 이 저택은 방문객이 마음대로 들어갈 수 없으며 그러기 위해서는 미리 예약을 해야 한다. 사실 나는 어제 안내 아주머니한테 10시까지 오겠다고 약속했다. 이 시간에 맞추려고 내가 몽파르나스 역에 일찍 도착하기는 했다. 하지만 거기서 드루 방향으로 가는 열차가 워낙 띄엄띄엄 다녀서, 몽포르 역에 도착한 게 이미 10시가 다 되어서였다. 게다가 나는 엄청나게 먼 거리를 걸었다. 시계를 보니 벌써 11시 반이고 해가 중천에 떴다. 여기까지 온 김에 문을 쾅쾅 두드리며 넉살 좋게 들어갈 수도 있을 것이다. 하지만 몇 가지 문제가 있었다. 우선 예약 시간을 준수하지 못했으니 들어가기 민망했고, 약간 자존심이 상하기도 했다. 게다가 어쩌면 지금 시간에는 문이 잠겨 있고 아무도 없을 수도 있다. 이보다 더 큰 문제는 나는 저녁 비행기를 타고 한국으로 돌아가야 하니 이곳에 너무 오래 지체할 수가 없다. 사실 몽포르 역까지 되돌아가는 것조차 큰 문제가 아닌가?

이렇게 생각한 나는 르 벨베데르에 들어가는 것을 포기하고 차라리 집 주변의 아름다운 골목길을 천천히 걷기로 했다. 그리고 수수께끼 같은 라벨의 생애, 질병, 그리고 죽음에 대해 곰곰이 생각해 보기로 했다.

앞서 말했듯, 라벨은 음악가로서 성공을 거두었다. 하지만 말년에 뇌질환으로 인해 뜻하지 않은 고통을 겪게 된다. 그리고 병명은 아직도 수수께끼로 남아 있다. 신경이 예민한 라벨은 평소에도 가끔 찾아오는 불면증과 피로감에 시달렸다. 하지만 1920년대 후반부터 이 증세는 더욱 심해졌다. 정확한 병명을 모르는 가운데 이런 증세는 과도한 연주 활동과 4개월 동안의 미국 여행에 의한 과로 때문이라고 진단되었다. 쉬면 좀 나아지고 일을 하면 다시 나빠지는 이런 증상이 반복되는 와중에도 라벨은 파울 비트겐슈타인을 위한 「왼손을 위한 협주곡」(철학자 루트비히 비트겐슈타인의 동생으로 제1차 세계 대전 때 오른 팔을 잃었다.) 과 「볼레로」를 작곡했다.

1932년, 라벨은 택시를 타고 가다가 교통사고를 당했다. 당시 그를 진찰했던 의사의 기록이나 3개월 후 마누엘 드 파야에게 보낸 편지로 보아 사고는 결코 심각한 것은 아니었다. 그럼에도 불구하고 라벨의 증세는 더욱 심해졌다. 라벨은 이렇게 썼다. "그건 별 것은 아니었네, 그저 가슴과 얼굴에 약간의 상처가 났을 뿐이야. 그런데 이상하게도 피곤해서 아무것도 못하겠네. 잠자고 먹는 것만 빼고는." 1933년 1월 그는 비트겐슈타인을 연주자로 내세워 왼손을 위한 협주곡을 간신히 연주할 수 있었다.

라벨의 증세는 계속 진행되었고 가차 없이 악화되었다. 라벨은 왜소한 사람이었지만 그래도 수영만은 잘 했다. 그런데 수십 년 동안 해온 수영이 갑자기 잘 안되기 시작했다. 이와 동시에 언어 장애가 나타났다. 남의 말은 비교적 잘 알아들었지만 대화 중 정확한 단어를 찾지 못해 말이 끊기거나 혹은 엉뚱한 단어가 튀어나오기도 했다. 글 쓰는 것도 마찬가지였다. 글을 쓰는 데에 많은 시간이 걸리고 아예 잘못된 단어를 적기도 했다. 동시에 운동 조절 능력이 저하되기 시작했다. 한번은 바다에서 조약돌을 던지다가 잘못해서 다른 사람의 얼굴을 맞히기도 했다.

이런 증세들도 휴식을 취하면 어느 정도 호전되었다. 1933년 11월 라벨은 파둘루 관현악단과 마르그리트 롱의 협연으로 「볼레로」를 초연할 수 있었고, 이 곡은 많은 호평을 받았다. 하지만 라벨은 친구에게 보낸 편지에서 시니컬하게 말했다. "나도 기사를 읽어 보았네. 기자들이 또 말도 안 되는 소리를 시작했구먼. 그런 말들은 내게 아무런 의미도 없네."

어쨌든 이것은 라벨의 마지막 무대 연주가 되고 말았다. 힘든 공연에 지친 라벨은 심한 무기력증을 호소했고 러시아로부터의 연주 초청을 거절할 수밖에 없었다. 1934년 스위스의 한 요양소에서 겨울을 지낸 라벨은 돈키호테를 주제로 하는 연가곡을 써 달라는 요청을 받았고, 「둘시네 공주를 만난 돈키호테」의 작곡을 시작했다.

1935년 라벨은 휴식을 위해 에스파냐와 북아프리카를 여행하고 돌아왔지만, 이때 증상은 아주 나빠졌다. 말년에 라벨을 진찰한 의사는 파리의 유명한 신경과 의사인 알라주아닌 교수였다. 그는 라벨은 언어 장애가 심각했지만 알아듣는 것은 비교적 잘했다고 했다. 그리고 심한 실행증(apraxia)이 있음을 기록했다.

여기서 라벨의 신경학적 증세를 잠시 살펴보자. 라벨의 증세는 대뇌 피질 손상으로 인한 증세인 것으로 생각된다. 우리 대뇌의 왼쪽에는 언어 중추라는 곳이 있다. 이 언어 중추도 크게 두 부분으로 나눌 수 있다. 앞부분은 '운동 언어 중추'로 말을 구사하는 기능을 담

avane Pour
infante défunte
Motor
language
Area
Parietal
lobe
Aphasia

당한다. 뒷부분은 '감각 언어 중추'로 말을 이해하는 기능을 담당한다. 언어 중추가 손상되면 실어증(aphasia) 증세가 생기는데 앞부분이 손상되면 말을 구사하지 못하는 '운동 실어증', 뒷부분이 손상되면 남의 말을 이해하지 못하는 '감각 실어증' 증세가 나타난다. 라벨의 경우 분명 실어증 증세가 있는데 알아듣는 것은 비교적 잘했다고 하므로 '운동 실어증' 증세에 가까운 것으로 생각된다.

또한 라벨은 평소 잘 수행하던 수영이나 글쓰기를 못하게 되었다. 물론 팔다리가 마비되거나 감각 장애가 생긴다면 이런 증세가 올 것이다. 하지만 라벨은 말년이 될 때까지 움직이는 데는 별 문제가 없었다. 그는 걸을 때 절뚝거린 적도 비틀거린 적도 없었다. 이처럼 운동, 감각 기능이 모두 정상인데도 평소 하던 동작을 수행하지 못하는 증세를 신경과 의사들은 '실행증'이라고 부른다.

라벨의 실어증과 실행증 증세는 서서히, 그러나 무자비하게 진행되었다. 그런데 한 가지 이상한 일은 라벨의 정신은 비교적 명료했고, 이상한 행동을 한 적이 없고, 성격도 특별히 변하지 않았다는 점이다. 또한 그의 표현에 따르면 음악적인 심상만은 머릿속에 잘 유지된 듯하다. 다만 실행증 때문에 심상을 악보에 적어 내지 못했던 것으로 생각된다. 예컨대 라벨은 어네스트 앙세르메에게 이렇게 말한 적이 있다. "내 마음속은 지금 시상으로 가득하네. 하지만 그것을 악보에 옮기려면 다 사라져 버리네."

평생 사랑하는 가족도 없이, 작곡만을 유일한 일이자 취미이자 낙으로 삼았던 라벨에게, 말년의 시간들은 고통스러운 나날이었다. 더 이상 작곡을 할 수 없게 된 라벨은 르 벨베데르에 칩거했고, 이런 그를 충직한 하녀인 레베로가 돌보아 주었다. 라벨의 운동 기능 자체는 비교적 괜찮았으므로 그는 근처의 숲 속을 산책하면서 하루 시간의 대부분을 보냈다. 본인 자신은 작곡이나 지휘를 할 수 없었으나 임종 전까지 이곳에 찾아온 수많은 후배 음악가들을 지도했고 때때로 연주회에 모습을 나타내기도 했다.

말년의 라벨은 무감동, 무표정했고 실어증이 심해 거의 말을 하지 않았다. 실행증 증세가 심해져 간혹 포크를 거꾸로 들고 음식을 찍어올리려고 하거나 현관문을 어떻게 여는지 몰라 문 밖에 서 있기도 했다. 1937년 가을, 증세가 완연히 나빠진 라벨은 파리 병원에 입원했고 저명한 외과 의사인 클로비스 뱅상에게 뇌수술을 받았다.

두개골을 제거하니 종양 같은 질환은 발견되지 않았고 뇌졸중 같은 병의 흔적도 없었다. 다만 뇌가 느슨하게 푹 꺼져 있었다. 이로써 라벨의 뇌는 퇴화되어 위축된 것으로 짐작할 수 있다. 수술 후 라벨의 전신 상태는 급속히 악화되었고 수술 이틀째에 그는 숨을 거두었다. 라벨의 나이는 62세였다.

뇌질환, 과연 병명은?

앞서 말한 대로 라벨은 파리에서 택시를 타고 가다가 교통사고를 당해 머리를 다친 적이 있다. 그 이후 점차 증세가 악화된 듯이 보인다. 이때문에 라벨이 교통사고 후유증으로 고생하다 죽은 것으로 알고 있는 사람들이 많다. 하지만 과연 그럴까? 우선 교통사고의 영향일

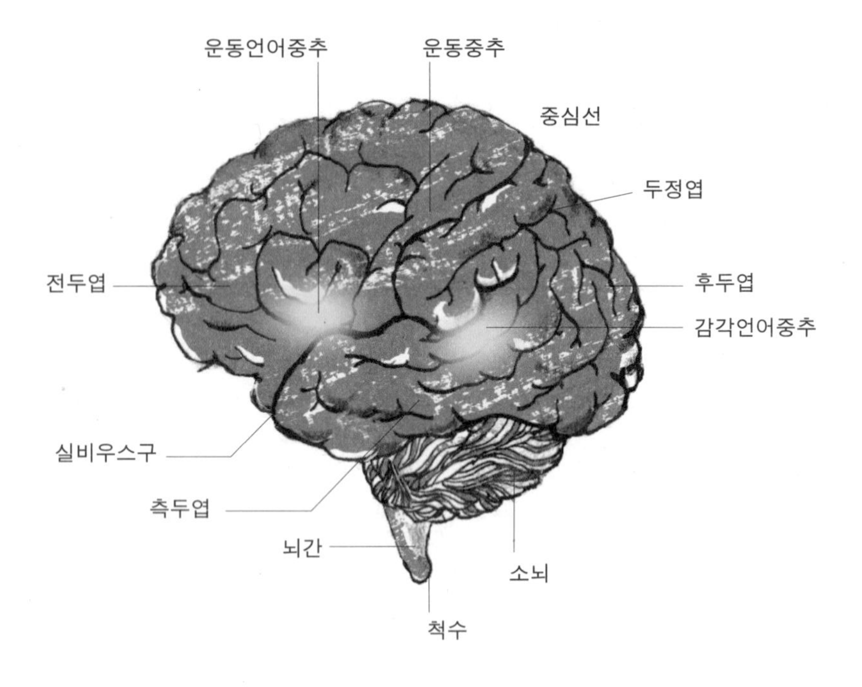

가능성 몇 가지를 생각해 보자.

첫째, 어쩌면 교통사고로 인해 경막하 출혈(28쪽 아폴리네르 참조) 같은 뇌출혈이 있었고 이것이 라벨의 인지 기능 장애를 초래했을지

실행증

신체적 기능(운동 기능과 감각 기능)이 비교적 정상적이며, 의사의 지시를 환자가 충분히 인식을 했는데도 어떤 동작을 수행하지 못하는 경우를 실행증(apraxia)이라고 한다. 신경과 병동에는 실행증 증세를 보이는 환자들이 간혹 입원하는데 의사는 흔히 이들에게 경례나 칫솔질, 가위질하

는 동작을 시킨다. 이 환자들은 팔에 근력도 있고 감각도 정상이지만 이런 일을 수행하지 못하거나 혹은 힘들게 한다.

하지만 환자는 지시에 따라서는 수행할 수 없는 행위를 자동적으로 수행하기도 한다. 예컨대 혀를 내밀어 보라 하면 하지 못하는데, 무의식적으로는 혀를 내민다. 실행증 중 비교적 자주 보는 것에 옷 입기 실행증(dressing apraxia)이라는 것이 있다. 환자 앞에 옷을 펼쳐 놓고 입어 보라고 하면 옷을 입지 못하고 머뭇거린다. 옷을 입기 위해서는 소매 속으로 팔을 집어넣고 옷을 뒤로 돌려야 하는데, 환자들은 이런 동작의 수행이 불가능하다. 구강 안면 실행증(buccofacial apraxia)도 비교적 자주 보는데 환자는 주로 얼굴 근육을 사용하는 동작을 수행하지 못한다. 예컨대 환자에게 입술로 뽀뽀하는 시늉을 내 보라거나 혀를 내밀고 좌우로 움직여 보라고 하면 전혀 하지 못한다.

1900년 실행증을 자세히 연구한 독일의 칼 리프만은 실행증에는 세 가지가 있다고 주장했다. 동작 수행에 대한 관념이 손상되어 행동을 하지 못하는 '관념 실행증', 관념은 있으나 동작 수행 자체에 문제가 있는 '운동 실행증', 그리고 둘 다 문제가 있는 '관념 운동 실행증'이 그것이다. 그러나 실제로 임상에서는 이 세 가지를 엄밀히 구분하기는 어렵다.

여러 연구에 의해 따르면 우리 뇌의 윗부분인 두정엽(마루엽이라고도 부른다.)이 손상되는 경우 주로 실행증이 생긴다. 아마도 두정엽 특히 두정엽의 아래 부분(inferior parietal lobule)에 숙련되고 반복된 동작에 대한 공간적, 시간적 움직임 정보가 간직되어 있기 때문일 것이다.

두정엽이 양쪽 모두 손상된 환자에서는 실행증 증세가 매우 심해지기도 한다. 이런 환자들은 마치 어린아이처럼, 쉬운 동작조차 수행할 수 없어 모든 일을 남이 대신해 주어야만 한다.

도 모른다. 하지만 이럴 가능성은 거의 없을 것 같다. 우선 라벨 스스로도 그저 얼굴 몇 군데에 상처가 생긴 정도로 가벼운 사고라고 말했듯 출혈을 일으킬 만한 심한 교통사고가 아니었다. 물론 나이든 사람에게는 가벼운 손상만으로도 경막하 출혈이 발생할 수도 있으며 심지어 머리를 부딪친 자체를 잊어버리는 경우도 있다. 따라서 나이든 사람이 갑자기 횡설수설하거나 기억력이 없어지거나 한쪽 마비 증세를 보이면 자기도 모르는 새 발생한 경막하 출혈일 가능성을 의심해야 한다. 하지만 교통사고를 당할 당시 라벨은 한창 활동하는 52세의 나이였다. 게다가 경막하 출혈만으로는 점차 진행되는 심각한 뇌 기능 장애(실어증, 실행증)를 설명하기 힘들다.

둘째, 출혈 자체가 심하지 않더라도 출혈이 뇌 척수액의 흐름을 방해해 수두증(뇌 척수액 공간이 비정상적으로 커지는 현상)이 생길 가능성은 있다. 이런 경우 뇌 전반, 특히 전두엽에 압력이 가해져 치매 증세가 생기며 몸의 동작이 느려지고 걸음이 어둔해진다. 하지만 라벨이 수영, 글씨 쓰기 등 일상 행동의 수행에 장애가 있기는 했지만 주변을 산책하는 등 걸음걸이 자체에는 큰 문제는 없었다. 또한 동작이 느려졌다는 기록도 존재하지 않는다. 따라서 이 가능성도 거의 없다.

마지막으로 뇌손상 후 증후군(post-traumatic syndrome)이라는 것이 있다. 가벼운 뇌손상이지만 이후 몇 달 혹은 몇 년씩 계속되는 두통, 어지럼증, 기억력, 판단력 장애 등에 시달리는 환자들이 있다. 이런 환자들은 CT, MRI를 찍어 봐도 아무런 이상이 나타나지 않는다. 교통사고의 보상 문제와 연결되어 복잡한 소송 문제를 일으키기도하므로 이는 보상 받으려는 심리적 문제로 인한 증상이라 여기는 사람이 많다. 그러나 아직 영상 기술로 확인되지 않는 모종의 뇌신경 손상이 원인이라는 주장도 있다. 하지만 라벨은 뇌손상 후 증후군 환자의 특징인 두통이나 어지럼증을 호소한 적이 없다. 그리고 뇌손상 후 증후군 환자의 인지 장애는 경한 편이므로, 라벨의 심각한 실어증이나 실행증을 설명할 수는 없다.

이런 점들과 함께 라벨의 증세는(경미하기는 했으나) 교통사고 이전부터 시작됐다는 점, 그리고 수술 당시 뇌출혈 흔적이 보이지 않은 점 등으로 보아 라벨의 증상은 교통사고와는 무관하며, 이보다는 점차 진행되는 모종의 퇴행성 뇌질환을 앓았을 가능성이 더 높은 것으로 생각된다.

퇴행성 뇌질환으로 가장 흔한 질환은 알츠하이머병이다. 하지만 라벨의 증세를 알츠하이머병이라 생각하기에는 석연치 않은 점들이 있다. 첫째, 라벨의 증상이 시작한 나이는 50세 정도로 알츠하이머병이 발생하기에는 좀 이르다. 둘째, 대부분 알츠하이머병은 기억력 장애로 시작하며, 병이 많이 진행되어야 실어증이나 실행증 증세를 보인다. 라벨의 기억력은 비교적 유지되어 말년까지도 제자를 가르칠 정도의 수준이었다. 셋째로 알츠하이머병의 경우 이 정도로 증상이 심하다면 전두엽 역시 많이 손상되어 성격이 변하고, 행동이 유치해지며, 자신의 병에 대한 인식을 갖지 못하는 것이 보통이다. 라벨의 경우는 실어증이나 실행증이 심했음에도 별로 성격이 변하지 않았고, 자신의 병에 대해 인식이 뚜렷했다. 늦게까지 라벨은 고통스럽게 중얼거렸다. "왜 이런 병이 나한테만 온 거지, 왜 나지?"

최근의 연구는 알츠하이머병의 친척뻘인 퇴행성 뇌질환을 많이 보고하고 있다. 우선 PPA(Primary progressive aphasia)라는 병이 있다. 이 병은 알츠하이머병과 비슷한데도 기억력 저하보다는 언어 장애를 주 증상으로 한다. 라벨은 이 병에 걸렸을 수도 있다. 하지만 이 질환으로 심한 실행증 증세를 설명하기에는 무리가 있다. 실행증 증세를 생각한다면 우리는 CBDG(cerebrobasal ganglionic degeneration)라는 병을 생각해 봐야 한다. 이 질환에서는 두정엽 위축이 특히 심하기 때문에 다른 증세에 비해 실행증이 심한 것이 특징적이다. 다만 이 병에서는 기저핵(basal ganglia)이라는 부분도 함께 손상되기 때문에 파킨슨병 증세(손 떨림, 동작이 느려짐, 뻣뻣해짐)가 대부분 함께 동반한다.(180쪽 히틀러 참조) 라벨의 경우 파킨슨병 증세는 없었던 것으로 보인다. 게다가 CBDG 환자는 실어증이 그리 심하지 않은 것이 보통이다.

마지막으로 다른 가능성을 생각해 보자. 이미 독자들이 알고 있듯 당시에 치매를 일으키는 가장 흔한 질환은 뇌를 침범한 매독이었다. 라벨의 증세를 대뇌 매독으로 설명할 수 있을까? 플로베르나 모파상과는 달리, 라벨의 생활은 단순했고, 여성 관계가 복잡하지 않았다. 그는 단정한 옷을 입고 골동품과 서화를 수집하는 취미가 있는 진정한 신사였다. 하지만 누가 알겠는가, 한 사내의 사생활을? 실제로 점잖은 라벨도 사실은 파리의 창녀촌을 다녔다는 사실이 밝혀졌다. 그러니 플로베르와 모파상도 못 당한 매독을 라벨이 피할 수 없었을지도 모른다. 그럼에도 불구하고 나는 라벨의 증세가 뇌 매독 때문일 가능성은 거의 없다고 생각한다. 모파상과 슈만의 예에서 보았듯 뇌 매독 환자는 전두엽 손상 증세가 심한 것이 특징이다. 따라서 그들은 성격이 변해, 난폭하거나 안절부절 못하거나 혹은 지나치게 침울해지는 특징이 있다. 또한 흔히 망상, 환각 증세에 시달린다. 라벨의 경우는 그렇지 않았고 사망하기 얼마 전까지 비교적 신사적인 품위를 유지하고 있었다. 더욱 중요한 것은 일생을 통해 매독에 걸렸다는 의학적 보고가 전혀 없었다는 점이다.

개인적으로 나는 라벨을 괴롭힌 질병은 알츠하이머병일 가능성이 가장 많다고 생각한다. 물론 위에 언급한 대로 라벨의 증상이 전형적인 알츠하이머병과는 다른 점이 많다. 특히 기억력 장애가 별로 없고 전두엽 손상 증세인 성격 변화가 말기까지 없었다는 사실이 이상한 점이다. 하지만 라벨의 연주 파트너였던 마르그리트 롱의 기술에 따르면 라벨도 간혹 기억력 장애에 시달렸다고 하며, 말년에는 침울한 성격을 보이기도 했다고 한다. 무엇보다도 알츠하이머병은 가장 흔한 퇴행성 뇌질환이며, 증세도 다양하게, 비전형적으로 나타날 수 있다. 게다가 이러한 퇴행성 질환을 갖고 있는 환자는 뇌손상 후 갑자기 증세가 더 나빠지는 경우가 많다. 라벨의 경우 알츠하이머병이 진행되는 중에, 교통사고로 인한 뇌손상이 증상의 악화를 유발시키는 인자로 작용했을 가능성이 있다고 생각한다.

몽포르의 작은 골목길들을 돌아 나는 다시 르 벨베데르 앞에 섰다. 집의 왼쪽으로 일드프랑스의 너른 평야가 펼쳐지고 오른쪽으로는 숲이 우거진 공원이 있었다. 여기에는 고대 로마 유적으로 생각되는 폐허가 보인다. 라벨은 르 벨베데르에서 밤을 지새우며 작업을 하고 새벽이 밝아오면 이 공원으로 산책을 나갔다. 그리고 산책길에서 돌아오면 곧장 잠자리에 들었다.

라벨의 생활은 이처럼 단순했지만 그의 음악에는 물소리, 요정의 속삭임, 숲 속에서 날개 치는 새 등과 같은 환상적인 풍경이 꿈의 세계처럼 펼쳐진다. 샤갈이 어릴 적 꿈의 세계를 그림으로 그렸다면 라벨은 이를 창조적인 음악으로 표현했던 것이다.

발터 기제킹이 연주하는 「물의 요정」의 현란한 피아노 곡조를 머리에 띄우며 그림처럼 이곳을 걷노라니, 음악을 생각하며 이 숲을 천천히 걸었을 라벨의 모습이 떠오른다. 누구에게나 어쩔 수 없는 불행은 찾아오는 법이다. 하지만 말년에 그를 찾아온 질병은 진정 커다란 고통이었다. 사망하기 얼마 전 「다프니스와 클로에」 연주를 감상한 후 눈물을 흘리며 엘렌 모랑주에게 했다는 라벨의 말은 그 고통의 크기를 웅변한다. "내 머릿속에는 아직도 음악으로 가득 차 있는데, 하나도 이야기 하지 못했소. 난 아직도 할 얘기가 많은데 말이오."

볼레로, 전두엽 손상의 증상?

라벨은 수많은 곡을 썼는데 그중 가장 유명한 곡은 아마도 「볼레로」일 것이다. 러시아의 여류 무용가 루빈스타인의 의뢰로 작곡된 이 곡에 대해 몇몇 신경과 의사가 이 곡은 질병의 징후인 것 같다는 의견을 제시했다. 같은 주제를 무려 169번이나 반복하는 특이한 곡이기 때문이다.

주장의 근거는 이렇다. 전두엽은 우리의 뇌에서 가장 고등한 기능을 한다. 단순한 작업이 아닌 창조적인, 혁신적인 생각과 행동을 만들어 내는 곳이다. 전두엽이 손상된 환자는 여러 가지 증상을 보이지만 특징적으로 어떤 상황을 다른 상황으로 바꾸는 것을 잘 못하게 된다. (신경과 의사들은 'set shifting'을 못한다고 말한다.)

예컨대 세 번 반복되는 나선형 그림을 보여 주고 이를 그대로 그려 보라 시키면 환자는 세 번이 아니라 다섯 번, 여섯 번 혹은 그 이상 반복되는 그림을 그린다. 이는 단순 작업은 할 수 있으나 전두엽 손상으로 인해 이를 억제하고 조절하는 능력이 떨어졌기 때문이다. 또는 환자에게 가위, 바위, 보를 계속 시킨 후, 이번에는 가위, 보, 바위로 해 보라고 하면 이를 못하거나 어려워한다. 역시 단순 반복 행위는 할 수 있으나 그 행동을 다른 것으로 변화시키기 어렵기 때문이다. 간혹 이런 환자들은 같은 말을 몇 차례 반복하기도 하고 남의 말을 반복적으로 따라 하기도 한다. "기분이 어떠세요?"라고 하면 자신도 "기분이 어떠세요?"라고 말한다.

따라서 위에 말한 학자들은 라벨이 전두엽 기능 저하에 의해 같은 주제를 계속 반복시킨 것으로 해석한 것이다. 하지만 사실은 전혀 그렇지 않다. 「볼레로」를 자세히 들어 보기만 해도 그렇지 않다는 사실을 우리는 금방 알 수 있다.

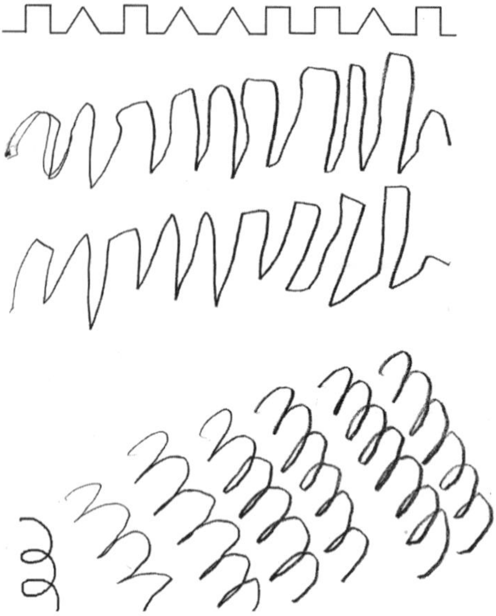

위: 네모와 세모가 적절히 반복된 그림을 베끼기만 하면 'set shifting'을 못하는 전두엽 손상 환자는 네모만 혹은 세모만 그리는 것을 볼 수 있다.
아래: 전두엽이 손상된 환자가 그린 나선형 그림. 가장 왼쪽의 나선형 그림(luria loop)을 베끼라 하면 점점 더 반복이 길어지는 나선 고리를 그리는 것을 볼 수 있다.

원래 볼레로란 1780년경 당시의 유명한 무용가 돈 세바스찬 세레소가 고안한 것으로서, 악센트가 강한 3박자를 사용해 현악기와 캐스터네츠의 반주로 한 쌍의 남녀가 정열적으로 추는 에스파냐 무곡을 총칭하는 말이다. 남녀가 춤을 추고 점차 흥이 높아지면서 한 쌍, 두 쌍 춤추는 사람이 늘어나듯, 라벨은 에스파냐 무곡의 두 마디를 주제로 사용하되 매번 악기 수를 늘리고 편성을 바꾸면서 변화를 모색했던 것이다. 이 곡은 종장으로 갈수록 점점 더 소리의 음량이 커지다가 끝 두 마디에 E장조로 조바꿈이 일어나 클라이맥스로 끝난다.

라벨 자신도 이 곡을 '실험적' 작품이라 말했고, 이 즈음에 혹은 그 이후 작곡된 「왼손을 위한 협주곡」이나 「둘시네 공주와 돈키호테」에서는 이런 기법을 사용하지 않았다. 즉 겉보기에 단조로운 이 곡은 실제로는 매우 다양하고 창조적인 곡이며, 결코 전두엽이 손상된 환자의 반복적인 지루한 음악이 아닌 것이다.

알퐁스 도데와 풍차

요즘 기계 문명의 발전 속도가 너무 빨라 정신이 없다. 흑백 TV가 컬러로 바뀐 것이 어제 같은데 이제는 모든 프로를 디지털로 방영할 것이니 TV 수신기를 바꾸어야 한단다. 빨리빨리 근성이 있는 우리나라 사람들은 이런 변화를 참 잘 받아들인다. 그러나 나 같이 둔한 사람은 언제나 이를 쫓아가기 버겁다. 언제부터인가 회의에 나가 다음 약속 날짜를 정할 때 사람들이 전자 수첩이나 핸드폰에 적는 것을 보았다. 하지만 나는 아직도 3개의 달이 모두 한 면에 나와 있는 긴 달력에 약속을 표기한다. 시대에 뒤늦은 탓인지, 나는 여전히 이처럼 달력에 확실히 적어야 제대로 약속이 잡힌 것처럼 느껴진다.

요즘 젊은 사람들에게 비난 받을 말이겠지만 간혹은 옛 것이 오히려 더 좋은 게 아니냐는 생각을 나는 가지고 있다. 예컨대 「제 3의 사나이」나 「화이트 크리스마스」처럼 어쩌다 TV에 나오는 옛 흑백 영화를 보면 참 보기 좋다. 물론 색깔이 없는 것이 칙칙한 것이 사실이지만, 소설이 언제나 영화보다 더 감명 깊은 것처럼 색깔을 나름대로 상상을 하며 보니 영화가 더 아름답고 정겹게 느껴지는 것이다.

실제로 디지털 방송 화면은 너무 색깔이 생생하게 나와 피부가 좋지 못한 배우들을 곤혹스럽게 할 것이라는 말도 있지 않은가? 인간은 모름지기 어느 정도는 숨기는 것이 있어야 하는 법인데 말이다.

이처럼 옛 향수에 젖는 사람이 나만은 아닌 듯하다. 2008년 7월 신문을 보니 네덜란드에서 풍차로 빻은 밀이 다시 등장했다고 한다. 풍차로 빻은 밀이 특별히 더 맛있을 리야 없겠지만, 옛날 향수를 느끼는 사람에게는 원래 맛에 더해 '정신적' 맛이 첨가되는 효과가 있을 것이다. 실제로 산업 혁명 이전까지 네덜란드에는 1만 개 이상의 풍차가 있었고 이 풍차를 이용해 밀을 빻았다. 지금은 당시의 10분의 1도 안 남아 칸데르데이크나 잔세스칸스 같은 자그마한 도시에서 관광객을 끌고 있는 정도이다.

풍차 이야기가 나오니 이 세상 누구보다도 지독하게 옛 것 지키는 데에 열심인 사람이 생각난다. 실존 인물은 아니지만 알퐁스 도데의 작품 중 「코르네유 영감의 비밀」이라는 소설에 나오는 주인공 코르네유 영감이다. 책의 내용은 이렇다.

프로방스 지방은 예로부터 풍차를 이용한 제분업이 융성했다. 그런데 산업 혁명 이후 증기기관이 발명되면서 풍차는 위기를 맞이했다. 증기 제분소가 근처에 건설되었고 기계의 편리함을 당해 낼 수가 없던 풍차는 하나 둘 없어져갔다. 하지만 60년 동안 줄기차게 풍차 방앗간에서 일한 코르네유 영감만은 생각이 달랐다. 새로운 기계 문명을 배척하고 풍차를 고집했다. "저 놈들한테 가면 안 돼, 그것은 마귀의 손으로 이루어진 것이야, 나는 자비로우신 하느님의 숨결로 일하지만." 하지만 이 영감에게 밀을 빻아 달라고 부탁하는 사람은 이제 아무도 없었다. 그런데 이상하게도 코르네유 영감의 풍차는 전과 다름없이 계속 돌아가고 있었다. 저녁이 되면 밀가루 포대를 가득 실은 나귀를 몰고 예전의 모습대로 영감이 지나가는 것이 보였다. 그 비밀은 얼마 후 이 영감의 손녀와 그 애인이 우연히 빈 풍차 안을 엿보면서 풀리고 말았다. 풍차 안은 바싹 마른 고양이만 앉아 있는 텅 빈 가난함 자체였고, 터진 포대에서 석고와 백토가 흘러나와 있었다. 풍차의 위신을 지키기 위해 코르네유 영감은 아무 일감이 없는데도 풍차를 계속 돌리고 매일 밤 길거리로 백토를 싣고 다녔던 것이다.

이런 사연이 묻어 있는 풍차를 보고 싶다면 프랑스 남부 아를에서 북쪽으로 15분 정도 차를 몰고 가면 만나는 작은 마을 퐁비유를 찾아야 한다. 언덕 위에는 풍차가 서 있고, 그 정겨운 풍차는 코르네유 영감과 도데의 이야기를 우리에게 전해 준다.

프로방스에서 알퐁스 도데의 흔적을 찾다

프랑스 남부 코트다쥐르의 니스에서 학회가 열리는 동안 프로방스 지방을 잠시 둘러볼 기회가 있었다. 니스와 모나코 같은 도시로 유명한 코트다쥐르는 알프스 서쪽 편 산자락이 지중해와 만나는 지역이다. 따라서 이곳의 해안은 깎아지른 절벽과 망망대해가 절묘하게 어우러진다. 경치가 아름답기는 하나 풍요로운 느낌은 덜하다. 반면 코트다쥐르의 서쪽 지방인 프로방스는 너른 벌판이므로 분위기가

퐁비유의 알퐁스 도데 풍차

전혀 다르다. 풍요로운 벌판에 밀밭과 옥수수밭, 포도밭이 끝없이 펼쳐진다. 그렇다고 결코 밋밋하고 심심한 땅도 아니다. 낮은 구릉과 작은 산들이 적당히 펼쳐져 있고 앞으로는 쪽빛 지중해가 대비되어 아름다움을 더해 준다. 세잔, 코로 등 수많은 인상파 화가들이 이곳의 경치에 반해 그림을 그렸다. 코트다쥐르에서 프로방스까지 해안가에 자리 잡은 예쁜 마을들은 비록 작고 소박하지만 그들만의 독특한 특색을 자랑한다. 예컨대 앙티브는 피카소 미술관으로 유명하고, 비오트는 유리 세공으로, 그라스는 향수 제조로 유명하다. 심지어 한적한 작은 어촌인 생트로페조차 이곳이 브리지트 바르도의 고향인 점을 자랑하고 있다. (브리지트 바르도의 영화 「신은 여자를 창조

프로방스 지방의 집들

했다」의 무대이기도 하다.)

프로방스 지역은 세잔(엑상프로방스), 에밀 졸라(엑상프로방스), 그리고 도데의 고향이다. 1840년 님에서 태어난 도데는 리옹에서 중학교를 다녔으나 비단 도매상을 하던 아버지가 파산하자 학교를 중퇴한 후 일찍부터 사환으로 일을 했다. 1857년 형의 재정적 도움을 받아 파리로 건너간 그는 시집 『연인들』을 출판했고 이것이 인정을 받아 문단에 데뷔했다. 그는 어린 시절 프로방스 지방의 향수와 소박한 마음을 그린 아름다운 작품을 많이 썼는데 단편집 『풍차 방앗간 편지』에 실린 「별」, 「아를의 여인」 등은 우리에게도 잘 알려졌고 이 중 「아를의 여인」은 1872년 비제가 오페라로 각색해 유명해졌다.

1870년 보불 전쟁(프러시아와의 전쟁으로 이때 알자스, 로렌 지방이 독일로 넘어간다.) 때 국민병으로 지원해 비참한 전쟁을 체험한 도데는 전쟁터에서 보고 느낀 것들을 기반으로 애국심을 고취시키는 작품을 많이 썼다. 단편집 『월요일 이야기』에 실린 「마지막 수업」, 「기수」, 「페르라세즈의 전투」 등이 유명하지만 나는 개인적으로 「소년 간첩」*을 흥미롭게 읽었다.

대부분의 작가들이 그렇듯 도데의 작품에도 사회 고발적인 요소가 강하다. 「코르네유 영감의 비밀」에서는 삭막한 기계 문명 때문에 사라져가는 풍요로운 인간성을 고발하며, 작품집 「월요일 이야기」에서는 전쟁의 비참함과 어리석음을 고발한다. 하지만 그는 결코 교조적인 이데올로기를 주장하거나 남을 직접적으로 비난하지 않는다. 오히려 비참한 광경도 정감 있게, 악인들도 유머러스하게 그려진다. 「소년 간첩」에서 보듯 그는 인간의 잘못은 본래 악한 마음이 아니라 어리석음에서 유래하는 것으로 해석한다. 그는 선천적으로 인간의 선량함을 믿는 사람이었고, 이런 따스한 인간애는 그의 모든 작품에 녹아 있다. 그가 볼 때 인간은 결국 어리석고 미숙하지만, 그래서 더 인간적이고 사랑스러운 존재이기도 하다. 예컨대 「아를의 여인」에서, 주인공 청년은 사랑하는 여인이 이미 다른 남자와 관계를 맺고 사기를 친 경력이 있음을 알게 되지만, 그녀에 대한 사모의 정은 오히려 더욱 깊어진다.

* 전쟁터에서 소년은 아무 것도 모르고 적에게 아군의 정보를 알려 준다. 인간의 순진한 어리석음을 절묘하게 묘사한 소설이다.

「아를의 여인」 이야기가 나왔으니 말인데, 퐁비유에 오기 전에 나는 아를(본토에서는 이 도시를 아흘이라고 발음한다.)을 잠시 방문했다. 아를은 도데의 고향인 님과 가까운 프로방스의 대표적인 도시이다. 한때 로마의 영토였던 이곳에는 아직도 원형 투기장이나 고대 극장과 같은 우람한 로마의 유적이 남아 있다. (물론 님에도 로마 유적이 여럿 있다.) 하지만 이런 거대한 구조물보다는 예쁜 옷가게, 소식, 카페 숍 들이 군데군데 진을 치고 있는 깜찍하고 아기자기한 골목길들이 사실 아를의 백미이다. 거리에는 쇼핑을 하느라 서양인들이 삼삼오오 다니고 그룹으로 몰려다니는 일본인들도 보였다. 하지만 나는 전혀 다른 생각을 하고 있었다. 이 작고 예쁜 아를의 골목길에서 도데의 '아를의 여인'을 찾고 있었던 것이다.

아를의 여인은 사진기를 들고 어슬렁거리는 키 큰 백인 여성은 아닐 것이다. 분명 키가 좀 작고 통통한, 얼굴도 가무잡잡한 귀여운 남부 프랑스 여인이라야 할 것이다. 하지만 아무리 주위를 둘러보아도 그 때문에 자살을 고려할 만큼 예쁜 여성은 전혀 보이지 않았다. 아니 솔직히 말해서 아를의 여인들은 압구정동 거리를 다니는 우리나라 여성들보다 훨씬 더 촌스럽고 미웠다. 혹시 청년 시절 아를에서 자습 감독으로 일한 적이 있는 도데의 눈에는 웬만한 젊은 여자는 모두 예뻐 보였던 것이 아니었을까? 그 여인 때문에 자살하고 싶을 정도로?

척수 신경 손상에 의한 감각 장애의 증세

척수 매독이나 비타민 결핍증에 의해 신경 손상이 생긴 환자에서는 흔히 위치 감각이 저하된다. 위치 감각이란 말 그대로 환자의 손이나 발의 위치를 알려 주는 감각이다. 이런 환자는 눈을 감게 하고 발가락을 위, 아래로 올리며 맞추어 보라고 하면 전혀 맞추지 못한다. 심한 경우는 의사가 발가락을 잡고 있다는 자체도 모른다. 이처럼 위치 감각을 갖지 못하면 서거나 걷는 동안 발이 땅에 닿는 감각이 없어진다. 즉 환자는 허공에 떠 있는 느낌을 갖게 되고 당연히 걸을 때 휘청거린다.

이런 현상을 기록한 사람은 최초로 신경학이라는 학문을 체계적으로 구축했다고 칭송받는 프랑스의 롬버그이다. 아직도 신경과 의사들이 하는 롬버그(Romberg) 검사가 있다. 양 발을 붙이고, 양 팔을 쭉 펴서 서 있으라 한 후 눈을 감아보라고 한다. 이때 발에 위치 감각이 없는 환자는 중심을 못 잡고 갑자기 쓰러지게 된다. (롬버그 양성) 발의 위치 감각이 없는 환자는 평소 눈으로 사물을 보면서 자신의 위치를 보정하고 있는데 갑자기 시각적 정보를 없애면 쓰러져 버리는 것이다.

알퐁스 도데의 다리가 아픈 까닭은?

앞서 말했듯 도데의 작품에는 교조적인 냄새가 없다. 대신 독자로 하여금 무한히 상상하도록 하는 여유와 느긋함이 있다. 하지만 그의 삶은 그렇지 않았다. 그는 젊은 시절 내내 가난하게 지냈고, 나중에 유명해져 살 만하게 되면서부터는 죽을 때까지 그를 괴롭힌 질병에 시달려야 했다. 그 병의 이름은 바로 척수 매독이었다.(44쪽 참조)

원형 투기장에서 바라본 아를의 거리

당시 파리는 세계 의학의 메카였고 중심에는 임상신경학의 거장 샤코가 있었다. 도데는 오랫동안 샤코의 환자였는데 사실 도데의 증상을 관찰하면서 샤코 자신도 척수 매독에 대해 많은 것을 알게 되었으니 어찌 보면 도데는 샤코가 거장이 되는 데에 일조한 사람이라고 할 수도 있다. (이런 점에서 환자는 늘 의사의 선생이다. 나 역시 매일 환자로부터 배우고 있다.)

이제 독자들이 슬슬 짐작하겠지만 도데의 여성 관계는 복잡했다. 앞서 말한 대로 그는 리옹에서 학교를 다녔는데 사춘기에 접어들자마자 이성에 눈을 뜬 그는 12세 때부터 성관계를 갖기 시작했다. 17세 때 파리로 이주한 그는 말라르메, 보들레르 등과 어울려 지냈다. 키는 작지만, 예민하고 따스한 성격에 구레나룻을 멋지게 다듬은 그는 언제나 여성들에게 인기가 있었다. 보헤미안 기질이 농후한 그가 촌구석에 살다가 미모의 파리 여성들에 둘러싸이니 얼마나 행복했을지, 그리고 그의 여성 편력이 얼마나 심했을지는 충분히 상상할 수 있을 것이다. 실제로 작가 줄리언 반스는 "적어도 섹스에 있어서는 그는 언제나 악당이었어."라고 회고했다. 그는 마리 리유라는 여성과 동거했으나 도데의 성관계가 이 여성에게만 국한되었을 리는 없고, 물론 리유 역시 마찬가지였다.

하지만 과도한 즐거움은 언제나 부작용을 낳는 법이다. 17세 때 도데는 매독에 처음 걸렸는데 도데의 병을 진단한 의사는 매독 연구의 선구자라 불리는 유명한 필립 리코드였다. 당시 도데는 성기 주변의 피부 발진과 림프선 종양이 있었다. 도데와 성관계를 한 여인이 많으니 이 질병이 어느 경로로 왔는지 알 수는 없다. 도데의 말에 따르면 '양가집 규수'로부터 이 병을 얻었고 안타깝게도 그만 '내 여자에게' 전해 주고 말았다고 했다. 당시 작가들의 자유분방한 성 생활을 생각하면 짐작할 수 있겠지만 실은 당시 도데와 어울리던 보들레르, 모파상, 플로베르, 콩코르 등이 모두 매독으로 고생했다.

하지만 불행하게도 도데의 경우 다른 사람보다 더 극심한 고통을 겪었다. 앞에 적었듯 매독은 감염된 한참 후에 뒤늦게 대뇌를 손상시킬 수 있다. 하지만 일부 환자에서는 대뇌가 아닌 척수의 감각 신경이 손상된다. 도데는 바로 이 척수 매독을 앓아 극심한 통증에 시달렸던 것이다. 통증은 39세 때부터 본격적으로 도데를 괴롭히기 시작했다. 통증만이 아니었다. 다리의 감각 기능이 없어지니 균형 잡기가 힘들어져 똑바로 걷기가 매우 힘들었다. 사교계의 총아, 멋쟁이인 도데가 비틀거리며 남의 도움을 받으며 걷는 신세가 된 것이다!

척수 매독의 증세가 생기기 전부터, 도데는 이미 레온 감베타라는 친구의 소개로 샤코 가족과 알고 지냈는데, 통증이 생기니 도데의 진료는 당연히 샤코가 담당하게 되었다. 하지만 이것이 둘이 멀어진 원인이 되기도 했다.

앞서 말한 대로 통증이나 보행 장애 같은 척수 신경 손상 증세는 최초에 매독에 걸린 후 적어도 10년 이상 지난 후 생기는 것이 보통이다. 따라서 도데의 시대만 해도 이런 신경 증상의 원인이 과연 매독 때문인가에 대해서 학계에서도 논란이 있었다. 프랑스의 푸르니에가 처음으로 이런 척수 증세가 매독균에 의한 것 같다는 의견을 제창한 바 있지만, 아이러니하게도 도데의 주치의이며, 푸르니에보다 더 큰 명성을 지닌 샤코는 그때까지만 해도 이 사실을 믿지 않는 쪽이었다. 샤코의 제자 중 길레 드라 투렛이라는 젊고 야심찬 의사가 있었는데 그 역시 스승의 편을 들었다.

하지만 척수 신경 손상 증세가 매독 때문인지 아닌지를 판가름하는 것이 그 시절에는 별 의미가 없었다. 당시만 해도 매독에 대한 치료는 물론 신경 손상으로 인한 통증을 호전시키는 치료도 없었기 때문이다. (현재 매독은 페니실린으로 치료하며, 신경 손상에 의한 통증을 호전시키는 여러 가지 좋은 약들이 있다.) 당시 매독의 첨단 치료제는 수은이었는데 장기간의 수은 치료 때문에 많은 사람들이 수은

퐁비유 언덕의 양떼

중독에 시달렸다. 당시 프랑스에서는 이런 말이 유행했다. "비너스와 하룻밤을 보내고 머큐리(수은)와 여생을 보낸다."

통증을 견딜 수 없었던 도데는 어쩔 수없이 모르핀을 맞을 수밖에 없었다. 도데는 주사를 맞을 때마다 구역질에 고생했지만 그래도 모르핀을 맞아야 그나마 통증을 잊고 잠시라도 잠을 잘 수 있었다.

이런 도데를 위해 샤코는 마지막으로 러시아에서 개발한 특별한 치료법(Seyres's suspension)을 사용하기로 했다. 이는 한마디로 악랄한 치료 방법이라고 밖에는 말할 수 없는데 마치 중세 시절 범죄자에게 고문을 하듯 환자를 붙잡아 천장에 오래 매달아 두는 방법이었다. 이 치료는 몹시 고통스러웠고 물론 도데의 증세를 호전시키지 못했다. 그럼에도 샤코와 그의 제자 투렛은 이 시술을 무려 13회나 시행했다. 물론 그들도 한 가닥 희망을 걸고 시도한 시술이었겠지만 치료법을 개발해 유명해지고 싶은 의사들의 욕심과 호기심 때문에 환자가 부당하게 고통을 받은 예라고도 할 수 있다. 이 무리한 치료법은 도데와 샤코의 관계를 악화시키는 데 결정적인 역할을 했고 도데는 이후 두 번 다시 샤코의 진료실을 방문하지 않았다.

시시때때로 찾아오는 통증과 보행의 어려움, 치료가 되지 않는 데 대한 절망감, 의사들에 대한 반감은 점차 도데를 자기 혼자만의 삶으로 가두어 갔다. 사교계의 총아였던 그는 점차 사람들로부터 멀어졌고, 우울함과 공포 속에서 혼자 있는 시간이 늘어났다.

작가로서 도데의 또 하나의 고통은 자신의 통증을 정확히 표현하기 힘들다는 것이었다. 일반적으로 척수 매독의 증세는 찌르는 듯한, 간헐적인 통증을 특징으로 한다. 하지만 작가인 그는 이를 좀 더 정확하게 묘사해서 남에게 고통을 확실히 전달할 수 없다는 사실에 낙담했다. 사실 통증 의학에서 이 점은 아직까지도 어려운 문제로 남아 있다. 예컨대 운동 기능이 저하되어 팔 다리가 마비되면 환자든 의사든 이를 객관적으로 인식할 수 있다. 하지만 통증이나 감각 장애는 완전히 주관적인 것이므로 환자가 표현하기 힘들고, 의사가 제대로 인식하기 어렵고, 또한 그 정도를 객관화시키기 어렵다.

이처럼 10년이 넘는 고통 속에 살면서도 수많은 주옥 같이 아름다운 글을 남긴 것을 생각하면 도데의 삶과 글은 정반대였다고 할 수 있다. 그러면서도 도데는 마지막까지 유머를 잃지 않았다. 사망하기 얼마 전 그는 말했다. "인생을 너무 많이 사랑한 나머지 신이 내게 벌을 주신 거야." 1897년 도데는 56세의 나이로 눈을 감으며 마침내 지긋지긋한 통증으로부터 해방되었다.

퐁비유의 풍차는 남 프랑스의 맑은 하늘빛을 받으면서 언덕에 서 있었다. 풍차의 주변은 온통 바위와 나무뿐이지만 멀리 프로방스의 집들이 평화로워 보였다. 이 풍차가 밀을 빻는 것은 물론 아니다. 풍차의 내부는 알퐁스 도데 기념관으로 꾸며 있어 도데가 쓴 초창기의 작품 노트나 편지 같은 것들이 전시되어 있었다. 이 풍차는 도데를 기념하기 위해 세워 둔 것이지만 물론 도데가 풍차의 주인은 아니다. 젊은 시절 도데는 퐁비유의 풍차 주변에서 기거하면서 많은 작품을 썼고 「코르네유의 영감의 비밀」 같은 프로방스의 자연과 사람에 대한 따스한 작품들을 썼던 것이다.

오후 6시를 넘기니 서편으로 기운 해가 따스한 빛을 담뿍 쏟아낸다. 이곳을 들린 몇몇 관광객들은 이미 돌아가고 나 홀로 언덕 위에 그림처럼 앉아 있는데 숲 속 어디선가 부스럭거리는 자그마한 소리가 들린다. 소리는 점점 더 커져 마치 해안가의 파도 소리처럼 내 귀를 울린다. 소리를 쫓아 아래쪽으로 내려가 보니 소리의 주인공은 한 무리의 양떼들이었다. 건장하고 순박하게 생긴 청년이 양 50여 마리를 데리고 있었고, 옆에는 커다랗고 충직하게 생긴 양치기 개가 혀를 내밀고 헉헉대고 있었다.

양치기의 영어가 서툴러 이야기를 나누기는 힘들었지만 이 양들은 털도 사용하고 식육으로도 사용한단다. 한국으로도 수출된다고 했다. 뉴질랜드에서 본 양들보다 크기가 작고 더 귀엽게 생겼다. 얼마간 이야기를 나눈 후 청년은 다시 길을 떠났다. 저녁 햇살을 받으며 사라지는 양떼와 양치기를 바라보며 나는 도데의 소설 「별」에서 양을 치던 목동이 잠시 높은 산에서 여기로 내려온 것 같은 착각을 하고 있었다.

양떼와 작별하고 다시 언덕을 오르니 풍차는 여전히 어슴푸레한 저녁 햇살을 받으며 서 있다. 그 앞으로 아름다운 들판과 프로방스 특유의 소박한 집들이 점점이 펼쳐진다. 그중 한 집 문을 열고 구레나룻 덥수룩한 도데가 압상트 술병을 들고 껄껄 웃으며 나타날 것만 같다.

투렛과 투렛병

투렛(Tourette)은 신경과 의사에게는 투렛병이라는 이름으로 잘 알려졌다. 남자 중학생들 중 간헐적으로 눈을 깜작거리거나 어깨를 움찔거리는 행동을 하는 아이들을 간혹 볼 수 있다. 이런 행동을 하지 말라고 하면 잠시 중지할 수는 있으니 이런 움직임이 어느 정도는 자신의 의지로 조절이 가능하다. 하지만 조금 더 있으면 움직거리는 행동을 하고 싶어져 다시 움직이기 시작한다. 즉 이 증상은 신체가 필요로 하지 않는 불필요하며 불수의적인 것이지만 그래도 어느 정도는 조절이 가능하다. 이런 증세를 '틱'이라고 부르는데 소년들 가운데는 비교적 흔하며, 대개 나이가 들면서 증상이 완화된다. 드물게 이 증세가 매우 심하고, 오랫동안(1년 이상) 지속되는 경우가 있는데 이를 '투렛 증후군'이라 부른다. 이런 환자들은 목구멍 근육에도 문제가 생겨 간혹 개 짖는 소리를 내기도 한다. 혹은 좀 더 복잡한 소리를 내기도 하는데, 신기하게도 환자들은 욕설을 잘 퍼붓는다. 물론 환자의 증세일 뿐 환자가 정말 욕을 하고 싶어 하는 것은 아니다. 투렛은 처음으로 이런 환자 9명을 상세히 기술해 보고했고 이후 이런 병을 투렛병이라고 부르게 되었다.

투렛은 프랑스 신경학의 대부인 샤코의 제자이니 투렛병에 대한 연구는 실은 둘이 함께한 작업이다. 샤코가 너그럽게 이 질환의 이름을 투렛병이라 부르자고 제안한 것으로 알려져 있다. 하지만 이 업적 대부분을 샤코가 이루었는데 빨리 성공하고 싶은 욕심에 제자가 이를 자기가 한 것으로 주장하고 공을 가로챘다는 설도 있다. 어느 것이 진실인지는 모르지만 이왕이면 듣기 좋은 전자를 믿기로 하자. 하기는 샤코는 이미 전설적으로 유명한 대가였으므로 이정도 공로를 제자가 가져갔다고 해도 크게 억울할 것은 없을 것 같다. 이보다 더 확실한 것은 이처럼 머리가 뛰어나고 야망이 많았던 투렛이지만 그도 나이 40이 지나면서 점차 진행하는 치매 증세에 시달리게 되었다는 점이다. 투렛은 이 병으로 47세에 사망한다. 이제까지 이 책을 주의 깊게 읽은 독자들은 이미 투렛의 병명을 짐작할 것이다. 바로 대뇌 매독이었다.

투렛병을 앓은 사람들

새뮤얼 존슨은 18세기 영국에서 위대한 작가였으며 특히 셰익스피어의 전 작품을 집대성한 것으로 유명하다. 당대의 논객인 그의 지능과 언변은 당연히 뛰어났다. 하지만 처음 그를 보는 사람은 바보 같은 인상과 더불어 이해할 수 없을 정도로 괴이한 태도와 버릇에 질리고는 했다. 존슨은 어릴 때부터(7세 경) 얼굴을 찡그리거나, 입을 벌리거나, 눈을 깜작이거나 입을 내밀거나, 어깨, 팔, 다리를 갑작스레 움직이는 증세를 나타냈다. 게다가 발작적으로 소리를 내는데 경우에 따라 개 짖는 소리, 혹은 웅얼거리는 소리를 냈다고 전해진다. 이론의 여지가 없지는 않으나 많은 신경과 의사들은 이런 증세는 투렛병에 잘 맞는다고 생각한다. 게다가 존슨은 투렛병 환자가 종종 가지고 있는 강박 신경증(obscessive compulsive behavior) 증세도 있었다. 예컨대 길을 걸어갈 때 옆에 난간이 있으면 이를 반드시 건드리고 갔는데 어쩌다 하나라도 놓치면 다시 돌아가 만진 후 길을 가야만 했다.

이외 모차르트도 투렛병을 앓았다는 주장이 있다. 밀로스 포먼 감독의 영화 「모차르트」에서 보듯이 모차르트는 괴이하며 방정맞은, 돌발적인 행동을 자주했다. 예컨대 그는 점잖은 모임에서도 식탁 주변을 뛰어다니고, 모자, 주머니, 의자, 시곗줄을 갖고 수시로 손장난을 했다. 사촌누이의 지적에 따르면 그는 발작적으로 웃기도 하고 식탁의 냅킨을 꼬깃꼬깃

접어 자신의 입을 닦는데 거의 무의식적으로 이런 행동을 한다고 했다. 게다가 그의 편지를 보면 저속한 혹은 음란한 표현이 시도 때도 없이 나타난다. 예컨대 ass(똥구멍), wag(까불이 혹은 게으름뱅이) 같은 것들이다. 모차르트의 편지를 자세히 검토한 학자 심킨에 따르면 편지의 17퍼센트에서 발작적인 욕설이나 따라 말하기 등과 같은 투렛병 환자의 증거가 발견된다고 했다.

그러면 모차르트는 투렛병 환자일까? 내 생각에 그 가능성은 희박한 것 같다. 모차르트는 실제로 귀족에 대한 불만의 표시로 이런 욕이 담긴 글을 쓴 것이다. 게다가 모차르트는 글은 비록 이렇게 썼지만 발작적으로 욕을 했다는 기록은 전혀 없다. 원칙적으로 투렛병의 증세는 입으로 하는 '발작적인' 욕설이며 글만 그렇게 쓰는 투렛병 환자는 생각하기 힘들다. 게다가 당시 모차르트가 활동하던 남부 바바리아 지방이나 잘츠부르크에서는 사람들의 글이 간단하고 거칠어 점잖은 사람들조차 욕 같은 표현을 흔히 사용했다고 전해진다. 따라서 부산하고 괴이한 행동을 하기는 했지만 모차르트가 투렛병을 앓았을 가능성은 새뮤얼 존슨에 비해서는 훨씬 더 적다고 생각된다.

아를의 반 고흐

앞서 아를에 대해 말을 꺼냈으니 빈센트 반 고흐에 대한 이야기를 하지 않을 수가 없다. 아를은 고흐가 한때 거주하면서 활동하던 장소이기 때문이다. 이 주제가 신경과 의사의 마지막 수다가 될 것 같다.

네덜란드에서 목사의 아들로 태어난 고흐는 타고난 미술가는 아니었다. 교사, 서점 점원으로 일했고 한때 목사가 되려고도 했다. 벨기에의 탄광지대에서 광부들과 함께 기거한 이유도 이들을 전도하기 위함이었다. 이곳에서 그가 경험한 광부들의 가난한 삶의 모습은 「감자 먹는 사람들」, 「구두」 등과 같은 음울한 초기 회화의 모티브가 되었다.

고흐는 뒤늦게 예술에 마음을 두고 당시 예술의 메카인 파리로 건너가 모네, 르누아르, 드가, 로트레크 등 화가들과 교분을 하면서 많은 영향을 받았다. 그리고 그중 고갱과는 각별한 사이가 되었다. 하지만 얼마 후 고흐는 복잡한 대도시가 아닌 자연의 삶을 원했고, 로트레크의 제안에 따라 고갱과 함께 아를에 머문다.

고흐는 평소 뜻이 맞는 화가들이 모여 공동체를 만들어 작품 활동을 하기를 꿈꾸었다. 이런 목적으로 그는 아를에 '노란 집'이라는 아틀리에를 마련하고 고갱과 함께 작업을 시작했다.

고흐가 아를에서 그린 작품 중 유명한 것에 「아를의 도개교」가 있다. 노란 도개교에 아래 청명한 물이 흐르는 이 수작은 기존의 어두운 화풍으로부터 탈피해 모처럼 밝고 명랑한 느낌을 주고 있다. 이 그림은 쾰른의 발라프 박물관에 걸려 있다. 맑은 대기와 선명한 자연의 색채에 반한 고흐는 이곳에서 노란색을 주로 해 해바라기, 꽃병, 자신의 방, 카페 등 주변의 모습을 닥치는 대로 그렸다.

아를에서 차로 약 5분만 가면 고흐가 즐겨 그렸던 이 도개교를 볼 수 있다. 하지만 동양인 나그네가 도개교를 찾아가기는 결코 쉽지 않았다. 놀랍게도 지나가는 아를 사람들에게 물어봐도 고흐의 도개교를 아는 사람이 없었다. 유명 관광 명소인 DMZ를 안 가 본 우리나라 사람들이 수두룩한것과 같은 이치리라. (물론 나도 아직 못 가 봤다.) 심지어 아를 관광 안내소에서 물어도 전혀 다른 길을 가르쳐 주어 나를 헤매게 했는데, 결국은 소방대원에게 물어서 찾을 수 있었다.

아를에서 고흐와 고갱은 서로의 영향을 받게 된다. 예컨대 당시 고흐가 그린 「아를의 무도회」 같은 그림은 고갱의 단순한 색상, 검은 라인 같은 것은 차용한 그림이다. 그러나 결국 개성이 강한 두 사람의 취향이 다른 것을 어쩔 수 없었고 둘은 종종 다투기 시작했다. 한 번은 고흐가 화가 나 면도날을 휘두르다가 자신의 귓불을 자른다. (고갱이 고흐의 귀를 잘랐다는 설도 있다.) 이후 자진해서 아를의 시립 병원에 수용되어 얼마간 지내다가 생레미의 정신 병원으로 옮기게 된다.

생레미 정신 병원에서 1년을 보낸 후 퇴원한 고흐는 친분이 있는 의사 가셰 박사와 동생 테오가 살고 있는 파리 교외의 오베르로 이사한다. 이곳에서 자살로 생을 마감할 때까지 「가셰 박사의 초상화」, 「까마귀가 있는 밀밭」, 「오베르의 교회」 등을 비롯한 많은 수작을 그린다.

언젠가 내가 난생 처음 파리를 방문했을 때 오르세 미술관에서 「별이 빛나는 밤」을 보고 매료되었던 기억이 난다. 마구 물감을 찍은 듯하지만, 짙은 파란색과 초록색, 노란색이 절묘하게 대비되는 수작이다. 멀리 보이는 숲, 잔잔한 호수에 반짝이는 등불이 있고 하늘에는 마치 어두운 밤의 횃불처럼 별빛이 이글거린다. 이와 대비되어 호숫가에는 한 쌍의 소박한 남녀가 팔짱을 끼고 서 있다. 아마도 고흐의 내면을 가장 잘 나타낸 것으로 볼 수도 있는 이 작품은 바깥 경치

아를의 도개교

를 직접 보면서 그린 것은 아니다. 1988년 생레미 정신 병원에 입원한 상태에서 바깥 경치를 상상하면서 그린 것이다.

유명한 예술가 중에는 정신병적 기질이 있는 사람이 많은데 고흐는 그 대표적 화가로 꼽힌다. 자신의 귀를 자르기도 하고, 결국은 자살로 생을 마감하는 등, 괴팍한 성격과 불안정한 정서로 유명한 그가 앓은 병명이 무엇인가에 대해 적어도 100가지 이상의 설이 있다. 하지만 학자들은 조울증을 가장 가능성이 높은 진단으로 생각하고 있다. 조울증이란 말 그대로 조증과 우울증 상태를 반복적으로 일으키는 병이다. 조증 상태에서는 자신에 대한 과대망상증이 생기고, 말을 많이 하며, 잠을 잘 안자고, 일을 지나치게 열심히 한다. 반대로 우울증 상태에 이르면, 모든 것에 의욕을 잃고, 음식도 잘 먹지 않으며, 피로를 금방 느끼고, 일을 제대로 진전시키지 못한다. 때론 죄책감에 시달리며, 죽고 싶다고 말하거나 실제로 자살을 시도하기도 한다. 조울증 환자는 흔히 가족력이 있는데 고흐도 그렇다. 그의 동생 테오는 우울증을 앓던 것으로 알려졌으며, 누이는 30년 동안 정신병원에서 지냈다고 전해진다.

말년에 고흐가 오베르로 이사 간 이유 중 하나도 여기에 우울증 전문가인 가셰 박사가 있었기 때문이었다. 게다가 가셰 박사는 아마추어 화가이기도 하고 이미 여러 유명 화가들의 주치의를 맡은 바 있어 고흐 가족으로서는 고흐에게 딱 맞는 의사로 생각했을 것이다. 그런데 알고 보니 가셰 박사 자신도 우울증 환자였다. 이를 눈치 챈 고흐가 동생에게 보낸 편지에 이렇게 적혀있다. "가셰 박사를 너무

의지하면 안 되겠어. 그 분도 어떻게 보면 꼭 나와 같은 병에 걸린 환자인 것 같아." 과연 고흐의 「가셰 박사의 초상」을 보면 우울한 표정의 노인이 턱을 괴고 있는 모습을 볼 수 있다.

다른 가능성으로 고흐는 술과 담배를 매우 많이 했으므로 알코올 중독이 거론되며, 간질을 앓았을 가능성도 제기된다. 하지만 신체적 발작 증세가 기록된 적이 없으므로 간질병의 가능성은 낮다. 편두통이나 메니에르병 등도 거론되며, 일부는 고흐 특유의 구불구불한 그림은 편두통의 전조에 의한 시각 장애 증상인 것으로 설명하지만 가능성은 적다.

한편 고흐의 편지에 따르면 그가 사망하기 2년 전부터 정신 분열증 환자에게 특징적으로 나타나는 망상과 환청 증세를 묘사하고 있어, 그가 정신 분열증을 앓았을 가능성도 제기된다. 하지만 심한 우울증과 더불어 알코올 중독에 의한 뇌손상을 함께 가지고 있다면 어느 정도는 환각 증세를 보일 수도 있기 때문에 조울증이라는 병명만으로도 고흐의 상태는 어느 정도 설명될 수 있을 것이다.

어쩌면 그의 그림에 자주 나타나는 어둠과 밝음의 대비는 조증과 우울증이 교차되는 그의 마음을 표현했던 것일 수도 있다. 언젠가 암스테르담의 고흐 박물관에서 본 고흐의 마지막 작품인 「까마귀가 있는 밀밭」에서 폭풍이 부는 검은 하늘과 누런 밀밭의 대비는 나로 하여금 그런 생각이 들게 했다.

마지막으로 독자들도 이미 짐작할 만한 병명이 하나 남아 있다. 고흐는 이 책에 어지간히 자주 나온 대뇌 매독을 앓았을 가능성도 있다. 특히 생애 마지막의 망상, 환각 증세가 대뇌 매독을 의심케 한다. 20대 청년 시절 고흐는 자신의 사촌 케이 보스에게 열렬히 구애했지만 거절당한 적이 있다. 이처럼 마음의 충격을 받은 후에는 웬만한 여성이라도 예뻐 보이는 법인지 고흐는 매춘부인 카펀나일, 그리고 이어 그림의 모델이 되어 준 시엔이라는 애칭의 클라시나 후어르니크에게 폭 빠진다. 당시 시엔은 이미 한 남자의 아이를 임신하고 버림 받은 후 매춘부로 지내고 있었고 고흐를 만났을 때는 두 번째 임신한 상태였다. 그럼에도 두 사람은 서로 아끼고 사랑했다. 그러나 결국 두 사람의 결합은 이루어지지 못했다. 시엔은 다른 남자와 결혼했으나 곧 강물에 뛰어들어 자살했다.

이처럼 여성 관계가 복잡한 와중에 고흐는 간혹 고열에 시달리기도 했으니 그가 매독균에 노출되었을 가능성은 분명히 있다. 매독 진단의 반대자들은 테오와 주고받은 수많은 편지에 매독에 대한 언급이 없다는 점을 든다. 그러나 동생 테오 역시 대뇌 매독 환자였을 가능성이 많다. 오랫동안 고흐의 보호자이며 마음의 친구였던 테오는 고흐가 사망한 후 점차 성격 이상 증세를 보이기 시작했다. 걸핏하면 흥분하기를 잘했고 심지어는 아내와 어린 아들을 무자비하게 구타하기도 했다. 증상이 악화된 테오는 모파상이 입원했던 블랑슈 박사의 정신 병원에 입원했으나 점차 악화되어 숨을 거두었다. 그는 이곳에서 대뇌 매독으로 진단받았다.

고흐의 경우 대뇌 매독에 특이한 치매나 정신 이상 증세가 나타난 것은 아니므로 대뇌 매독의 진단이 신빙성이 큰 것은 아니다. 하

고흐가 입원했던 시립 병원

지만 고흐는 자살로 일찍 생을 마감했기 때문에 대뇌 매독의 심각한 증세가 미처 나타나지 않았을 수도 있다.

현재 고흐의 병명을 정확히 알 수는 없다. 분명한 것은 그는 이러한 질병에도 아랑곳하지 않고 오직 그림만을 위해 일생을 불같이 살다간 사람이다. 잘 알려진 사실이지만 현재 고흐의 그림 값은 사상 최고의, 천문학적인 값으로 거래되고 있다. 하지만 정작 고흐는 생전에 작품을 한 점도 팔아 본 적이 없는 가난한 화가였다. 그래서 그의 짧은 생애와 작품이 더욱 순수하고 고귀한 것으로 여겨진다.

길을 물어물어 어렵사리 도개교를 다녀왔지만, 도개교가 아니더라도 고흐의 흔적은 아를의 이곳저곳에서 찾을 수 있었다. 아를의 중심부라 할 수 있는 포름 광장에는 그가 즐겨 찾았고 잠시 살기도 했다는 노란색 커피숍이 있다. 피곤해서 그랬는지 커피가 유난히 맛있었다. 모처럼 다리를 쉬면서 지나다니는 사람을 구경했다. 이 커피숍에서 조금만 더 걸어가면 고흐가 귓불을 자른 후 입원했던 시립병원을 볼 수 있는데 지금은 그림을 전시하거나 교육하는 장소로 사용되고 있다. 천직이 화가인 고흐는 이 병원에 입원한 상태에서도 정원의 창포 꽃을 그렸고 이 병원 자체도 그렸다. 당시 아무도 알아 주지 않았지만, 천재 화가 고흐 주변의 모든 사물과 생명은 그의 손끝에서 독특한 아름다움으로 되살아났던 것이다.

예술가와 정신 질환

예로부터 유명한 예술가들은 정신 질환을 많이 가지고 있다고 알려져 왔다. 일찍이 아리스토텔레스도 "탁월한 사람은 우울증에 걸리는 경향이 있다."라고 말했다. 이것이 사실일까?

1926년 해브록 엘리스는 유명 인사로 알려진 1030명의 전기를 자세히 연구한 후 천재들은 보통 사람에 비해 정신 질환이 더 많다는 결론을 내린 적이 있다. 예컨대 정신 이상이 4.3퍼센트, 우울증 8.2퍼센트, 지나친 수줍음 6.6퍼센트, 말더듬 1.2퍼센트인데 이런 빈도는 정상인에 비해 높다는 것이다. 1949년 오스트리아의 정신과 의사인 아델르 유다 역시 뛰어난 업적을 이룬 294명을 조사해 보았는데 역시 보통 사람보다 정신 질환의 빈도가 높았다. 예술가와 학자를 비교한 결과 예술가가 학자보다 정신 질환의 빈도가 더 높았는데, 예술가는 상대적으로 정신 분열증과 인격 장애가 학자는 조울증이 더 많다고 주장했다. 그러나 최근 이런 연구를 많이 한 낸시 안드리아센에 따르면 오히려 유명 예술가 중에 조울증, 우울증, 알코올 중독이 많다고 한다. 이들은 정신 활동이 활발한 조증 상태에서 많은 업적을 내고 나서 우울한 상태에서 탈진한 채 지낸다는 것이 그녀의 설명이다.

이런 연구에서 가장 큰 문제점은 예전의 위인들의 병력을 정확히 알 수가 없다는 점이다. 그저 위인들의 편지나 주변 사람들의 기록에 의존할 수밖에 없으므로 정확한 병명을 추론하는 데는 많은 제한이 따른다. 또한 정신 질환의 진단 기준을 학자들마다 다르게 사용했다는 점도 문제이다. 마지막으로 모파상의 예에서 보듯 대뇌 매독, 뇌졸중, 뇌종양 등 뇌를 침범하는 수많은 병은 정신 질환과 비슷한 증세를 나타낼 수 있다. 그런데 뇌 의학이 발달하지 못했던 옛날에는 이런 뇌질환을 단순한 정신 질환으

고흐가 즐겨 찾은 커피숍

로 오진했을 가능성이 많다. 따라서 천재적인 예술가와 정신 질환의 관계에 대해서는 아직도 아는 것보다는 모르는 것이 더 많다고 할 수 있다.

그런데 최근 스웨덴 카롤린스카 연구소의 마나자노 교수 팀은 흥미로운 연구 결과를 발표했다. 그들은 피검자들에게 '창조적인 생각'을 테스트할 수 있는 여러 검사를 시행했다. 그 후 PET를 사용하여 뇌 속 신경 전달 물질의 하나인 도파민 수용체의 밀도를 조사했다. 그 결과 창조적인 생각을 할 수 있는 능력과 시상(thalamus) 부위의 도파민 수용체의 밀도가 정확히 반비례함을 발견했다. 시상이란 뇌 깊은 곳에 있는 구조물로서 우리의 온 몸에서 받아들이는 감각 정보를 걸러 대뇌로 보내는 기관이다.

창조적인 사람들은 시상에 도파민 수용체가 부족하므로 이곳에서 여러 정보가 덜 걸러진 상태로 대뇌에 도달할 것이다. 이렇게 수많은 정보가 대뇌에서 자유롭게 상호 연관됨으로써 창조적인 생각을 하게 된다는 것이 그들의 설명이다.

그런데 기존의 연구에서 정신 분열증 환자들의 뇌에서 도파민 수용체가 저하되어 있음이 알려져 왔다. 다만 이런 환자들은 걸러지지 않은 수많은 정보가 뒤죽박죽이 되어 환각이나 망상 속에 살게 된다는 점이 다르다. 그렇다면 창조적인 사람과 정신병 환자의 뇌는 비슷한 점이 있다는 얘긴데, 이 둘의 차이는 어디에서 기인하는 것일까? 아마도 천재는 수많은 정보를 자유롭게 엮어 새로운 아이디어를 만드는 데 반해 정신질환 환자는 그 정보를 소화시키지 못하고 혼돈 속에 산다는 점이 다른 듯하다. 해석이야 어떻든, 마나자노 교수의 연구 결과를 보면 천재와 광기는 서로 연관된다는 설이 어느 정도는 설득력이 있다.

참고 문헌

Alajouanine T. *Dostoiewski's epilepsy.* Brain 1963;86:210-218

Alonso RJ, Pascuzzi RM. *Ravel's neurological illness.* Semin Neurol 1999;19: 53-57.

Amaducci L, Grassi E, Boller F. *Maurice Ravel and right hemisphere musical creativity: influence of disease on his last musical works?* Eur J Neurol 2002;9:75-82.

Baeck E. *Was Maurice Ravel's illness a corticobasal degeneration?* Clin Neurol Neurosurg 199689:57-61.

Bazner H, Hennerici M, *George Friedrich Handel's strokes*, Cerebrovasc Dis 17 (2004), pp. 326331.

Blumer D. *The illness of Vincent van Gogh.* Am J Psychiatry 2002;159:519-526.

Bogousslavsky J. Guillaume Apollinaire, the lover assassinated. In, Bogousslavsky J, Boller F (eds): *Neurological Disorders in Famous Artists.* Basel, Karger 2005; 1-8.

Casey LL. Goya: in sickness and in Health. Int J Surg 2996;4:66-72.

de Manzano O, Cervenka S, Karabanov A, Farde L, Ullen F.Thinking outside a less intact box: thalamic dopamine D2 receptor densities are negatively related to psychometric creativity in healthy individuals. *PLoS One.* 2010 May 17;5:e10670.

Dieguez S, Bogoussalvsky J. *The one man band of Pain: Alphonse Daudet andhis painful experience of tabes dorsalis.* In, Bogousslavsky J, Boller F (eds): *Neurological Disorders in Famous Artists.* Basel, Karger 2005; 17-45.

Fogan L. *The Neurology in Shakespeare.* Arch Neurol 1989;46:922-924.

Foy JL. The deafness and madness of Goya. *Ear, Nose, Throat* J 196;55:384-393.

Garcia de Yesbenes J. Did Robert Schumann have dystonia? Mov Disord 1995;10:413-417.

Garcia Ruiz PJ, Guilliksen L. *Did Don Quixote have Lewy body disease?* J R Soc Med 1999;92:200-201.

Gastaut H. Fyodor Michailovitch Dostoevsky's involuntary contribution to the symptomatology and prognosis of epilepsy. *Epilepsia* 1978;19:186-201.

Gerstenbrand F, Karamat E. Adolf Hitler's Parkinson's disease and an attempt to analyze his personality structure. *Eur J Neurol* 19996:121-127.

Henson RA. Maurice Ravel's illness: a tragedy of lost creativity. *BMJ* 1988;296:1585-1588.

Hughes JR. Did all those famous people really have epilepsy? *Epilepsy Behav.*2005;6:115-39.

Iranso A, Santamaria J, de Riquer M. Sleep and sleep disorders n Don Quixote. *Sleep Med* 2004;5:97-100.

Jallon P, Jallon H. Gustave Flaubert's hidden sickness. In, Bogousslavsky J, Boller F (eds): *Neurological Disorders in Famous Artists.* Basel, Karger 2005; 46-56.

Karmody, Collin S; Bachor, Edgar S. The Deafness of Ludwig Van Beethoven: an immunopathy. *Otol Neurotol.* 2005;26:809-814.

Keynes M. Handel's illnesses. *Lancet* 1980;1354-1355.

Kubba A, Young M. Ludwig van Beethoven: a medical biography. *Lancet* 1996;347:67-70.

Lederman RJ. Robert Schumann. *SeminNeurol* 1999;19:17-24.

McCabe BF. *Beethoven's Deafness.* Ann Otol Rhinol Laryngol1958;67:192-206.

Murray TJ, Dr. Samuel Johnson's movement disorder, *Br Med J* 1979:16101614.

Otte A, de Bondt P, van de Wiele C, Audenaert K, Dierckx RA. The exceptional brain of Maurice Ravel. *Med Sci Monit* 2003;9:154-159.

Retief F, Wessels A. Mao Tse-Tung-his habits and his health. *SAMJ* 2009;99:302-305.

Sogaard I. Karen Blixen and her physicians. *Dan Medicinhist Arbog* 2002;25-50.

Waddell C. Creativity and mental illness: is there a link? *Can J Psychiatry* 1998;43:166-172.

Weismann K. Neurosyphilis, or chronic heavy metal poisoning: Karen Blixen's life- long disease. *Sex Transm Dis* 1995;137-144.

찾아보기

마

바

사

아

자

차

카

타

파

하

뇌과학 여행자

1판 1쇄 펴냄 2011년 5월 31일
1판 6쇄 펴냄 2018년 4월 20일

지은이 김종성
펴낸이 박상준
펴낸곳 (주)사이언스북스

출판등록 1997. 3. 24.(제16-1444호)
(06027) 서울특별시 강남구 도산대로1길 62
대표전화 515-2000, 팩시밀리 515-2007
편집부 517-4263, 팩시밀리 514-2329
www.sciencebooks.co.kr

ISBN 978-89-8371-559-3 03400